Peter Höbel beschäftigt sich seit mehr als 30 Jahren mit Krisenkommunikation – mit Reaktorunfällen, Flugzeugabstürzen, Produkthaftungsfällen, Entführungen, Korruption und Imagekrisen. Als Geschäftsführer der Unternehmensberatung »crisadvice« berät er deutsche und internationale Unternehmen, Verbände, Organisationen, Behörden und Ministerien. Der gelernte Journalist und Wächterpreisträger war zuvor Redakteur beim Stern, ARD-Hörfunk-Korrespondent, Ministersprecher und langjähriger Nachrichtenchef der Deutschen Lufthansa. Er ist Lehrbeauftragter am Institut für Kommunikations- und Medienwissenschaft der Universität Leipzig und Gastdozent an mehreren renommierten Hochschulen. Als Fachautor und Referent publiziert er laufend zu den Themen Krisenmanagement und Krisenkommunikation,

Thorsten Hofmann, Prof. Dr., ist geschäftsführender Gesellschafter der »Advice Partners – Unternehmensberatung für Strategie und Kommunikationsmanagement«. Er verfügt über langjährige Erfahrungen im nationalen und internationalen Krisenmanagement und in der Politikberatung. Vor seiner Beratertätigkeit arbeitete er in verschiedenen Geschäftsbereichen des Bundesministeriums des Innern. Er ist Chairman der international arbeitenden »Crisis Communication Task Force« des weltweiten Agenturnetzwerkes »Ecco International Public Relations«. Neben seiner operativen Tätigkeit leitet er außerdem an der Quadriga Hochschule Berlin das Competence Center für Krisen- und Risikokommunikation. Als Fachautor und Referent publiziert er regelmäßig zu Themen wie Risiko- und Krisenkommunikation, Social Media und Public Affairs.

Inhalt

Vorwort

Korrupte Firmenchefs, Gammelfleisch, Behördenversagen, Stürme, Flutwellen und Feuersbrünste, die neue »alte« Atomangst, böswillige Gerüchte, Giftspielzeug »Made in China«: Die Krise hat viele Gesichter. Gesellschaftliche Konflikte, Wirtschaftsprobleme, Terror, Politikskandale, Umweltsünden oder Produktprobleme erschüttern die Betroffenen – überall, jederzeit und anscheinend unvorhersehbar. Wirklich unvorhersehbar? Muss es sein, dass die Kommunikation in und über die Krisen oft noch erschreckender ist als die eigentlichen Zwischenfälle? Warum werden selbst Großunternehmen mit mächtigen PR-Abteilungen über Nacht von Ereignissen überrollt? Warum stehen Politprofis und Katastrophenstäbe oft hilflos mit dem Rücken zur Wand?

»Kommunikation in Krisen – Krisen in der Kommunikation?« Durch (zu) langsame und falsche Kommunikation in Krisen entstehen Unternehmen und Organisationen Jahr für Jahr erhebliche wirtschaftliche Schäden. Ganz abgesehen von persönlichen Konsequenzen, die Firmen- und Kommunikationschefs zu tragen haben. Grund genug also, Zeit und Interesse für das komplexe Thema aufzuwenden.

Unser Handbuch »Krisenkommunikation« thematisiert kompakt und in drei Schritten das Wesen bzw. den Umgang mit der Krise. Zunächst vermitteln wir wichtiges Grundlagenwissen (Teil I), dann beschreiben wir in Teil II, wie man sich auf schwierige Situationen vorbereitet (Prävention) und schließlich gehen wir in Teil III auf die angemessene Reaktion im Krisenfall ein (Intervention). Die Kapitel im ersten Teil beschreiben die Voraussetzungen und Hintergründe der Krisenkommunikation, ohne allerdings wissenschaftlichen Anspruch zu erheben. Vielmehr wollen wir die Vielfalt unterschiedlichster Krisentypologien und deren Interventionsschwerpunkte skizzieren. Als Praktiker mit jahrelanger Beratungserfahrung wollen wir unseren Lesern passende Instrumente, nützliche Tipps und Empfehlungen an die Hand geben.

Wir waren uns beim Schreiben darüber im Klaren, dass die Lesergruppe heterogen ist und vom Studenten bis zum Profi in einer Kommunikationsabteilung reicht. Entsprechend differenziert sind die Ansprüche, Voraussetzungen und Intentionen. Wir meinen, dieses Buch kann sowohl eine Grundlage für Einsteiger, als auch ein Nachschlagewerk sein, um Wissen aufzufrischen, oder – beispielsweise nach dem Besuch eines Lehrgangs oder Seminars – eine Anregung für weitere Schritte sein. Die Inhalte sind bewusst modular aufgebaut, sodass sich auch fachfremde Manager aus Rechtsabteilung, Revision, Controlling oder Unternehmensführung zurechtfinden.

Selbstverständlich sind wir uns auch über die Grenzen der Möglichkeiten eines kompakten Handbuchs im Klaren: Auch wenn wir in den aufgeführten Beispielen nachvollziehbare »Dos und Don'ts« als praktische Handlungsempfehlungen exemplarisch anbieten, kann und will das Buch individuell erstellte Krisenpläne nicht ersetzen. Und der Eindruck, den so manche Veröffentlichung zu wecken sucht, mit ein paar im Anhang abgedruckten Checklisten sei der Leser bestens gerüstet, führt unserer Meinung nach eher zu einer falschen und trügerischen Sicherheit. Deshalb haben wir bewusst darauf verzichtet.

Unser Anliegen ist bescheiden: Wenn es uns gelingt, zu sensibilisieren und damit dazu beizutragen, in Unternehmen und Organisationen durch geeignete Maßnahmen das kommunikative Handeln in Krisenfällen zu professionalisieren, haben wir ein wichtiges Ziel erreicht.

Seit der 1. Auflage 2008 haben zahlreiche spektakuläre Krisen die Welt erschüttert: Erdbeben, Tsunami und anschließender Super-GAU im japanischen Kernkraftwerk Fukushima haben die gesamte Energieerzeugung in eine Krise gestürzt und mit dem Atomausstieg die Energiewende in Deutschland eingeleitet. Die Banken- und Finanzkrise hat bei vielen Verlust- und Inflationsängste ausgelöst. Hausgemachte Skandale haben Minister und sogar einen Bundespräsidenten hinweggefegt. Kaum ein Monat vergeht, ohne dass wir von neuen Schadensereignissen oder Produktkrisen hören. Die neue Spezies der »Wutbürger« fordert die Beteiligung an politischen Entscheidungen ein und versetzt Administration und Unternehmen in Angst und Schrecken.

So haben wir »alte« Krisen, die 2008 aktuell waren, von denen aber heute kaum noch einer spricht, aus dem Buch gestrichen und dafür neue Ereignisse, die die Menschen heute und voraussichtlich noch in einigen Jahren bewegen, aufgenommen.

Aber nicht nur der Anspruch auf Aktualität hat eine Neuauflage unseres Handbuchs »Krisenkommunikation« notwendig gemacht: Die rasante Entwicklung der Sozialen Medien und ihre Wechselwirkung mit der Entstehung, dem Verlauf und der Bewältigung von Krisen hat die Wirtschaftswelt, aber auch die Kommunikationsbranche verändert. Deshalb haben wir dem Umgang mit Social Media in Krisen einen Schwerpunkt gewidmet. Viel spannender Stoff sogar für Leser, die bereits die vorige Auflage kennen.

Frankfurt am Main / Berlin
im November 2013

Peter Höbel
Thorsten Hofmann

Teil I Grundlagen

»Krisen meistert man am besten, indem man ihnen zuvorkommt.«
(Walt Whitman Rostow)

1 Warum überhaupt Krisenkommunikation?

Adolf Sauerland ist ein erfolgreicher Krisenmanager. Doch. In eigener Sache. Die größte Krise in *seinem* Berufsleben hat der Mann erfolgreich gemeistert: Er muss nicht vor Gericht oder wenn dann höchstens als Zeuge und er darf bis zu seiner Pensionierung sein volles Gehalt behalten und bekommt dann eine satte Pension. An diesen Blickwinkel des Begriffs »Erfolg« wird sich die Öffentlichkeit wohl nur schwer gewöhnen, denn für die meisten dürfte der Name auf Dauer negativ in Erinnerung bleiben. »Sauerland« ist zum Synonym für Unglück und Tod, für behördliches Versagen und menschliche Ignoranz geworden. Dieser Name ist untrennbar mit jener Veranstaltung verbunden, bei der 21 Menschen ums Leben kamen, 500 weitere teilweise schwer verletzt wurden, tausende vielleicht ihr Leben lang Alpträume haben und von Panik und Todesangst verfolgt jede Ansammlung von Menschenmassen meiden werden: Loveparade Duisburg, 24. Juni 2010.

Die Vorgeschichte

Zur Vorgeschichte: Von 1989 bis 2006 fand die lautstarke Technoparade jährlich in Berlin statt, mit viel Müll, noch mehr Lärm und gelegentlichem Ärger mit der Bevölkerung, aber zunehmend erfolgreich und vor allen Dingen ohne nennenswerte Unfälle. Die Teilnahme an der angeblich größten Tanzparty der Welt war in der Hauptstadt kostenlos. Als den bisherigen Veranstaltern das Geld ausging sprang der Unternehmer Rainer Schaller ein. Seine Lopavent GmbH firmierte ab 2006 als Veranstalter und seine Sport-Kette McFit wurde Hauptsponsor. Die Loveparade war von nun an kommerziell und wurde in verschiedene Ruhrgebietsstädte verlegt, deren Marketingmanager Chancen witterten.

Nach Essen 2007 und Dortmund 2008 sollten Bochum 2009 und Duisburg 2010 dran sein. Die Stadt Bochum erntete viel Spott, weil sie ihre vorgesehene Parade absagte: aus Sicherheitsbedenken. Ein Jahr später zog Duisburg im Rahmen des Projekts »Ruhr 2010 – Kulturhauptstadt Europas« die Sache knallhart durch.

Das Unglück

Die Stimmung auf dem Gelände des ehemaligen Hauptgüter- und Rangierbahnhofs war schon gut, die Party voll im Gange. Mit etwa 700 Sonderzügen wurden die Raver nach Duisburg gebracht. Die genauen Zahlen kennt keiner. Aus Marketinggründen übertreibt der Veranstalter: Von einer Million Gästen ist zeitweilig die Rede. Die Ordnungsbehörde dagegen *unter*treibt, scheint es auch gar nicht so genau wissen zu wollen: Das eingezäunte Gelände ist nur für 250 000 Menschen zugelassen. Zuvor schon hat es hinter den Kulissen zwischen verschiedenen städtischen Behörden richtig Krach gegeben: Zu viele Partygäste, keine Feuerwehrpläne, keine detaillierten Sicherheitskonzepte. Das Bauamt war dagegen. Es siegte der absolute Wille, nicht wie in Bochum im Vorjahr zu scheitern. So kam es, dass kurz vor Beginn die erforderlichen Papiere formal vorhanden und die Genehmigungen unterschrieben waren. Ein Jahr später wird die Staatsanwaltschaft die Erteilung der Genehmigung als rechtswidrig bezeichnen. Doch an diesem Sommertag war die Welt erst mal in Ordnung. Die Party konnte steigen.

Der Besucherstrom nahm im Laufe des frühen Nachmittags noch zu. Irgendwann gegen 15 Uhr bildete sich ein Rückstau und ankommende Besucher konnten nicht mehr auf das Gelände verteilt werden. Was dann folgt, ist widersprüchlich. Jedenfalls soll ein Polizeibeamter die Anweisung gegeben haben, die komplette Eingangsschleuse zu öffnen, obwohl die Veranstaltungsleitung wohl genau das Gegenteil angeordnet hatte. Besucher bewegten sich zeitgleich aus beiden Richtungen durch einen Tunnel und blockierten sich dabei gegenseitig. Eine tödliche Falle. Gegen 17 Uhr wurde der Druck innerhalb der gestauten Menschenmenge so stark, dass viele Besucher stürzten und zerquetscht wurden. Während drinnen auf dem Gelände die Beats weiter dröhnten und die Mehrzahl der Besucher von dem Drama am Eingang gar nichts bemerkte, starben 13 Frauen und acht Männer aus sieben Ländern. Ein Augenzeuge: »Es war, als ob sich die Hölle aufgetan hätte«.

Krisenmanagement heißt: Probleme lösen

Begrifflich sind die Ereignisse von Duisburg ein »Großschadensereignis« – also noch nicht einmal eine Katastrophe. Für die betroffenen Menschen sind sie eine Tragödie. Für die Stadt und ihre Repräsentanten, den Veranstalter, die verschiedenen Behörden, die Politik und nicht zuletzt den Oberbürgermeister Sauerland sind sie eine Krise.

Auch wenn jede Krise ihren ganz eigenen Verlauf hat, gibt es doch prototypische, wiederkehrende Elemente. Wer Verantwortung trägt, muss und kann sich darauf vorbereiten: Mit der Fantasie eines Hollywoodregisseurs müssen Risiko-Szenarien beschrieben und Ereignisse antizipiert, Abläufe festgelegt werden. Es bleibt zwar eine Illusion zu glauben, eine Krise sei jemals »beherrschbar«. Aber handwerkliche Professionalität kann zu akzeptabler Schadensbegrenzung beitragen.

Was ist überhaupt eine Krise?

- Sprachlich leitet sich der Begriff Krise aus dem griechischen Wort »krisis« ab und bezeichnet ursprünglich im medizinischen Sinne den Höhe- oder Wendepunkt einer Krankheit.
- Heute wird der Krisenbegriff weiter gefasst und kann sowohl in der Psychologie als auch im Wirtschaftsleben eine Rolle spielen.
- Im psychosozialen Bereich können sich schmerzhafte seelische Zustände krankhaft so problematisch entwickeln, dass sie zu einem völligen Zusammenbruch führen. Hier ist Krisenintervention durch Therapeuten erforderlich. Die psychosozialen Krisen sind nicht Gegenstand dieses Buches.
- Für den Bereich des Wirtschaftslebens definieren wir Krisen als Ereignisse oder Störungen, die nachhaltigen negativen Einfluss auf die Rentabilität oder die Reputation des Unternehmens haben (können) und zur Schadensminderung aktives Krisenmanagement benötigen.
- Jede Krisen*reaktion* hat demnach eine operative und eine kommunikative Komponente. Sie verhalten sich wie kommunizierende Röhren.
- Krisen*kommunikation* ist insofern stets zwingender Bestandteil des (operativen) Krisen*managements* und umgekehrt.
- Für die Kommunikation bedeutsam: Es kommt bei der Krisen-Wahrnehmung häufig nicht auf die Tatsachen an, sondern auf die (öffentliche) Meinung über die Tatsachen.
- Der Begriff Krise wird insbesondere von den Medien inflationär verwendet. Nicht jeder Zwischenfall im Tagesgeschäft ist schon eine Krise.
- Das Krisenpotenzial zu identifizieren und frühzeitig durch Gegensteuern das Aufkommen von Krisen zu vermeiden, ist Aufgabe des *Risiko*managements.

Die Verantwortlichen von Duisburg sind womöglich sehenden Auges in das Desaster geschliddert, weil sie erkennbare Risiken in der Vorbereitung zwar ernst aber nicht ernst genug genommen haben. Die Mahner, die es auf Seiten der Polizei durchaus gab, konnten sich gegen den politischen Willen nicht durchsetzten. Die Loveparade 2010 hätte vermutlich gar nicht erst stattfinden dürfen. Zumindest nicht in Duisburg und nicht auf dem dafür vorgesehen Gelände unter diesen Rahmenbedingungen. Aus falschem Ehrgeiz und Geltungssucht, so der Vorwurf, wurden die Gefahren in Kauf genommen.

Nach einer Krise – auch das lehrt die Erfahrung – ist immer die Stunde der Besserwisser. Es melden sich gefragt oder ungefragt diejenigen zu Wort, die immer alles schon vorher genau gewusst haben und natürlich selbst alles wesentlich besser gemacht hätten.

Neben vielen offiziellen Gutachtern und diversen wissenschaftlichen Untersuchungen haben sich auch Soziologen der renommierten Eidgenössischen Hochschule Zürich (ETH) mit dem Unglück von Duisburg befasst. Sie kamen zu einem bemerkenswerten Ergebnis, nach dem zumindest eine oft gehörte Darstellung revidiert werden muss: Auslöser des Unglücks sei das Verhalten der Besucher selbst während einer Massenpanik gewesen.

Die Suche nach Verantwortlichen

Nicht eine Massenpanik, so die Forscher, sondern ein »systemisches Zusammenwirken vieler Faktoren« habe die »Massenturbulenz« ausgelöst. Wegen der zu hohen Dichte der Besucher im Eingangsbereich des Festivalgeländes waren die Anwesenden laut der ETH-Analyse derart zusammengepfercht, dass ihre Körper einander nicht nur berührten, sondern auch Vibrationskräfte übertrugen und verstärkten. Diese hätten dann ein sogenanntes »Massenbeben« verursacht und viele Menschen stürzen lassen.

Die Schweizer Forscher führen einen ebenso simplen wie einleuchtenden Vergleich an: Es ist wie bei dichtem Verkehr auf der Autobahn, wo »Staus urplötzlich wie aus dem Nichts entstehen«.

Zentrales Thema aller Maßnahmen muss in jeder Phase der Veranstaltung die Kommunikation zwischen allen Beteiligten sein. »Sicherheitskultur«, heißt das Stichwort. Die Suche nach einem Sündenbock kann den systemischen Ursachen des Unglücks nicht gerecht werden. Derart verkürzte Schlussfolgerungen könnten nämlich bewirken, dass man erforderliche Lehren nicht zieht und solche Ereignisse bei jeder Massenveranstaltung wieder passieren können.

Haben die Duisburger also einfach nur Pech gehabt? Ist Duisburg womöglich überall? Massenveranstaltungen gibt es jedenfalls quer durch die Republik zuhauf: volle Fußballstadien, Arenen mit Popkonzerten, Fan-Meilen mit tausenden Teilnehmern beim Public Viewing der Mega-Sport-Events bis hin zu den jährlichen großen Volksfesten, allen voran das Münchner Oktoberfest.

Unglücke geschehen immer wieder und überall. Die Menschen haben gelernt, mit solchen einschneidenden Erlebnissen fertig zu werden. Weil jeder Zwischenfall einen massiven Vertrauensverlust auslöst – bei den direkt Beteiligten, aber auch weit darüber hinaus – muss das Vertrauen von den Verantwortlichen kommunikativ wieder aufgebaut werden. Und zwar gleichrangig sowohl auf der Sachebene als auch auf der Gefühlsebene.

Dies geschieht im operativen Krisenmanagement durch schnelle und angemessene Betreuung, Fürsorge und praktische Unterstützung der Betroffenen. Diese Rolle haben berufliche, ehrenamtliche und zufällige Helfer unmittelbar am Ort des Geschehens sofort und vorbildlich übernommen.

Für das zweite Standbein, die Krisenkommunikation, gilt der uralte PR-Grundsatz »Tue Gutes und rede darüber«: Führungsstärke, positive Botschaften, Wertschätzung für die Betroffenen und das Werben um Sympathie sind hier gefragt. Niemand hat Interesse an Ausflüchten und gegenseitigen Schuldzuweisung. Genau das aber kennzeichnet die Kommunikation von Duisburg. In einer peinlichen Pressekonferenz am Tag nach dem Unglück wollte keiner verantwortlich sein. Alle wollten alles richtig gemacht haben – und trotzdem sind 21 Menschen tot.

Was ist überhaupt PR?

- »PR« als Abkürzung des amerikanischen Begriffs »Public Relations« bedeutet schlichtweg Öffentlichkeitsarbeit. Allerdings gibt es einige hundert Definitionen, was unter »Öffentlichkeitsarbeit« zu verstehen ist.
- In ihrer Anfangszeit zu Beginn des vorigen Jahrhunderts wurde PR primär als Steuerungsinstrument der Massen begriffen und entsprechend massiv eingesetzt.
- Derlei Betrachtungsweisen sind natürlich mit einem modernen PR-Bild, wie es die DPRG (Deutsche Public Relations Gesellschaft) als Berufsverbands der deutschen Öffentlichkeitsarbeiter hat, nicht mehr vereinbar: »Öffentlichkeitsarbeit ist ein kontinuierlicher (über einen längeren Zeitraum hinweg) umfassender Dialog (das heißt in beide Richtungen) einer einzelnen Interessengruppe (Behörde, Partei, Firma, Verband, Organisation, Massenmedien, Jugendliche, einfach jede denkbare Gruppe) mit ihrem gesellschaftlichen Umfeld (Behörde, Kundengruppe, Gegner, Eltern, die gesamte Öffentlichkeit).«
- Albert Oeckl, der Pionier der PR in Deutschland nannte PR in seinem Standardwerk »Handbuch der Public Relations« 1964 »das bewusste und planbare Bemühen, gegenseitiges Verständnis und Vertrauen in der Öffentlichkeit aufzubauen und zu pflegen.«
- Für das Gabler Wirtschaftslexikon dient PR heute »als professionell gestaltete Auftragskommunikation vor allem der Wahrung der Interessen der Auftraggeber im Markt der Meinungen. Dazu werden die eigenen Positionen definiert, Meinungen untersucht, Interessens- und Anspruchsgruppen lokalisiert, Informationen zielgruppenspezifisch aufbereitet und mit ausgewählten Kommunikationsmitteln ins öffentliche Bewusstsein gehoben.«
- Wir sehen die Öffentlichkeitsarbeit als Führungsaufgabe im Rahmen eines ganzheitlichen interdisziplinären Kommunikationsmanagements.

Die Aufarbeitung des Unglücks hat zahlreiche Facetten. Keiner macht alles richtig oder alles falsch. Sowohl die Vorgeschichte als auch die Ereignisse am Unfalltag und die Aufarbeitung gehen gleichermaßen auf das Konto der Stadt Duisburg, des Veranstalters Lopavent und auch der beteiligten Sicherheitsbehörden. Es stellt sich die Frage, ob und welche Fehler im Vorfeld, also schon bei Planung und Genehmigung der Veranstaltung, gemacht wurden. Ferner wird aufzuarbeiten sein, was in und vor dem Tunnel schief gelaufen ist. Insofern unterscheidet sich das Loveparade-Unglück nicht von anderen Ereignissen, bei denen Menschen zu Schaden gekommen sind.

Ob und was konkret einzelne Personen in Duisburg richtig oder falsch gemacht haben ist in der Nachschau eher strafrechtlich oder versicherungstechnisch relevant. Für die Krisenkommunikation nach der Tragödie spielt die Aufarbeitung praktisch keine Rolle mehr. Die Bilder und der wahrgenommene Eindruck des Versagens haben sich in das kollektive Gedächtnis fest eingebrannt. Die Öffentlichkeit hat sich ihr Urteil längst gebildet. Der Imageverlust für Duisburg als Kommune wird langanhaltend und nachhaltig sein.

Sichtbar Verantwortung übernehmen

Es geht in dieser und vergleichbaren Situationen vor allem um die sichtbare Übernahme von Verantwortung. Dass die Gedenkfeiern ohne den Oberbürgermeister stattgefunden haben, ist ein unmöglicher Vorgang. Ein Stadtoberhaupt, das nicht begreifen wollte (und wohl bis heute nicht will), dass es wenn schon nicht rechtlich, dann zumindest moralisch und politisch verantwortlich ist. Verantwortung nicht zu übernehmen, wird von den Medien und der Öffentlichkeit immer abgestraft. Sauerland ist zu einer tragischen Figur geworden, die sich selbst durch das in Krisen häufig zu beobachtende Verhalten eines Angstbeißers zum geradezu idealen Sündenbock für den Boulevard anbot. Zu Beginn hat sich nämlich der veröffentlichte Zorn noch verteilt und genauso stark gegen den Veranstalter Schaller gerichtet – bis zu dessen kommunikativem Armer-Sünder-Befreiungsschlag im »Bild-Verhör«. Exklusiv und wohlwollend.

Fürsorge wird belohnt, Ignoranz wird bestraft

Erst viel später, in einem (ebenfalls exklusiven) Interview mit der Süddeutschen Zeitung, rechtfertigte Sauerland 2011 sein Handeln. Oder besser sein Nicht-Handeln. Gelähmt sei er selbst gewesen in den Wochen nach der Loveparade, sagte er der Zeitung: »Das war damals wie unter einer Dunstglocke. Ich sah die Realität. Ich konnte aber die Gedanken nicht gerade richten.« Subjektiv mag das ja stimmen – wahrgenommen aber wird es als larmoyante Selbstverteidigung.

Ein Jahr nach dem Unglück räumte er wenigstens ein, als Oberbürgermeister nicht das geleistet zu haben, was die Menschen von ihm erwartet hatten. Dennoch: »Ich bleibe im Amt, bis man mir nachweist, dass in meinem Bereich Fehler gemacht wurden«. Sein Bereich? Sein Bereich als OB ist die ganze Stadt! Dem WDR-Fernsehen sagt er in die Kamera: »Weil ein Oberbürgermeister, ein Hauptverwaltungsbeamter, sich ja nicht schulen lässt auf solche Krisensituationen, mussten wir mit den Möglichkeiten, die wir hatten, fertig werden.« So einfach geht Verantwortung. Zum Jahrestag entschuldigte er sich immerhin. Zur Gedenkfeier ging er aber wieder nicht. Und zu weiteren Konsequenzen war er erst recht nicht bereit. Der Zeitpunkt für einen Abgang in Würde war längst verpasst.

Zum *zweiten* Jahrestag ist Adolf Sauerland dann nicht mehr OB. Seine Bürger jagten ihn im Februar 2012 durch einen Bürgerentscheid mit klarer Mehrheit aus dem Amt. Nach der Abwahl behält er als Übergangsgeld seine vollen Bezüge aus der Besoldungsgruppe B11 und geht dann in Pension – die politische Konsequenz für 21 Tote und mehr als 500 teils schwer Verletzte. Bitter für die Opfer, für die wahrscheinlich nicht ausreichend Geld aus der Haftpflichtversicherung vorhanden sein wird. Dass die Staatsanwaltschaft nur gegen die Mitarbeiter der Stadtverwaltung,

Sprachlos in Duisburg: Oberbürgermeister Sauerland (rechts) und Veranstalter Schaller finden auf der Pressekonferenz nach dem Loveparade-Desaster nicht die richtigen Worte.
(Screenshot crisadvice)

nicht aber gegen deren (Ex-)Chef ermittelt, können und wollen Überlebende, Angehörige der Opfer und die breite Öffentlichkeit nicht verstehen.

Nicht nur gegen den Oberbürgermeister, die Polizei, die Verwaltung und den Veranstalter richtet sich Kritik. Auch die Medien müssen sich massive Vorwürfe gefallen lassen. So sind allein beim Deutschen Presserat mehr als 230 Beschwerden über die Berichterstattung eingegangen. Wie immer bei vergleichbaren Ereignissen haben sich Reporter vor Ort verhalten wie die Axt im Walde, klagen Betroffene (vgl. Teil III, Kap. 1). Was ist noch Chronistenpflicht, was ist schon Voyeurismus?

Die kommunikative Herausforderung

Gedruckt und gesendet wird, was Auflage bringt. Der mediale Mainstream folgt den Leitmedien. Nach Großschadensereignissen und Katastrophen ist als fatales Schwarmverhalten eine Annäherung von Boulevard- und Qualitätsjournalismus zu beobachten.

Journalisten »funktionieren« ohnehin alle recht ähnlich: Im Mittelpunkt ihres Universums sehen sie immer ihre Story. Das Drehbuch dazu haben sie meist sehr schnell im Kopf. Dafür braucht es verschiedene Elemente, die in einer Krisensituationen praktisch frei Haus geliefert werden. Ein »Aufreger«, Opfer, ein »Schwein« (wahlweise wenngleich viel seltener: einen Helden) und ein möglichst simpler aber plausibler Ablauf.

Die typische Krise hat durch den empathischen Faktor einen hohen Aufmerksamkeitswert, sie macht betroffen und idealerweise gibt es starke Bilder. Je stärker die Bilder, desto stärker die Story. Dann muss nur noch die jeweilige Ausgangsthese durch zielgerichtet in die Storyline hinein recherchierte Fakten belegt werden. Diese »Konstruktion von Wirklichkeit«, für Kommunikationswissenschaftler seit langem offenkundig, macht es für Öffentlichkeitsarbeiter schwer, selbst mit guten Argumenten eine Geschichte zu beeinflussen. Ein Journalist, der sein Handwerk beherrscht, kann – gerade weil er Stereotypen und Erfahrungswerten folgt – auch in einer überraschenden und schwierigen Situation sehr schnell eine aus seiner und aus Sicht der Redaktion ordentliche Geschichte erstellen. Wenn dann noch die Fakten presserechtlich »wasserdicht« sind und die Story ob ihres Nachrichten- und Emotionswertes Auflage und Quote macht, ist die Reporterwelt in Ordnung.

Die Betroffenen hingegen nehmen das mediale Auftreten überwiegend als Angriff war. Der Berichterstattungsangriff verläuft dabei in Wellen. Die erste Angriffswelle erfolgt am Ort des Geschehens und zeitgleich im Umfeld der Opfer. Während Ärzte und Rettungssanitäter noch um das Leben der jungen Menschen ringen, halten Kameraleute und Fotografen gnadenlos drauf. Andere Teams gehen »Witwen schütteln«, wie der zynische Branchenjargon heißt, wenn Reporter

Hausbesuche bei den Angehörigen, Freunden und Nachbarn von Verunglückten machen. Es wird geschüttelt, um an Bilder und Informationen zu kommen. Auf Betroffene wirkt dieses Geschäft meist abstoßend und erschütternd.

Die zweite mediale Angriffswelle

Dann kommt die zweite Angriffswelle. Wenn die tagesaktuellen Reporter endlich abgezogen sind, schlägt die Stunde der Enthüller. Weil niemand eine Woche nach einem Ereignis in den Blättern olle Kamellen lesen oder in den TV-Dokus sehen will, wird jedes noch so banale interne Dokument zum »Geheimpapier« und zur großartigen Enthüllung hochskandalisiert.

Folglich lassen sich sogenannte investigative Reporter noch häufiger als die reinen Augenzeugenberichterstatter von interessierten Informanten instrumentalisieren. Ein ganz normaler Aktenvermerkt kann so den »Karrieresprung« zur Superstory machen, schlichtweg weil er gerade einem Journalisten in die Hände fiel. In die Hände fiel? Zugespielt wurde! In der Regel läuft ein Gegenseitigkeitsgeschäft in der Grauzone ab. Exklusivinformationen gegen (für den Informanten) wohlwollende Berichterstattung lautet der Deal – solange die Tendenz ins jeweils eigene mediale Weltbild passt. Ein Krisenmanager, der naiverweise glaubte, er könne juristisch derlei Veröffentlichung wieder einfangen, hat die ungeschriebenen Spielregeln nicht begriffen.

Es gibt natürlich auch geschriebene Spielregeln.

Neben zahlreichen allgemeinen Gesetzen, die regulierend auf die Medien einwirken können, beispielsweise Strafgesetze, Zivilrecht, Urheberrecht, Wettbewerbsrecht und Presserecht, haben sich die Journalisten eine Selbstverpflichtung auferlegt, die die schlimmsten Auswüchse in der Berichterstattung verhindern soll: den Pressekodex von 1973. Die 2007 überarbeitete aktuelle Fassung ist zu beziehen über www.presserat.de. In 16 Richtlinien regelt sie, was faire Berichterstattung darf.

Über die Einhaltung versucht seit mehr als 50 Jahren der Deutsche Presserat zu wachen. »Versucht« deshalb, weil der Rat allenfalls Rügen, Missbilligungen und Hinweise aussprechen kann, aber keinerlei Sanktionsmöglichkeiten gegen Journalisten, Redaktionen und Verlage hat. Außerdem gilt er nicht für Rundfunk- und Fernsehjournalisten, deren Sendungen nur zu oft eine verheerende Pranger-Wirkung für die Betroffenen entfalten. So wird das Gremium oft als »zahnloser Tiger« gescholten, aber immerhin entwickelt es wenigstens eine gewisse appellative Wirkung.

Dem wollte die andere Seite nicht nachstehen. Das Selbstkontrollorgan der Kommunikationsexperten, der Deutsche Rat für Public Relations (DRPR), hat 2012 ebenfalls Grundregeln in Form eines Kodex formuliert:

Ethische Grundlagen der Öffentlichkeitsarbeit
(Auszug)
- Um erfolgreich zu sein, sind Public Relations bei ihrer Arbeit auf das Vertrauen verschiedener Öffentlichkeiten angewiesen. Sie dürfen dabei konsequent die Partei ihrer Arbeit- oder Auftraggeber ergreifen.
- Wenn sie ihre eigene und die Glaubwürdigkeit der gesamten Branche sowie die Reputation ihrer Mandanten nicht untergraben wollen, müssen sie ihre Arbeit transparent gestalten und auf unredliche Praktiken verzichten.
- PR- und Kommunikationsfachleute sind der Wahrhaftigkeit verpflichtet, verbreiten wissentlich keine falschen oder irreführenden Informationen oder ungeprüfte Gerüchte.
- Public Relations verbreiten keine falschen und irreführenden Informationen. verhalten sich gleichermaßen loyal gegenüber ihrem Berufsstand.
- PR- und Kommunikationsfachleute sorgen dafür, dass der Absender ihrer Botschaften klar erkennbar ist. Sie machen ihre Arbeit offen und transparent, soweit dies die rechtlichen Bestimmungen und die Verschwiegenheitsverpflichtungen gegenüber den jeweiligen Arbeits- oder Auftraggebern zulassen.

Quelle: Das vollständige Dokument ist über www.kommunikationskodex.de des DRPR zu beziehen.

Dass es nunmehr Regelwerke als moralisches Stützkorsett jeweils für die Kommunikations-Berufsgruppen auf *beiden* Seiten gibt, ist sinnvoll. Daran ändert sich auch nichts, wenn im Kleinen und im Großen sowohl gegen den für die Journalisten geltenden Pressekodex als auch den neuen Kommunikationskodex der PR-Schaffenden verstoßen wird. Nur weil es Verkehrssünder gibt, denkt ja auch keiner daran, die Ampeln abzuschaffen. Und wie bei den Rotlicht-Sündern sind auch die Sanktionsmöglichkeiten sowohl des Deutschen Presserates als auch des Deutschen Rates für Public Relations eher begrenzt. Die Masse an folgenlosen Rügen und Missbilligungen für entsprechende Verstöße bestimmter Boulevardblätter spricht dafür Bände.

Die neuen, die »Bürgermedien«, werden davon ohnehin überhaupt nicht erfasst. Sie unterliegen keinerlei kodifizierten ethischen Grenzen und allenfalls die »Schwarm-Kontrolle« im Netz (vgl. Teil I, Kap. 6) kann ein gewisses Regulativ sein.

Die Hitliste der klassischen Krisen

Im Laufe der Zeit haben sich viele berichtenswerte Krisen angesammelt. Solche, die man nach einiger Aufregung bald wieder vergisst und Klassiker, die schon in Dutzenden von Büchern und Hunderten von Studien, Aufsätzen, Diplom-, Bachelor-, Magister- oder Masterarbeiten ver- und bearbeitet wurden. Deshalb sei der Hinweis gestattet, dass wir uns in diesem Buch mit der »Hitliste der klassischen Krisen« nicht nochmal beschäftigen werden: Die Störfall-Serie der ehemaligen Hoechst AG, in der der legendäre Satz eines Betriebsleiters vor laufender Kamera fiel: »Es besteht kein Grund zur Sorge, der freigesetzte Stoff ist nur *mindergiftig*«.

Der »Elchtest« der A-Klasse von Mercedes, bei dem ein nicht minder schlaues Zitat eines Pressesprechers am Beginn einer sehr teuren Krise für den Konzern stand: »Der Vorstand kann nicht ein Statement geben, nur weil irgendwo auf der Welt ein Auto umgefallen ist«.

Die Deutsche Bank, bei der praktisch jeder Vorstandsvorsitzende der jüngeren Bankgeschichte in die Hall of Fame der Krisenmacher eingehen könnte: Hilmar Kopper, mit seinem Ausspruch, 50 Millionen D-Mark seien »Peanuts«, Breuers Milliarden-Interview, in dem er (nach dessen Meinung) die Pleite des Kirchkonzerns herbeigeredet hat und natürlich – diesmal der Fettnapf als Foto – Ackermanns zum Victory-Zeichen erhobene Hand im Mannesmann-Prozess. Auch Ackermann-Nachfolger Fitschen führt die Peinlichkeitstradition der Deutsche-Bank-Bosse fort, indem er sich im Herbst 2012 nach einer Steuer-Razzia per Telefonanruf ausgerechnet beim Hessischen Ministerpräsidenten persönlich über die »Unverhältnismäßigkeit der staatsanwaltschaftlichen Ermittlungen« beschwert. Immer wieder gerne angeführt wird auch der »Fall Brent-Spar«, also jene Ölplattform von Shell, deren geplante Versenkung in der Nordsee der damals noch jungen Organisation Greenpeace zu einem kräftigen Aufschwung verholfen hat.

Und noch einen sehr grenzwertigen Bereich wollen wir in den nachfolgenden Kapiteln bewusst *nicht* intensiver beleuchten. Die Werbung hat die Krise für sich entdeckt! Künstlich ausgelöste Krisen als Eskalationsmethoden zur Steigerung der Aufmerksamkeit liegen offensichtlich gerade im Trend.

Die Krise als Provokation

Von öffentlicher Bücherverbrennung als Drohung gegen die geplante Schließung einer Bücherei bis zu angeblichem Kindesmissbrauch, um einen »Shitstorm« im Netz zu entfachen. Pikanterweise ging beim Festival in Cannes ein PR Grand Prix (»Goldener Löwe«) an ein Projekt, dem der Deutsche Rat für Public Relations (DRPR) anschließend aus ethischen Gründen eine Rüge erteilte und sogar (wenn auch erfolglos) die Aberkennung des Löwen verlangte. Provokationen, wie sie in der Vergangenheit allenfalls aus der klassischen Werbung bekannt waren – etwa die Schock-Fotos von Benetton, oder die veräppelnden Plakate des Autovermieters Sixt – finden nun auch Eingang in die PR. Dabei wiederum besonders in die Kanäle der Sozialen Medien, die erwünscht schnell und heftig reagieren.

Diese Art der Inszenierung kommentierte das Fachblatt PR-Report im Juni 2012 süffisant: »PR-Beratern mit Fokus Krisenkommunikation mag dieser Trend ein wenig quer im Magen liegen«. Stimmt. In den meisten Führungsetagen und Pressestellen ist in der Tat genug zu tun, um mit all den Krisen, die keiner will und keiner braucht, fertig zu werden. Für sie gelten unverändert die Kernbotschaften der Krisenkommunikation, die vielleicht etwas idealistisch klingen mögen, aber den Nerv der Menschen treffen, wirksam sind und sowohl von den Betroffenen als auch der breiten Öffentlichkeit erwartet werden.

Kernbotschaften der Krisenkommunikation
Alle Formulierungen müssen unabhängig von der Art der Krise stets die folgenden positiven Kern-Botschaften vermitteln:
- Menschlichkeit
- Kompetenz
- Schnelligkeit
- Zuverlässigkeit/Lernfähigkeit
- Empathie und Sympathie

Die Lage mag noch so dramatisch, schwierig und aussichtlos erscheinen: Schadens*begrenzung* ist immer möglich.

2 Krisenökonomie

Lange Zeit war es für Unternehmen gelebte Praxis »Externalitäten« oder »Externe Effekte«- wie sie Ökonomen bezeichnen – zu ignorieren. Nun müssen sie allerdings immer mehr lernen, diese in ihre Entscheidungsfindung einzubeziehen. Eine lohnende Investition, lassen sich doch dadurch regulatorische Maßnahmen vermeiden, indem man selber handelt. Oder es lässt sich Akzeptanz in der Gesellschaft herstellen, die dazu beiträgt, Vertrauen zu festigen – ein unschätzbarer Vorteil im Krisenfall.

In den 1980ern war die Strategie von Philipp Morris völlig klar: Raucher entscheiden sich aus freiem Willen, zur Zigarette zu greifen, so die Argumentation. Dass Rauchen Lungenkrebs verursacht, versuchte der Konzern vor der Öffentlichkeit zurückzuhalten. Bis ein Artikel der Washington Post aus dem Jahre 1993 eine Enthüllungsstory brachte. Unter dem Titel »Wissenschaftler beschuldigen Tabakkonzerne, Studien über Suchtpotenzial verheimlicht zu haben« deckte das renommierte Blatt auf: Konzernchefs haben Studien zur Klärung möglicher Zusammenhänge von Tabakkonsum und Lungenkrebs schon ein Jahrzehnt davor eingestellt, da diese ein zu schlechtes Licht auf die Konzerne geworfen haben. Philipp Morris war nicht etwa das einzige schwarze Schaf. Damals war es in der Konsumgüterindustrie gang und gäbe, Risiken zu ignorieren.

Die Zeiten haben sich geändert. Mit der Jahrtausendwende kann man ein völlig anderes Verhalten in der Lebensmittelindustrie und der Gastronomie beobachten. Als die Risiken, die mit dem Konsum von trans-Fettsäuren verbunden sind, ans Licht kamen, nahmen Manager der mächtigsten Unternehmen die gesundheitlichen Konsequenzen ernst und reagierten schnell, bevor das Problem erst richtig publik wurde. Sie veränderten Rezepte, finanzierten Aufklärungskampagnen für die Öffentlichkeit und setzten fettarme Produkte durch. Als 2005 eine Fachzeitschrift verkündete, dass Kraft die Umstellung auf Produkte ohne trans-Fettsäuren bereits vollendet hat, folgten danach alle Konkurrenten dem Beispiel. Da das erste US-Gesetz gegen die Verwendung von Transfetten für die Zubereitung von Speisen in Restaurants erst 2008 in Kraft trat, waren dies unaufgeforderte Veränderungen und kamen jeglicher Regulation bzw. sogar öffentlicher Kritik zuvor.

Was hat sich nun in diesen 20 Jahren verändert, das solch unterschiedliches Verhalten von Managern begründen könnte? Wie so häufig, waren es gleich mehrere bedeutende Auslöser: Zum einen konnte nicht länger vernachlässigt werden, wie sehr sich die Tätigkeit von Unternehmen auf Umwelt, Gesellschaft und Individuen auswirkt. Zudem wurden Instrumente, die diesen Einfluss messen können, immer billiger und damit größeren Kreisen zugänglich. Die Wirtschaft konnte nicht mehr weitermachen wie bisher – sie hatte auf einem bestimmten Gebiet nicht mehr die Informationshoheit. Alles dies musste nun ins Entscheidungskalkül des Verursachers einbezogen werden. Mit anderen Worten, es war nicht länger möglich, Externalitäten zu ignorieren.

Der Begriff Externalität bezeichnet in der Volkswirtschaftslehre die Nebenwirkung von unternehmerischem Handeln. Externalitäten sind die direkten oder indirekten Effekte eines Unternehmens auf seine Umgebung, für die das Unternehmen aber keine Kosten tragen muss. Zudem werden diese Effekte auch nicht in Entscheidungsfindungsprozessen berücksichtigt. Das klassische Beispiel hierfür ist die industrielle Umweltverschmutzung. Partikel aus einem Fabrikschlot in Akron können zwar über die Luft auf Ackerböden gelangen. Da es aber keine Möglichkeiten gibt, dies zu messen, muss die Fabrik nicht für eventuelle Ernteschäden aufkommen. Solche Effekte liegen außerhalb des Spielraums eines Unternehmens – es ist dafür gesetzlich betrachtet nicht zuständig. Wie ein Verbraucher sein Produkt nach dem Gebrauch entsorgt oder die Lautstärke einer Fabriksirene sind weitere Formen von Externalitäten.

Das Konzept von Externalitäten geht über die Auswirkungen auf die physische Umgebung hinaus. Angenommen, ein menügesteuertes Handy lässt den Anrufer ein bisschen länger in der Leitung warten und verbraucht somit dessen Minuten; oder ein Zulieferer eines Konzerns beschäftigt Schwarzarbeiter, um Kosten zu sparen; oder der Immobilienpreis im Umland einer Fabrikanlage fällt rapide: Das alles sind Nebenwirkungen, für die man wahrscheinlich einen Konzern nicht zur Rechenschaft ziehen wird. Doch Legalität ist nicht gleich Legitimität – diese Erkenntnis setzt sich immer mehr durch.

Wenn sich also Kraft, Dr. Oetker und Nestlé entscheiden, ihre Rezepte abzuändern, und Restaurant-Ketten wie Wienerwald und Burger King zu weniger »Arterien-verstopfenden Fetten« wechseln, dann haben sie gute Gründe, Externalitäten zu internalisieren. Sie übernehmen Verantwortung für ein Problem, das sie eigentlich, zumindest dem Gesetz nach, nicht zu tangieren braucht. Sie machen sich jedoch gesellschaftlich anerkannte Werte und Einschätzungen zu eigen. Natürlich stehen sie unter dem Druck von Aktivisten, die die öffentliche Meinung beeinflussen und natürlich könnten sie immer noch mehr unternehmen. Aber im Gegensatz zur Tabakindustrie in den 1980ern, warteten die Lebensmittelhersteller nicht auf eine Regulierung seitens der Politik oder auf eine Anklage. Sie handelten. Das ist eine große Veränderung und dahinter verbirgt sich eine Strategie, die auf dauerhafte Internalisierung angelegt ist. Dieser Strategie liegt die Erkenntnis zugrunde, dass unternehmerischer Erfolg ohne gesellschaftliche Akzeptanz kaum noch möglich ist. Firmen müssen sichtbar Verantwortung übernehmen. Damit schaffen sie eine Win-

win-Situation. Was der Gesellschaft nützt hilft auch dem Unternehmen – bevor es in die Krise gerät.

2.1 Psychologische Aspekte

Krisen werden für Menschen zur Bedrohung, weil sie bisherige Erfahrungen, Normen, Ziele und Werte in Frage stellen. Unsicherheit entsteht, daraus schließlich Angst. Doch wie genau erreichen nun diese Informationen den Verbraucher bzw. gelangen in sein Unterbewusstsein und führen vielleicht einmal dazu, dass er im Einkaufsregal eines Supermarktes nicht mehr zur vertrauten Marke greift, sondern sich lieber dem Produkt der Konkurrenz zuwendet? Diese Form der Wahrnehmung lässt sich auch mit Erkenntnissen der modernen Hirnforschung belegen. Zu verdanken haben wir diese Belege computergestützten Verfahren, die es uns erlauben, die Aktivität des Gehirns nahezu bis auf die Ebene einzelner Neuronen nachzuverfolgen. Alles, was wir erleben, wahrnehmen, erinnern und mental antizipieren, entsteht in unserem Nervensystem, besonders im Gehirn, das aus eben diesen Neuronen, etwa fünf Milliarden Stück, besteht. Unter Neuronen verstehen wir ebenso genannte Nerveneinheiten.

Bei allen Formen der Wahrnehmung ist die vielleicht spannendste Beobachtung der modernen Hirnforschung jene, die unser Unterbewusstsein betrifft. Tatsächlich ist es so, dass unser Zentralnervensystem ständig ein Abbild von unserer Umgebung kreiert, ohne dass wir das bemerken. (vgl. Teil I, Kap. 4.)

Warum bestimmte Themen Ängste auslösen

Auch wenn die »German Angst« ein international bestauntes Phänomen ist – archaische Ängste sind kein deutsches Charakteristikum. Sie sind in allen Kulturen zu finden und bestimmen maßgeblich unser Verhalten in der Krise. Misstrauen ist für die Menschheit überlebenswichtig gewesen und es meldet sich stets, wenn wir Dinge nicht mehr selbst aus eigener Erfahrung beurteilen können. So wird der Einsatz von Biometrie nicht als Fortschritt in der Sicherheitstechnik wahrgenommen, sondern löst Ängste vor dem Überwachungsstaat aus. Nanotechnologie wird nicht als Chance begriffen, sondern mögliche Risiken werden in den Vordergrund gestellt. Und gentechnisch veränderte Pflanzen werden beinahe gleichgesetzt mit Manipulation am menschlichen Erbgut. Wer kann das schon alles durchblicken? Je komplexer ein Thema, desto größer ist das Gefühl, ausgeliefert zu sein. Damit steigt die Bereitschaft, zu misstrauen. Menschen erheben gegenüber unterschiedlichen

Personen oder Institutionen unterschiedliche Ansprüche. Gesundheitswirtschaft und Lebensmittelindustrie, NGOs und karitative Einrichtungen müssen besonders hohen Ansprüchen genügen. Während man den beiden letzten jedoch integeres Verhalten eher noch unterstellt, verhält es sich mit den beiden anderen so, dass ihnen grundsätzlich mit mindestens einem Restzweifel begegnet wird.

Kein Wunder, denn die Angst vor Krankheit und vor Vergiftung durch Lebensmittel gehört zu den archaischen Ängsten. Beide wurden angesprochen beim Antibiotika/Hühnerfleisch-Skandal im Jahr 2012. Es ging dabei um den Nachweis hoher Antibiotika-Konzentrationen im Hühnerfleisch. Das Ereignis fiel zusammen mit einer Debatte um zunehmende Antibiotikaresistenzen. Krankenhäuser, Ärzte und Fachjournalisten machten regelmäßig auf die Bedrohung durch unwirksame Antibiotika aufmerksam, die ihre Wirksamkeit durch übermäßigen Einsatz eingebüßt hatten. Die Politik nahm sich des Themas an, der Handlungsdruck wurde groß. Antibiotikaeinsatz in der Humanmedizin und in der Landwirtschaft wurden undifferenziert vermischt, Kausalzusammenhänge hergestellt, wo keine waren, und die Verwirrung wurde immer größer. Sachliche Argumente fanden kaum noch Nährboden. Fallbeispiele Betroffener, die wegen Antibiotikaresistenzen Gliedmaßen oder gar das Leben verloren hatten, lösten weitere Ängste aus. Vom Boykott des Hühnerfleisches bis hin zur Verweigerung von Krankenhausaufenthalten aus Angst vor nicht behandelbaren Infektionen waren alle Reaktionen anzutreffen. Selbst wenn viele Argumente der Richtigkeit entbehrten – die entstandene Gefühlslage muss in einer derartigen Situation von einem Krisenmanager ernst genommen werden.

Der Krise rechtzeitig begegnen

Ob Politiker, Unternehmenschef oder Leitung eines Instituts oder einer Organisation – über jeden kann jederzeit eine Krise hereinbrechen. Der alte Pfadfinderspruch »allzeit bereit« ist deshalb auch ein gutes Rezept, um krisenhaften Situationen vorzubeugen.

Niemand kommt heutzutage um geeignete Frühwarnsysteme herum. Dazu gehört es, sein Umfeld genau zu kennen: Wer sind die Stakeholder, sprich, wer hält auch seine Angel in meinen Teich? Es ist wichtig, sich den Blickwinkel der Stakeholder zueigen zu machen, um frühzeitig zu erkennen, aus welcher Ecke Unbill droht. Ein konsequentes Issue-Management ist unabdingbare Voraussetzung, um Gefahren rechtzeitig erkennen und diese abbiegen zu können. Dabei ist es auch wichtig, nicht nur im direkten Umfeld zu suchen. Vielmehr muss ein großes Krisenradar eingesetzt werden, um auch Bedrohungen, die aus einer unerwarteten Ecke kommen, wahrzunehmen. Ein Skandal, der eine innovative Technologie betrifft, kann beispielsweise derartige Technologieängste auslösen, dass ein negativer Imagetransfer stattfindet, unter dem auch andere Branchen leiden, die mit der auslösenden Industrie zwar nichts zu tun haben, aber nun ebenfalls misstrauisch betrachtet werden, weil sie neue Technologien anwenden. Ein Skandal in einer Branche kann gesetzgeberische Maßnahmen zur Stärkung des Verbraucherschutzes auslösen, die die Geschäftsfelder »unschuldiger« Branchen massiv gefährden. Nur wer frühzeitig informiert ist, kann gegensteuern und reputative und monetäre Verluste vermeiden.

2.2 Betriebswirtschaftliche Aspekte

»Lohnt sich das denn? Wir haben doch gar keine krisenanfälligen Produkte« – wer so die Notwendigkeit von Krisenkommunikation hinterfragt, der hat sich nicht vorgestellt, welche Kreise eine Krise ziehen und welcher finanzielle Schaden möglicherweise durch einen nachhaltig beschädigten Ruf entstehen kann. Krisenkommunikation beginnt nicht nur im Fall der Krise, sondern im besten Falle schon bevor eine solche eintritt. Und sie kann jederzeit eintreten, nicht nur bei traditionell risikobehafteten Branchen wie beispielsweise der Atomindustrie. Was passieren kann und worauf man sich einstellen muss, das lässt sich im Vorfeld antizipieren, aber nicht abschließend klar definieren und schon gar nicht exakt beziffern.

Wie schnell Krisen eintreten können, wie gravierend sie sein können und wie weitreichend sie sind, zeigt das Beispiel der EHEC-Krise im Sommer 2011. Rund 4.000 Menschen erkrankten an dem Darmbakterium, 53 Infizierte starben. Krankenhäuser gerieten an den Rand ihrer Belastbarkeit. Deutsche Bauern verloren pro Tag bis zu 5 Millionen Euro, spanische Landwirte pro Woche sogar geschätzte 200 Millionen Euro. Restaurants und Einzelhandel machten Verluste, weil sich kaum noch jemand traute, nicht selbst gezogenes Gemüse und Salat zu essen.

Die EHEC-Krise ist ein Beispiel für ein kommunikatives Dilemma. Wie weit muss eine Behörde gehen, wenn Menschenleben in Gefahr sind? Wie frühzeitig muss informiert werden, auch wenn die Faktenlage noch unsicher ist? Während zunächst das Robert-Koch-Institut Gurken, Tomaten und Salat als Ursache für die gehäuft aufgetretenen Krankheitsfälle ausmachte, wurde kurze Zeit später die angebliche Herkunft des verdächtigen Gemüses bekanntgegeben: Die Hamburger Gesundheitssenatorin nannte Produkte aus Spanien als Gefahrenquelle. Die Folgen für die iberischen Bauern und Händler waren verheerend. Und auch auf die heimischen Landwirte wirkte sich die Begründung aus: Die Bürger wurden ängstlich und da sie nicht sicher waren, wer woher welches Gemüse und welchen Salat bezog, so verzichteten sie lieber wochenlang komplett. Unternehmen nahmen Rohkost vom Speiseplan der Kantinen, Restaurants blieben auf ihren Salaten sitzen. Selbst vor gekochtem Gemüse, das erwiesenermaßen ungefährlich war, schreckten viele zurück – sicher ist sicher. Erst viel später wurden Sprossen und aus Ägypten stammender Bockshornklee als tatsächliche Auslöser identifiziert.

Für die Hamburger Gesundheitssenatorin gibt es auch mit Abstand betrachtet keine Alternative zu ihrer Warnung – auch wenn diese sich letztlich als falsch erwiesen hat. »Es wäre nicht möglich gewesen, die Öffentlichkeit nicht zu informieren, aus Verbraucherschutzgründen, aber auch in dieser wirklich aufgeheizten Situation. Wenn ich es versucht hätte, wäre es wahrscheinlich ein Skandal an sich gewesen«, rechtfertigt die Politikerin ihr kommunikatives Handeln. Eine Krisenkommunikation, die den Stadtstaat womöglich noch teuer zu stehen kommen wird, denn ein spanischer Händler hat die Stadt Hamburg auf 2,3 Millionen Euro Schadensersatz verklagt.

Anders beurteilt der Präsident des Niedersächsischen Landesamts für Verbraucherschutz und Lebensmittelsicherheit (LAVES) die Ausgangslage. Für ihn stellt genau die konkrete Warnung erst den Auslöser des mit der EHEC-Krise einhergehenden Kommunikationsproblems dar. Denn von da an habe die Öffentlichkeit erwartet, dass der Erreger auf einem konkreten Lebensmittel gefunden werden kann – was in solchen Fällen in der Regel nicht der Fall ist und somit die Kommunikation der verantwortlichen Behörden massiv erschwert. Da die Behörden die Erwartungshaltung der Öffentlichkeit zwangsläufig nicht 1:1 bedienen konnten, schenkten Medien und Verbraucher den veröffentlichten wissenschaftlichen Ergebnissen keinen Glauben. Das Vertrauen in die Behördenangaben sank – völlig grundlos, wie wir heute wissen.

Hinzu kam, dass Bundes- und Landesbehörden zwar operativ vernetzt und kompetent gearbeitet hatten, die Kommunikation darüber jedoch allzu unkoordiniert daher kam. Mit dem an sich richtigen Ziel, Verbraucher frühzeitig zu informieren und für Transparenz zu sorgen, wurde ein Informationschaos ausgelöst, da vieles, was mitgeteilt wurde, vorher nicht exakt überprüft und abgestimmt worden war. Die Verantwortlichen haben aus der Erfahrung gelernt – sagen sie zumindest. Investieren Bund und Länder nun in entsprechende Melde- und Kommunikationsprogramme, so lassen sich für betroffene Unternehmen, Branchen und Steuerzahler teure Fehler vermeiden.

Gerade weil sich der Nutzen von Krisenkommunikation nicht exakt auf Euro und Cent voraussagen lässt, ist es immens wichtig, dass sich Unternehmen bestimmte Faktoren klar vor Augen führen. Mit einem »Hätten wir doch nur ...« ist niemandem geholfen, wenn das Kind in den Brunnen gefallen ist. Doch wie lässt sich das Krisenpotenzial abschätzen? Indem sich ein Unternehmen bestimmte Fragen stellt:

- Wie wird der eigene Wert eingeschätzt? Wie werden wir in den verschiedenen Stakeholdergruppen gesehen? (Hier können Marktanalysen aber auch Social-Media-Analysen ein gutes Bild vermitteln)

- Welche Abhängigkeiten bestehen zu angegliederten Dienstleistern oder Organisationen? Nehmen sie ebenfalls Schaden, wenn der eigene Ruf angekratzt wird? Und gibt es in der Wertschöpfungskette Stellen, die Risiken aufweisen, die auf einen selbst zurückfallen?
- Wie wichtig nimmt man es, wie das Unternehmen wahrgenommen wird?
- Kann man sich vorstellen, welche Kosten im Krisenfall durch den Verlust des Ansehens entstehen? Ist das dem Unternehmen klar?
- Ergeben sich beim Blick auf das unternehmerische Umfeld, also auf die Stakeholder, bestimmte Risiken? Hierbei ist auch immer das Unvorstellbare einzubeziehen!
- Wie ist die Stimmung im Betrieb? Droht von den eigenen Mitarbeitern Gefahr?
- Werden alle rechtlichen Bestimmungen stets eingehalten?
- Gibt es konkrete Bedrohungspotenziale? Gerade für weltweit agierende Unternehmen stellt sich hier die Frage nach Korruption, Menschenrechtsfragen oder Kriegsgefahr. Was ist mit Produkterpressungen oder Entführungsgefahr?
- Kann ein Unternehmen Know-how und personelle Kapazitäten, die für den Krisenfall notwendig sind, selbst vorhalten oder sollte frühzeitig mit einem entsprechenden Dienstleister Kontakt aufgenommen werden? Wie sieht die Kostenrechnung aus?

Krisenökonomie ist also mehr als die bloße Gegenrechnung wirtschaftlicher Aufwendungen im Ernstfall versus Aufwendungen in Prävention.

Kein Krisenmanagement zum Nulltarif

Die Krisenkommunikation gehört zur unternehmerischen Verantwortung, auch wenn ihr Wert wirtschaftlich zunächst nur schwer messbar scheint. Den Controllern sei gesagt: Es gibt kein Krisenmanagement zum Nulltarif. Die Investitionen in Einrichtungen, Personal, Ausbildung und alle Maßnahmen rund um die Prävention sind vergleichbar mit den Kosten einer Versicherung in Sachwerte. Murrend werden die Prämien bezahlt, im Stillen aber doch immer gehofft, dass man nicht auf die Leistungen zurückgreifen muss.

Niemand tritt vernünftigerweise eine längere Autoreise an, ohne zuvor die Sicherheit des Wagens zu prüfen: Ersatzreifen, Werkzeug und Verbandskasten und den Reifendruck. So wie wir mit dem Sicherheits-Check unseres Wagens unser eigenes Leben schützen, so schützen wir im unternehmerischen Alltag durch Krisenprävention das Überleben unserer Marke.

3 Risikokommunikation ist nicht Krisenkommunikation

Die Störfallkommission definiert den Begriff Risiko gemäß der nationalen Norm DIN VDE 31000 Teil 2 wie folgt: »Das Risiko, das mit einem bestimmten technischen Vorgang oder Zustand verbunden ist, wird zusammenfassend durch eine Wahrscheinlichkeitsaussage beschrieben,

> »... die die zu erwartende Häufigkeit des Eintritts eines zum Schaden führenden Ereignisses ...« und
> »... das beim Ereigniseintritt zu erwartende Schadensausmaß ...«

Nun sind diese gestelzten technischen Formulierungen nicht unbedingt aussagekräftig hinsichtlich der tatsächlichen Wahrnehmung von Risiken durch verschiedene Bezugsgruppen. Es gibt erheblich divergierende soziodemografische Faktoren. Laien und Experten beurteilen einen Sachverhalt, von dem ein Risiko ausgehen könnte, höchst unterschiedlich. Fachkenntnisse, Vorkenntnisse, Erfahrungen aus der Vergangenheit, Bildung als auch der soziale Hintergrund werden zur Einschätzung des Risikoinhaltes herbeigezogen. Und eine große Rolle spielen die psychologischen Komponenten, beispielsweise die Ängste. Frauen und ältere Menschen haben eine höhere Risikowahrnehmung als Männer und jüngere Personen. Ein Biologe bewertet das Risiko von gentechnisch verändertem Saatgut sicher anders als zum Beispiel ein Politologe. Ein Physiker schätzt die Gefahr, die von einem Kernkraftwerk ausgeht anders ein, als der Bürger, der in der direkten Nachbarschaft davon wohnt oder ein Umweltaktivist.

Ein Risiko zeichnet sich vor allem dadurch aus, dass ein negatives Ereignis in der Zukunft eintreten könnte, aber eben nicht notwendigerweise eintreten muss. Die Wahrscheinlichkeit des Eintretens sowie das Ausmaß des zu erwartenden Schadens bei Eintritt bestimmen die Höhe des tatsächlichen Risikos. Das Risiko kann durch Entscheidungen und Handlungen der Akteure maßgeblich beeinflusst werden – ist also keine fixe Größe, sondern variabel. Aus diesem Grund entstehen bei den Handelnden Unsicherheiten: Wie wird sich welche Entscheidung, welche Aktion auf das Risiko (= Wahrscheinlichkeit und Ausmaß des negativen Ereignisses) auswirken? Der Unterschied zwischen Risiko und Krise besteht darin, dass in der Krise das antizipierte negative Ereignis eingetreten ist – das Risiko hat sich dann realisiert.

Risiken sind nicht nur stofflich, sondern auch immateriell: Sprach man früher vor allem im Zusammenhang mit produzierenden Unternehmen, technischen Zusammenhängen und im Kontext von Umweltfragen oder Unfällen über Risiken, erkennt man heute, dass jeder Sektor sein spezifisches Risiko hat: Banken, die für Milliardentransfers und Investitionsentscheidungen zuständig sind, oder auch öffentliche Institutionen, die gravierende Fehler machen – auch ihr Handeln ist mit Risiken behaftet. Jedes Handeln ist mit Risiken behaftet.

Zwischen Panikmache und Aufklärung

Dementsprechend erhebt sich für die Kommunikation die Grundfrage: Inwieweit will (oder muss) ein Akteur die mit seinem Handeln, seiner Geschäftstätigkeit verbundenen Risiken überhaupt kommunizieren? Und wann? Häufig besteht ein vermeintliches Interesse daran, die Risiken nicht allzu öffentlich zu machen, um »keine schlafenden Hunde zu wecken«. Risikokommunikation ist immer auch der Versuch, den Grad des Angemessen seins zu finden: Wie viel Information ist sinnvoll und nützlich, ab wann schädigt sie womöglich die Geschäftstätigkeit oder das Image, und was grenzt an Panikmache?

In dieser Frage steckt der Hauptunterschied von Risikokommunikation zur Krisenkommunikation. Logischerweise verhalten sie sich wie Risiko zu Krise. Letztere hat die Kommunikation zu einem bereits eingetretenen tatsächlichen Ereignis oder ein kritisches Vorkommnis zum Gegenstand. Im Gegensatz dazu beschäftigt sich die Risikokommunikation ausschließlich mit Dingen, die vielleicht in der Zukunft eintreten könnten – oder auch nicht. Diese Vagheit, dieses Nicht-Konkrete des Risikos sind ein weiteres Charakteristikum der Kommunikation: Jedes Risiko wird vom Rezipienten individuell abgeschätzt und entzieht sich somit einer objektiven Bewertung.

In der Risikokommunikation ist als wichtiger Bestandteil die Vermittlung von sachlich fundierten Kenntnissen über riskante Sachverhalte. Ein produzierendes Chemieunternehmen etwa wird versuchen, die Öffentlichkeit zunächst über seine Produktionsprozesse, die dabei anfallenden Schadstoffe und seine Vorkehrungen zum Umweltschutz zu informieren. Dabei macht das Unternehmen die Aspekte deutlich, die die Beherrschung der Risiken aufzeigen. Beispielsweise den hohen Qualitätsanspruch, die gute Ausbildung der Mitarbeiter, die sorgfältige Auswahl der Produktionsmittel, der verantwortungsbewusste Umgang mit Ressourcen und so weiter. Um die Glaubwürdigkeit zu steigern ist es wichtig, hier mit nicht unternehmensabhängigen externen Sachverständigen und Experten zusammenzuarbeiten.

Diese Darstellungen werden dann häufig von der »Gegenkommunikation« anderer Stakeholder angezweifelt. Im genannten Beispiel würde das bedeuten, dass etwa eine Umweltgruppe versuchen würde, die Unternehmensinformationen als lückenhaft, unbefriedigend und »nicht objektiv« darzustellen. Ihrerseits würde die Gruppe dann ebenfalls Experten aufbieten, um die negativen Aussagen zu untermauern und damit die Glaubwürdigkeit der Unternehmenskommunikation anzuzweifeln.

Risiko – ein extrem subjektives Konzept

So wird über die Eintrittswahrscheinlichkeit und das zu erwartende Schadensausmaß von Risiken regelmäßig öffentlich zwischen Experten gestritten. Ein Risiko ist nicht objektivierbar, seine Bewertung höchst individuell und subjektiv: Was dem einen als riskant erscheint, ist für den anderen absolut tolerabel. Den Schaden, den eine Gruppe als inakzeptabel betrachtet, sieht eine anderer als hinnehmbar an.

Naturgemäß werden die Risiken einer bestimmten Handlung von den unterschiedlichen Stakeholdern verschieden stark gewichtet und deshalb auch mit divergierender Priorität kommuniziert. Beispiel: Ein Chemiekonzern wird die mit seiner Produktion verbundenen Risiken anders kommunizieren (nämlich entweder gar nicht oder mit der Tonalität, dass all diese beherrschbar sind) als ein Umweltverband oder eine Bürgerinitiative. Während das Umweltrisiko für den Konzern nur eines von vielen zu kommunizierenden Themen ist, ist es vielleicht das die Umweltgruppe konstituierende Thema. Letztere muss und wird also alles tun, um die Umweltthematik mit maximalem Nachdruck in die Öffentlichkeit zu bringen – nur das legitimiert ihre Existenz. Besonders brisant ist die Situation dann, wenn entweder die Eintrittswahrscheinlichkeit extrem gering ist (und damit eine große Spannbreite von möglichem Umgang mit dem Risiko eröffnet ist: von »passiert ja ohnehin nie« bis hin zu »da muss man vorbereitet sein«). Oder aber wenn der Ereigniseintritt mit immensen Schäden verbunden ist.

Ein Paradebeispiel für eine derartige Risiko-Betrachtung war die Diskussion um den Atomausstieg in Deutschland. Einerseits sind die Nuklearindustrie und die Energieerzeuger felsenfest davon überzeugt, ihre Technologie sei sauber und sicher, das Risiko eines Super-GAUs nahezu ausgeschlossen. Aber eben nur »nahezu«. Denn das Unglück im japanischen Fukushima im März 2011 führte dazu, dass die von der Anti-Atom-Bewegung stets propagierten Risiken praktisch über Nacht mehrheitsfähig wurden. Die noch im Herbst 2010 von der Bundesregierung beschlossene Laufzeitverlängerung für Kernkraftwerke wurde bereits im Juni 2011 vom Deutsche Bundestag gekippt. Dies zeigt ein weiteres Charakteristikum der Kommunikation von Risiken: Es kann sehr schnell sehr ideologisch werden.

Risikokommunikation wird oft ideologisch

Häufig entsteht im Umgang mit Risiken, wie beispielsweise auch das Thema Anbau und Einsatz gentechnisch veränderter Pflanzen zeigt, eine Schlacht von Expertenmeinungen und -gutachten, die kaum einer gewinnen kann. Jedenfalls nicht mit Argumenten. Da die Risiken in ihrer Eintrittswahrscheinlichkeit und Bedeutung extrem subjektiv wahrgenommen und bewertet werden und es also keinen objektiv lösbaren Sachkonflikt gibt, droht die Risikokommunikation häufig in Grundsatzdiskussionen und Wertedebatten auszuufern.

Die Kontrahenten neigen dazu, sich dann mit entsprechend polemischen Labeln zu belegen: »fortschrittsgläubig« und »umweltfeindlich« kontra « »naiv« und »innovationsfeindlich«. Risikokommunikation beschäftigt sich zwangsläufig oft mit ideologischen Grundsatzfragen. Unabhängig von der Darstellung konkreter Risiken sollte also jeder Akteur, der Risikokommunikation betreibt oder betreiben muss, neben den sachlichen Fakten unbedingt auch eine Positionierung hinsichtlich seiner Werte betreiben: Nur wer sich als umweltorientiert, transparent und verantwortungsbewusst präsentiert (und das auch durch entsprechende Taten belegt), wird, wenn er über die Risiken seiner Geschäftstätigkeit spricht, glaubwürdig. Die Verständigungskluft ist oft das größte Risiko bei neuen Technologien, Vorhaben oder Veränderungsprozessen. Vor diesem Hintergrund erstaunt es also nicht, wenn alle großen produzierenden Unternehmen ihre Umweltstandards und ihr Ökoengagement, aber auch ihre ethischen Grundsätze betonen.

»Risiko« ist für die meisten Menschen ein Synonym für »Gefahr«. Jedes tatsächliche oder vermeintliche Herunterspielen führt zu einem erneuten Risiko und damit zu einem Verständigungsproblem zweiter Ordnung. Denn was Sicherheit (oder Nutzen) wirklich bedeutet, ist genauso strittig wie die Einschätzung des Risikos. Aufklärung, Vermittlung auf der Ebene, um Verständnis zu schaffen, sind die Lösungsansätze für das Dilemma. Nur wenn es gelingt, die Ängste der Menschen gegenüber Veränderungen aufzulösen und sie hinsichtlich der Vorteile mitzunehmen, werden die gefühlten Risiken verringert und die Akzeptanz der Projekte erhöht.

Die unterschiedlichen Wahrnehmungsebenen von Entscheidern und Betroffenen stellen die größte Projekt-Herausforderung dar. Entscheider und Betroffene sehen unterschiedliche Wirklichkeiten.

Die Entscheider sehen eher die Chance, die Betroffenen sehen eher die Gefahr. Das Bewusstsein und auch die Verantwortung hierfür liegt ganz auf Seiten der Entscheider, die Ängste ernst zu nehmen, damit umzugehen und den Nutzen darzustellen. Hierbei dürfen sie jedoch nicht aus ihrer fachlich oder wirtschaftlich geprägten Wirklichkeitswelt kommunizieren. Bevor ihnen das gelingt, müssen sie zuerst die Wirklichkeitswelt der gesellschaftlichen Gruppen verstehen.

Fundis, Betroffene und Bürokraten – die Risiko-Typen

Risiko ist ein subjektives Wahrnehmungskonstrukt eines individuellen Umfeldes. In der Risikokommunikation werden meist vier verschiedene Typen von Akteuren unterschieden, die jeweils ihre eigene Sprache, ihre eigene Ideologie und Organisationsform haben.

Wer diesen Gruppen kommunikativ begegnen will, muss dafür sorgen, dass sie adäquat angesprochen werden. Es reicht in der Risikokommunikation eben nicht aus, einfach »nur die Fakten« sprechen zu lassen und darauf zu vertrauen, dass das anscheinend Logische sich durchsetzt.

Vielmehr ist es wichtig – insbesondere in den Fällen, in denen die Diskussion schnell ideologisch wird – sich über die irrationalen Aspekte des Themas klar zu sein: Wenn Umweltaktivisten das Thema »Wert der Schöpfung« auf die Agenda bringen, mag das aus Sicht des Unternehmens vielleicht unangemessen und »weltfremd« sein, muss aber trotzdem beantwortet werden.

Wenn die Diskussion nicht um Messwerte oder Risikostrategien im Aktienhandel, sondern als Ethikdebatte oder Kapitalismuskritik (Gewinnstreben versus Altruismus) geführt wird, muss auch die Unternehmenskommunikation eine bewusste Entscheidung treffen, wie mit diesem Level der Diskussion umzugehen ist. Ein simples Abtun als »verrückte Einzelmeinung« ist nicht zielführend und im Zeitalter von Social Networks und dem Web 2.0 ggf. sogar gefährlich: Schnell können hier Hypes, d. h. emotionale Wellen, gegen das Unternehmen entstehen.

Es sind nicht immer die ganz großen Themen wie Gen-Technik, Kernkraft oder Bauprojekte wie »Stuttgart 21«, für die Risikokommunikation nötig ist.

Auch Alltagsrisiken zielgerichtet kommunizieren

Ein Beispiel aus dem Alltag: »Zu Risiken und Nebenwirkungen lesen Sie die Packungsbeilage oder fragen Sie Ihren Arzt oder Apotheker.« Diesen von einem Sprecher am Ende eines Arzneimittel-Werbespots monoton herunter geratterten Spruch kennen wir alle. Ist dieser bekannte Warnhinweis nur ein »Disclaimer«, der der rechtlichen Absicherung der Unternehmen dienen soll? Entspricht er ohnehin nur einer gesetzlichen Vorgabe oder beeinflusst er tatsächlich das Kauf- und Nutzungsverhalten der Konsumenten, also der Patienten? Und: Ist der Hinweis wirklich adäquate Risikokommunikation?

»Es ist schon erstaunlich«, klagt die Pharmaindustrie in einer Broschüre, »dass die Menschen von uns zwar immer neue, bessere, hilfreiche Medikamente erwarten, die für sie lebens- und überlebenswichtig sind, aber gleichzeitig die Unternehmen, die sie entwickeln und produzieren, so gering schätzen«. Googelt man die

Berichterstattung über diese Branche, taucht sie meist in Verbindung mit Begriffen wie »Nebenwirkungen«, »Schäden«, »Manipulation«, »Betrug«, »Bestechung«, »Datenmissbrauch« und »Gefahr« auf. Nicht sehr schmeichelhaft – und gemessen an der Notwendigkeit dieser Industrie widersprüchlich.

Doch ganz so erstaunlich ist diese Wahrnehmung nicht. Lange Zeit war die Kommunikation zum Thema Pharma schwarz-weiß. Auf der einen Seite die heile

NIMBY
Not In My Back Yard
Nicht in meinem Garten/Hinterhof
Betroffenheitsaktivisten
»Nahfeldorientierte Ablehnung«

NIABY
Not In Anybody's Back Yard
Irgendwo in irgendeiner Gegend
Fundamentalistische Gegnerschaft
»Grundsätzliche Veränderungsaversion«

Risiko

NIMD
Not In My District
Nicht in meinem Landkreis/Wahlkreis
Politische und formale Verfahrensgegner
»Ämterwahrung«

WIIFM
What's In It For Me?
Was ist für mich drin?
Nutznießer der Veränderung/des Risikos
»Moralisch Flexibel«

Die vier Risiko-Typen

Die Fundamentalisten (*Not On Planet Earth – NOPEs*) lehnen jedes Eingehen eines Risikos komplett ab und sind nicht kompromissbereit.

Die Betroffenheitsaktivisten (*Not In My Backyard – NIMBYs*) sind den Risiken gegenüber eigentlich neutral eingestellt. Wenn das entsprechende Thema allerdings direkt in ihrem Umfeld realisiert werden soll (Bau eines Kraftwerks, Betrieb einer chemischen Produktionsstätte), werden sie aktiv. Diese Gruppe kann meistens mit Argumenten oder materiellen Anreizen überzeugt werden.

Die Besitzindividualisten (*Not In My Bottom Line – NIMBLEs*), also die »Besitzer« des Risikos (z. B. der Betreiber des Atomkraftwerkes), sind bemüht, möglichst viel des Risikos von sich und ihrem Geschäft fernzuhalten, d. h. zu externalisieren.

Und die Bürokraten (*Not In My Term Of Office – NIMTOs*) schließlich sind vor allem daran interessiert, politisch mit dem Risiko nicht in Verbindung gebracht zu werden, um ihre Wahlchancen nicht zu schmälern.

(eigene Darstellung nach Heidenescher, 1999, und Saint u.a., 2009)

Welt der Hochglanzbroschüren und Arztgeschenke der Branche auf der anderen Seite die Medien mit der skandalisierenden Darstellung einer Gelddruckmaschine, in der gierige, skrupellose und unmoralische Manager mit unser aller Leid Kasse machen. Und dazwischen steckt der allein gelassene Patient mit all seinen Ängsten.

Wenn dann punktuell neue und größere gesundheitliche Bedrohungspotenziale hinzukommen, wie 2009/2010 die »Schweinegrippe«, entbrennt zwangsläufig erneut eine spannungsgeladene Debatte über lebensgefährliche Massenerkrankungen einerseits und die Impfstoffe, an denen die Industrie gut verdient, andererseits. Ein Bericht zur Pandemie-Krise stellt später lapidar fest: »Von Seiten der Regierung ist es nicht gelungen, diese Debatten zu beenden und die Bevölkerung ausreichend aufzuklären.« Auch das ist eine Herausforderung an künftige Risikokommunikation.

Die wichtigsten Elemente der Risikokommunikation

Wie also baut man eine zielgerichtete und gute Risikokommunikation auf? Dies sind die wichtigsten Elemente:

Umfeldanalyse: Welche Stakeholdergruppen gibt es? Wie stark sind sie vernetzt? Wie gut ist ihr Zugang zu den Medien? Wie nutzen sie die Sozialen Netzwerke? Welche Möglichkeiten der Mobilisierung sind vorhanden?

Bedürfnisanalyse: Welche Bedürfnisse, Ängste und Erwartungen verknüpfen die Stakeholdergruppen mit dem Produkt oder einem Projekt?

Risikoanalyse: Welche theoretischen Risiken gibt es? Wie können diese »wahrgenommen« werden? Welcher emotionalen Natur sind sie? Wie erklärungsbedürftig ist das Produkt oder das Projekt aus der Sicht eines »Nichtfachmanns«?

Diskussionsanalyse: Wie ist das Meinungsbild zu ähnlichen Themen, Produkten oder Projekten? Besteht die Gefahr einer ideologischen Grundsatzdiskussion oder ist diese schon im Gange? Welche Emotionen herrschen hierbei vor? Welche Argumente stehen gegenüber? Welche Interessen verbergen sich dahinter?

Risikoentwicklung: Ist das oder sind die Risiken statisch, d. h. bleiben sie unverändert? Oder verändern sie sich im Laufe eines Prozesses und bedürfen der ständigen Analyse und Beobachtung?

Zieldefinition: Was möchte ich in dieser Lage erreichen und wie will ich wahrgenommen werden? Was bin ich bereit aufzugeben bzw. anzupassen?

Strategiedefinition: Wie muss ich als Akteur die Diskussion führen, um meine Ziele zu erreichen? Wie kann ich auf die Ängste und Erwartungen eingehen? Wie schaffe ich Mehrheiten in der Gesellschaft die mein Projekt oder Produkt unterstützen? Wen muss ich dazu mit welchen Inhalten ansprechen? Welche Kanäle (auch Social Media) muss ich aufbauen und nutzen um meine Zielgruppen zu erreichen?

Inhaltsdefinition: Wie stelle ich Verständlichkeit her? Wie kommuniziere ich »Risiken«? Wie gehe ich auf Ängste und Erwartungen ein? Wie kann ich einen gesellschaftlichen Nutzen kommunizieren?

Auf Basis einer solchen Analyse kann eine Strategie für die professionelle Risikokommunikation gemacht werden. Diese ist dann schlussendlich auch das Rückgrat einer effektiven Krisenkommunikation für den Ernstfall.

4 Die Angst im Kopf: wie Krisen wahrgenommen werden

Wie oft werden dramatische Bilder und Bildcollagen in die Köpfe der Menschen transportiert, Bilder von Gift aufnehmenden Kindern, Angehörigen und Freunden. Im ersten Golfkrieg stand der Vogel mit von Öl verklebtem Gefieder im Kontrast zur kalten Ästhetik der nächtlichen Angriffsbilder der Alliierten und wurde zum Symbol für die Ängste im Westen. Er befeuerte die Protesthaltung gegen den Einsatz. Und wenn es keine passenden Bilder gibt, erzeugen die Medien die gewünschten Bildwelten beim Konsumenten mit blumigen Texten und plakativen Schlagzeilen. »Only bad news are good news« – so lautet ein klassisch zynischer Journalistenspruch, der darlegt, wie die meisten Medien verfahren. Je reißerischer eine Schlagzeile desto effektiver die Wirkung. Solche Bilder – seien sie real oder suggeriert – erzeugen Emotionen. Immer. Emotionen sind die Grundlage der öffentlichen Meinung und diese ist letztendlich die Lizenz zum Handeln.

Wenn man komplexe Sachverhalte nicht selbst beurteilen kann und den Argumenten der Experten nicht (mehr) traut oder sie nicht versteht, dann bekommen Bilder und Symbole eine zentrale und prägende Bedeutung. Dabei ist es völlig egal, ob sie wirklich zutreffen oder nicht. Wichtig ist, dass sie zum Handeln zwingen. Und so entsteht eine Eigendynamik, die sich über alles hinwegsetzt: über die klassischen rationellen Bewertungssysteme mit Grenz- und Richtwerten, über die Meinungen führender Experten, über eigene Vorurteile und Klischees. Die Krise entkoppelt gewissermaßen die wissenschaftliche von der öffentlichen Bewertung. Neutrale Fakten werden plötzlich in einem neuen, einem politischen und gesellschaftspolitischen Kontext gedeutet. Wie oft hören wir dann die Floskel »Der öffentliche Druck ist zu groß geworden!«, den Satz, der erklärt, entschuldigt, rechtfertigt, warum der Politiker X zurückgetreten ist, der Trainer Y entlassen oder das Produkt Z vom Markt genommen wurde.

Die Bilder des explodierenden Meilers in Fukushima zwangen die Bundesregierung, ihre bisherige Haltung zur Atomkraft aufzugeben. Nichts hatte sich an den Risikofaktoren in Deutschland geändert – doch die Kraft der Bilder, die Emotionen, die sie in einer ohnedies schon kritischen Gesellschaft auslösten, zwangen zum Handeln.

Schuld daran ist unser Gehirn und die irrige Annahme, Menschen würden in der gleichen Situation ihre Umwelt gleich wahrnehmen und folgerichtig zum gleichen

Schluss kommen müssen. Jeder Polizist, der einmal Zeugenaussagen aufgenommen hat, kann bestätigen: Fünf Zeugen, die alle denselben Vorfall miterlebt haben, geben oftmals fünf nicht übereinstimmende Wahrnehmungen zu Protokoll.

Wie Menschen Krisen wahrnehmen

Jeder kennt das: Der Fernseher läuft, man ist aber noch mit anderen Dingen beschäftigt und ist nur mit dem halben Ohr dabei. Und plötzlich merkt man auf. Was ist passiert? Ein Stichwort, ein Geräusch, eine Stimme haben uns aufhorchen lassen. Es ist, als hätte jemand plötzlich auf einen Knopf gedrückt, der Gefühle auslöst. Ein Schlüsselreiz hat unser Unterbewusstsein anspringen lassen.

In der wissenschaftlichen Diskussion ist man sich weitgehend darüber einig, dass Entscheidungen zum Kauf eines Produktes innerhalb von 2,5 Sekunden fallen. Der danach folgende Prozess, die Rechtfertigung des Kaufes, der auf der bewussten Ebene des Kaufes stattfindet, dauert dann durchaus deutlich länger. Was beeinflusst nun aber diese kurze unbewusste Entscheidung? Wie kommt man dort hin, um diese Entscheidung selbst mitzugestalten? Welche Kommunikationskanäle sind dabei besonders erfolgreich? Und wie erreichen Botschaften auch diesen unterbewussten Bereich?

»Das Herz hat seine Gründe, die der Verstand nicht kennt«, so der französische Mathematiker und Philosoph Blaise Pascal. Pascal war überzeugt, dass der Mensch fürs logische Denken nicht nur den Kopf braucht, sondern auch sein Herz. Inzwischen ist die Wissenschaft zum selben Schluss gekommen. Neurowissenschaftler wie der Portugiese Antonio Damasio finden mehr und mehr Hinweise darauf, dass Wahrnehmung ohne Emotion schlechterdings unmöglich ist. Es gibt kein Erkennen ohne Emotion. Folglich gibt es auch kein Handeln ohne Emotion. Diese Erkenntnis stellt allerdings ein Risiko für jede Marke, jedes Unternehmen, jede Organisation und jede Person dar, die in eine Krise gerät.

Neuro-Marketing schafft durch sein neues Vorgehen eine faszinierende Verbindung von Marketing und Wissenschaft und damit die Möglichkeit, ein »Fenster« zum menschlichen Gehirn zu öffnen. Diesen Blick ermöglicht die derzeit fortschrittlichste Gehirn-Scantechnik, die funktionale Magnetresonanztomografie (fMRT). Hierbei werden die magnetischen Eigenschaften vom Hämoglobin gemessen, ein Bestandteil der roten Blutkörperchen, der im Körper den Sauerstoff transportiert. Anders ausgedrückt, der Chronograf misst die Menge an sauerstoffreichem Blut im Gehirn und kann dann Bereiche aufzeigen, die nur einen Millimeter groß sind. Wenn das Gehirn eine bestimmte Aufgabe erledigt, verlangt es mehr Nahrung, die hauptsächlich aus Sauerstoff und Glucose (Zucker) besteht. Je angestrengter eine Gehirnregion arbeitet, umso größer der Verbrauch, das heißt, umso höher der Transport von sauerstoffreichem Blut zu dieser Stelle. Wenn also ein Teil des Gehirns während des Scans arbeitet, leuchtet dieser Bereich auf dem Monitor deutlich auf. Durch Beobachtung der Aktivierung können Neurowissenschaftler feststellen, welche Gehirnareale zu einer bestimmten Zeit aktiv sind.

Auf Basis dieser Technologie entstanden und entstehen immer weitergehende Erkenntnisse des Neuro-Marketing und der Neuro-Kommunikation. Diese Disziplinen bilden den Schlüssel zum echten und umfassenden Verständnis der Gedanken, Gefühle und Motive, Bedürfnisse und Wünsche der Wähler und Verbraucher, das heißt von uns allen (vgl. Lindstrom, 2008).

Bedienungsanleitung für unser Gehirn

Neuronale Verschaltungsmuster bestimmen die Nutzungsbedingungen unseres Gehirns. Die Herausformung dieser Muster im Verlauf der Hirnentwicklung wird nicht durch genetische Programme gesteuert, sondern durch individuell, z.T. bereits im Mutterleib gemachte Erfahrungen. Diese Erfahrungen werden bestimmt durch unser soziales Umfeld, unsere Ausbildung und unsere Wahrnehmungen.

Jede neue Wahrnehmung, also jeder neue visuelle Eindruck, jeder neue Duft, eine neue Berührung, ein neues Geräusch oder ein neuer Sinneseindruck erzeugt im Gehirn ein entsprechendes Aktivierungsmuster, ein »Wahrnehmungsbild«. Im Gehirn wird nun versucht, ein bereits vorhandenes Nervenzell-Verschaltungsmuster zu aktivieren (ein »Erinnerungsbild«), das irgendwie zu dem durch die neue sinnliche Wahrnehmung entstandenen Aktivierungsmuster passt. Stimmen beide Bilder (das vorhandene Erinnerungsbild und das neue Wahrnehmungsbild) völlig überein, so wird der neue Eindruck als bekannt abgetan und entsprechend (routinemäßig) beantwortet. Kann keinerlei Überlappung zwischen dem Neuen und irgendeinem bereits vorhandenen Bild hergestellt werden, so passiert gar nichts. Das neue Wahrnehmungsbild wird gewissermaßen als ein nicht zu den bisherigen Erfahrungen passendes Trugbild verworfen. Interessant wird es immer dann, wenn das aus dem Gedächtnis abgerufene Erinnerungsbild zumindest teilweise zu dem neuen Wahrnehmungsbild passt. Dann wird das alte Muster so lange geöffnet, erweitert und verzerrt, bis das durch die neue Wahrnehmung entstandene Aktivierungsmuster in das nun modifizierte Erinnerungsbild integriert werden kann. Das wird dann als erweitertes inneres Muster festgehalten und für künftige Wahrnehmungen zum Abgleich erneut abgerufen.

Dieses Muster bestimmt nun auch seine künftigen Erwartungen. Ein Mensch nimmt also nie alles wahr, was ihm angeboten wird, sondern nur das, was irgendwie zu seinen Vorstellungen und Erwartungen (also zu seinen bisher gemachten Erfahrungen) passt. Es muss für ihn Sinn machen. So konstruiert auf der Basis seiner

Erfahrungen jeder sein eigenes Abbild der Welt in Form einer Landkarte. Diese Landkarte, und damit das Modell der individuellen Welt, wird durch Sprache zum Ausdruck gebracht.

Modelle beschreiben oder simulieren, wie etwas auf einem bestimmten Gebiet funktioniert. Sie sind im Wesentlichen wie eine Landkarte nicht unbedingt »wahr«, sondern stellen lediglich ein Abbild der Wirklichkeit dar. Alfred Korzybski, der Begründer der »Allgemeinen Semantik«, prägte die Aussage: »Eine Landkarte ist nicht das Gebiet, das sie repräsentiert, aber wenn sie korrekt ist, ist sie in ihrer Struktur der Struktur des Gebietes gleich (oder ähnlich), worin ihre Brauchbarkeit begründet ist.« Gemäß Korzybski ist die Sprache eine Landkarte der Wirklichkeit. Über die Verwendung der Sprache geben wir nur 1 bis 2 Prozent der tatsächlichen Erfahrung weiter. Kommunikation ist allerdings viel mehr als nur der Gebrauch von Worten. Bei einer Präsentation vor einer Gruppe sind 55 Prozent der Wirkung durch die Körpersprache bestimmt, 38 Prozent durch die Stimmlage und nur 7 Prozent durch den Inhalt des Vortrags (Mehrabian/Ferris).

Ein unästhetisch schwitzender Richard Nixon schnitt 1960 bei seinem Rededuell mit John F. Kennedy bei den Fernsehzuschauern deutlich schlechter ab, weil ihm der jugendliche Herausforderer, im gleißenden Scheinwerferlicht mit gepuderter Stirn »trocken« begegnete. Was heute selbstverständlich ist, war damals noch nicht allen bekannt, und so hatte es Nixon unterlassen, sich für den Auftritt zu schminken. Mit glänzender Stirn, ersichtlich schwitzend gab er neben dem souverän wirkenden Kennedy eine unglückliche Figur ab – so die optische Wahrnehmung. Eine Abfrage bei den Amerikanern, die das Duell über das Radio verfolgte, ergab ein völlig anderes Bild: Hier schnitt Nixon deutlich besser ab als Kennedy.

Die drei Prozesse der Realitätsbildung

Tilgung: Die Aufmerksamkeit wird selektiv auf bestimmte Aspekte des Erlebens gerichtet und andere Aspekte werden ausgeblendet. Das Bewusstsein kann jeweils nur sieben plus minus zwei Bits an Informationen verarbeiten. Die restlichen Informationen werden getilgt.
Verzerrung: Es werden beim Erleben von Sinneswahrnehmungen Veränderungen vorgenommen (z. B. bei der Planung von Zukunftsentwürfen).
Generalisierung: Es werden allgemeine Schlüsse aus Erfahrungen gezogen und Regeln aufgestellt. Auf diese Weise findet im positiven Sinne auch Lernen statt. Das Filtersystem (3) ist geformt durch Wertvorstellungen und Regeln, bezüglich dessen, was richtig oder falsch (gut oder schlecht) ist, Erinnerungen, bezüglich dessen, wer wir sind, sowie Glaubenssätze, bezüglich dessen, was als wahr gilt.

So funktioniert unser Gehirn: In dem Modell wird ein externes Ereignis (1) durch einen oder mehrere Sinne (über die 5 Wahrnehmungskanäle (2) – sehen, hören, fühlen riechen, schmecken) wahrgenommen. Die erhaltenen Informationen werden durch einen internen Verarbeitungsfilter gesiebt (3), indem sie getilgt, verzerrt oder generalisiert werden. Noam Chomsky entdeckte drei Prozesse, mittels derer die Menschen ihre individuellen Modelle der Welt oder ihre persönliche Realität erschaffen (Tilgung, Verzerrung, Generalisierung). Wir leben nicht in der Wirklichkeit selbst, sondern in unseren Wahrnehmungen und Interpretationen dessen, was Wirklichkeit ist. Führt beispielweise ein Anwohner individuelles Unwohlsein auf einen Vorgang in einer nahegelegenen Fabrik zurück, so muss in Wirklichkeit kein Zusammenhang bestehen. Reine Sachargumente werden das Gefühl wahrscheinlich nicht ausschalten können. Misstrauen bleibt. Und ist die Person glaubwürdig, gelingt es ihr sogar, positive Gefühle bei anderen auszulösen, so kann ihre Wahrnehmung auch die anderer Anwohner beeinflussen – völlig unabhängig davon, ob ein Kausalzusammenhang zwischen Vorfall und Unwohlsein ausgeschlossen werden kann.
(eigene Darstellung nach Hofmann, 2011)

Für Marken auch deshalb interessant, da Glaubenssätze erst in Krisen entstehen und dann verankert werden. Bei den sog. Meta-Programmen handelt es sich um die am meisten unbewussten, inhaltsfreien Programme, die unsere Wahrnehmung filtern. Meta-Programme dienen der Tilgung und der Verzerrung, und sie halten unsere Generalisierungen aufrecht oder aber stellen sie in Frage. Die Filter der Wahrnehmung sind somit ein Teil der Persönlichkeit. Die gefilterten Informationen werden intern dargestellt und gespeichert, verursachen eine entsprechende Physiologie und rufen Gefühle (Zustand) auf (4). Diese Faktoren gemeinsam bewirken eine Entscheidung (5), welche dann ein individuelles Verhalten (6) schafft. Die inneren Prozesse stellen dar, »wie wir tun, was wir tun«, die inneren Zustände bewirken das »Warum wir tun, was wir tun«. Das äußere Verhalten ist das »Was«, welches durch das Zusammenwirken von inneren Prozessen und inneren Zuständen hervorgebracht wird.

Kiosk der Angst: das Geschäftsmodell der Medien im Kampf um Auflage und Quote. Die Leitmedien schüren die bei allen Menschen latent vorhandenen Ängste und führen den Journalistenschwarm an. (Collage: crisadvice)

Medien schüren die Ängste

Egal, ob wir nun als Verbraucher oder Wähler in Magazinen und Zeitungen blättern oder vor dem Fernseher sitzen – unsere Wahrnehmung und daraus resultierend unsere Reaktion hat ihrerseits Auswirkungen. Mit unserer Reaktion tragen wir dazu bei, ob ein Vorfall zum Skandal wird oder aus einer Dummheit eine Krise. Oft sind es ganz banale Dinge, auf die wir reagieren: Ist uns der Politiker oder Unternehmenschef, der als Erster Auskunft über einen Vorfall gibt, sympathisch? Trifft dies zu, dann wollen wir ihm eventuell gerne glauben, sind also noch für Argumente zugänglich. Oder ich bin bereit zu verzeihen, wenn jemand menschlich auftritt. All dies passiert auf Basis der oben geschilderten Wirkmuster. Gut, wenn man es kennt, besser, wenn man es auf sich selbst regelmäßig anwendet, und unabdingbar, wenn man in der Krise interne und externe Stakeholdergruppen verstehen möchte.

5 Gewusst wie: die sechs Faktoren der Krise

Es sind sechs Faktoren, die über Erfolg oder Misserfolg der Krisenkommunikation bestimmen: Zeitfaktor, Personalfaktor, Vertrauensfaktor, Komplexitätsfaktor, Kostenfaktor und Know-how-Faktor. Jeder dieser Faktoren hat seine eigene und eigenständige Bedeutung und Gesetzmäßigkeit. Gleichzeitig sind sie aber auch eng miteinander verwoben und müssen sowohl für die Prävention als auch für die Intervention in der Summe betrachtet und beachtet werden. Alle in diesem Buch beschriebenen Fallbeispiele und Werkzeuge lassen sich letztlich auf diese sechs Faktoren zurückführen.

Der Zeitfaktor

Krisenreaktion heißt sofortiges Handeln. Krisen sind dynamisch, ihre Auslöser unterschiedlich, ihr Verlauf variiert – doch immer lösen sie einen dramatischen Wettlauf gegen die Zeit aus. Jede Minute zählt – im wahrsten Sinne des Wortes.

Bei Ereignissen von einer bestimmten Tragweite beträgt beispielsweise die Zeit, bis ein TV-Übertragungswagen sendebereit vor dem Tor steht, nur noch 20 Minuten.

Nicht nur die klassischen Medien sind schneller, zahlreicher und aggressiver denn je. Es sind die neuen Techniken im Internet (z. B. Massenmails, Weblogs, Hatesites, Messenger), die für eine explosionsartige Verbreitung von Nachrichten sorgen – und zwar ohne Rücksicht auf deren Wahrheitsgehalt.

Selbst für alte Kommunikationsprofis oft schmerzvoll sind immer wieder zwei Phänomene:

1. Bereits in den ersten Stunden einer Krisenreaktion werden *alle* Weichen gestellt, und von den öffentlich wahrgenommenen Handlungsweisen ganz zu Beginn einer aufkommenden Krise wird der gesamte spätere Krisenverlauf bestimmt.
2. Einmal gemachte Fehler lassen sich nur sehr schwer und auch dann nur mit sehr großem (d. h. hohem finanziellen) Aufwand korrigieren.

Daraus ergibt sich: Das taktische Ziel, die Meinungsführerschaft zu erlangen, ist völlig aussichtslos, wenn durch zu zögerliches Vorgehen und langes Warten nur reagiert werden kann. Dann bleibt in Form von Dementis und Richtigstellungen eine bloße Verteidigungsrolle.

Für die Praxis bedeutet das: Schnelligkeit geht vor Vollständigkeit.

Je offensiver also die Informationspolitik ist, desto kürzer kann der Gesamtverlauf einer Krise sein. Auch wenn das Ziel ehrgeizig klingt, vielleicht unerreichbar scheinen mag – als Zielvorgabe bei akuten Ereignissen sollten maximal 30 Minuten nach dem Eintritt für die erste Eigenmeldung angestrebt werden.

Zunächst kommt es ohnehin nicht auf Details an. Anfangs genügt es zu sagen:

- »Es ist etwas geschehen und wir wissen das.«
- »Wir haben die nötigen Schritte eingeleitet.«
- »Wir wissen genau, was zu tun ist.«
- »Mehr können wir derzeit nicht sagen.«
- »Sobald wir Neuigkeiten haben, werden wir aktiv informieren.«

Diese scheinbar banal klingenden Aussagen sind für die Außenwirkung enorm wichtig, denn sie vermitteln die klare Botschaft, dass wir aktiv, betroffen, kompetent, servicebereit und offen sind.

Sinngemäß angepasst an die spezifische Situation des Unternehmens sind diese Kernaussagen für jede Krisenlage gültig. Deshalb ist es unabdingbar, dass die verantwortlichen Krisenkommunikatoren ohne langwierige Rücksprachen mit ihren Vorgesetzten jederzeit die Befugnis haben, solche Erstmeldungen »rauszuschießen«. Der lapidare Satz »Eine Stellungnahme war bis Redaktionsschluss nicht zu erhalten.« ist jedenfalls ein kommunikativer Offenbarungseid.

Der Personalfaktor

Der Vorgesetzte weiß: Seine Mitarbeiter sind in ihrem Fachgebiet kompetent, verantwortungsbewusst, belastbar und vielleicht für den Standardbetrieb zahlenmäßig ausreichend. Der Kriseneinsatz unterscheidet sich aber grundlegend vom gewohnten Geschäftsbetrieb. Die Ausnahmesituation erfordert Auswahl, Anleitung, praktisches Training, Entscheidungshilfen und immer wieder kritische Prüfung. Zu den wichtigsten Vorbereitungen gehört eine Personalmatrix, in der die Rollen vorab verteilt werden.

An erster Stelle stehen geeignete Führungskräfte. Ein Kommunikator, in der Regel der Leiter der Unternehmenskommunikation, muss als strategischer Berater möglichst permanent bei der Geschäftsleitung bzw. (falls ein solcher gebildet wird) beim Krisenstab angesiedelt sein. Dort hat er, als wichtigste Aufgabe, die kommunikativen Erfordernisse vorzutragen und sie möglichst auch durchzusetzen. Zum anderen bekommt er für die interne und externe Kommunikation die nötigen Informationen aus erster Hand.

Eine zweite Führungsperson ist der »Anchorman«, auch Chef vom Dienst (CvD) genannt. Hier werden alle Medienaktivitäten koordiniert und gesteuert. Hier gehen alle Informationen ein, hier werden Recherchen in Auftrag gegeben, Medien beobachtet, Medienanfragen gesammelt, Texte produziert und in die verschiedenen ausgehenden Kanäle eingespeist. Aus dem Input der »Nummer 1« formuliert er Sprachregelungen, die für das ganze Haus verbindlich sind. Der CvD ist gleichzeitig auch die Kontrollinstanz für alle Inhalte und die Schnittstelle zu den anderen Kommunikatoren im Hause, wie z. B. Kundenbetreuern, Qualitätsmanagern und zum Marketing. Außerdem ist er Schnittstelle zu Externen oder Drittkommunikatoren. Bei personell sehr knapp besetzten Organisationen kann diese Rolle durchaus von einem externen Dienstleister übernommen werden.

Die dritte – in der Außenwahrnehmung sicherlich wichtigste – Position ist die des Sprechers, denn die Krise braucht ein Gesicht. Er (oder sie) ist Sympathie- und Kompetenzträger. Da 55 Prozent des Auftritts von der Körpersprache bestimmt werden (Blick, Mimik, Gestik, Körperhaltung, Kleidung), 38 Prozent der Wirkung auf die Stimme entfallen (Artikulation, Dynamik, Tempo) und nur sieben Prozent auf den reinen Inhalt, muss schon im Vorfeld sehr sorgfältig überlegt sein, wer in schwerer Zeit dieses Gesicht des Unternehmens ist. In jedem Fall müssen für die Sprecherrolle ausgewählte Mitarbeiter ein intensives TV- und Medientraining (vgl. Teil II, Kap. 4.1) absolviert haben, das möglichst einmal jährlich aufgefrischt wird. Bei besonders spektakulären Krisen erwartet die Öffentlichkeit einen hochrangigen Unternehmensvertreter als Sprecher. Selbstverständlich gilt auch für Vorstände, dass sie niemals unvorbereitet vor Kameras treten sollten. Eine Sprecherrolle mit Außenwirkung sollte übrigens nicht an eine Agentur oder externe Unterstützer vergeben werden. Das würde als »abschieben von Verantwortung« aufgefasst.

Die drei kommunikativen Führungsrollen sollten im laufenden Einsatz nicht getauscht oder vermischt werden, wenngleich die Not des Personalmangels in der Praxis es oft erfordert, mehrere Hüte aufzusetzen. Besser ist es, zeitig fantasievoll zu planen, woher Verstärkung rekrutiert werden kann. Intern vielleicht aus anderen artverwandten Abteilungen (wie z. B. »Protokoll« oder Abteilung Strategie) oder extern von spezialisierten Agenturen oder erfahrenen Beratern.

Je nach Unternehmen und Krise werden unterhalb der drei Schlüsselpositionen ausreichend ausführende Mitarbeiter benötigt. Krisenarbeit erfordert in erster Linie Erfahrung. Erfahrung, die gerade den in der PR-Branche oft sehr jungen Kräften fehlt. Da Krisenarbeit in den meisten Unternehmen (glücklicherweise) nicht zum täglichen Kerngeschäft zählt, empfiehlt es sich, regelmäßig mit dem ganzen Team Seminare, Workshops oder Übungen durchzuführen (vgl. Teil II, Kap. 4). Das nötige Spezialwissen, die praktische Krisenerfahrung und Vergleichsmöglichkeiten durch reale Einsätze können entweder »kampferprobte« eigene Kollegen oder externe Referenten einbringen.

Wenn ein Ernstfall eintritt, ist es erfahrungsgemäß nie ein Problem, seine Truppen zu motivieren, denn alle *wollen* helfen. Im Gegenteil: Mit Dienstplänen und frühzeitiger Planung für interne und/oder externe Verstärkung muss verhindert werden, dass sich die eigenen Mitarbeiter übernehmen und womöglich bis zum Zusammenbruch im Einsatz sind.

Eine noch relativ junge Erkenntnis ist, dass nicht nur an der operativen Front Betreuung erforderlich ist. Unter dem enormen physischen und psychischen Druck kann es auch im Bereich Kommunikation vorkommen, dass – wörtlich gesehen – die Nerven blank liegen. Mitarbeiter in den Stäben – besonders im Katastropheneinsatz oder bei Schadensereignissen – können durch den Umgang mit Betroffenen am Telefon oder sogar aufgrund schrecklicher Berichte oder Bilder eine sogenannte Posttraumatische Belastungsstörung (PTBS) und damit nachhaltige gesundheitliche Schäden erleiden. Das zu verhindern, gehört zur Fürsorgepflicht von Vorgesetzten.

Der Vertrauensfaktor

Jede Krise ist mit einem oft massiven Vertrauensverlust verbunden. Sorgfältig aufgebautes Image und mühsam erkämpfte Marktposition sind in Gefahr. Kunden und Medien reagieren auf Störungen anspruchsvoll, hochemotional, oft überkritisch, ungerecht und aggressiv. Oberste Aufgabe der Krisenkommunikation ist es, Vertrauen zu schaffen, zu bewahren oder wiederherzustellen. Dies gelingt nur, indem mit *allen* Anspruchsgruppen zielgerichtet kommuniziert wird (siehe auch »Komplexitätsfaktor« im nächsten Abschnitt). Schnelle, zuverlässige und glaubwürdige Kommunikation wird so gut wie immer honoriert. Fürsorge führt nachweislich zu Imagegewinn.

Warum das so ist, soll eine kleine Exkursion verdeutlichen. Stark vereinfacht haben auch wir modernen Menschen nach dem atavistischen Prinzip nur drei Grundbedürfnisse: Nahrungsaufnahme, sicheres Hausen und Brutpflege. Wann immer eines dieser drei Elementarbedürfnisse in Gefahr ist oder auch nur in Gefahr zu sein *scheint*, reagieren wir – wiederum wie unsere Altvorderen – mit einem der drei möglichen Grundmuster: Flucht, Kampf oder »Totstell-Reflex«. Übertragen auf unsere heutige Zeit stellt sich Flucht als (Kauf-)Verweigerung dar. Kampf findet in Form von Prozessen und Medienkonflikten statt. Und verharren im »Totstell-Reflex«? Diese Schock-Starre ist zu beobachten, wenn sich Betroffene tot stellen, die Decke des Schweigens über den Kopf ziehen und hoffen, dabei nicht erwischt zu werden. Eine Form der Angst.

Wir sind geradezu eine Angstgesellschaft: Wenn wir in ein Verkehrsmittel steigen, reisen Bilder von rauchenden Trümmern im Kopf mit. Immerhin 60 Prozent der Menschen haben Flugangst. Nachdem die SARS-Epidemie in Hongkong und

Teilen Chinas einige hundert Menschenleben forderte, brach der Tourismus in der *gesamten* Region Asien zusammen. Verglichen mit den großen Weltkrankheiten wie Malaria, Grippe oder klinischen Infektionen war das Risiko zu erkranken minimal. Die öffentliche Reaktion war also völlig unverhältnismäßig (vgl. Teil I Kap. 3 und 4).

Nicht anders die Wirkung der sich ständig wiederholenden Bilder von Anschlägen. Sie legen nahe: An jeder Ecke lauert ein Terrorist. Dennoch steht das angenommene Risiko, einem Terroranschlag zum Opfer zu fallen, in keinem Verhältnis zur tatsächlichen persönlichen Bedrohung. Ebenso verhält es sich bei Themen wie BSE im Kalb, Pflanzenschutzmittel im Huhn, Schweinepest, Vogelgrippe, Bakterien im Trinkwasser oder tödlicher Babynahrung.

»Unser tägliches Gift gib uns heute?« Die Leitmedien verstärken durch skandalisierende Berichterstattung unsere latenten Ängste. Daraus entstand im Jahr 2000 die nach wie vor gültige griffige »Höbel-Formel«: *Angst + Medien = Krise.*

Wer wirksame Krisenkommunikation betreiben will, kommt daher an der Angst und damit am Vertrauensfaktor nicht vorbei. Eher technisch-wirtschaftlichen und an Zahlen, Daten, Fakten orientierten Branchen und Disziplinen fällt es traditionell schwer, sich in die fragile Gefühlswelt der Öffentlichkeit hineinzuversetzen. Jeder hat zwar mindestens ein Handy in der Tasche und doch agieren aus Furcht vor Elektrosmog mehr als 12 000 Bürgerinitiativen in Deutschland gegen die dazugehörigen Funk-Umsetzer. Gegen solche Emotionen helfen weder sachliche Argumente noch verordnete Grenzwerte.

Es ist die Aufgabe der Krisenkommunikatoren, gemeinsam mit Psychologen gegen diffuse Ängste emphatische emotionalisierende Botschaften zu entwickeln. Die tradierten kognitiven Ansätze und mit Fakten operierende Beschwichtigungskonzepte fördern Misstrauen und sind kontraproduktiv.

Der Komplexitätsfaktor

Unterschiedliche Interessen von unmittelbar oder indirekt Beteiligten, operative Sachzwänge und Rahmenbedingungen bilden in Krisensituationen stets ein hochkomplexes und schwer durchschaubares »Nervengeflecht«. Lieferanten, Kunden, Opfer, Hinterbliebene, Behörden, Verbände, Medien, Mitarbeiter, Wettbewerber, Geschäftspartner, Versicherungen, Staatsanwälte, Krisengewinnler und viele mehr haben eines gemeinsam: Alle kommunizieren.

Jede Krise verläuft im Detail anders. Selbst gleichartige Krisen können aufgrund unterschiedlicher Rahmenbedingungen unterschiedliche Verläufe nehmen. Dennoch lassen sich bestimmte Grundmuster vorab antizipieren. Ein Freund-Feind-Radar ermöglicht zumindest, grundsätzlich die zu erwartenden Konfliktparteien einzuschätzen. So empfiehlt es sich, mit regelmäßigen Partnern Verfahrensabsprachen zu treffen. Und wenn schon Inhalte nicht exakt festgelegt werden können oder womöglich aufgrund gegensätzlicher Interessen Auseinandersetzungen drohen, so lassen sich doch Spielregeln und Fairnessabkommen zur gegenseitigen Unterrichtung schließen. Ideale Voraussetzung ist das frühzeitige Gespräch in »Friedenszeiten«.

Mindestens ebenso gravierend wie externe sind die internen Konflikte. In der Regel werden einzelne Aspekte noch immer von verschiedenen Stellen unabhängig voneinander angegangen. Also: Die operativen Aufgaben sind Sache der entsprechenden Fachabteilung, für die Öffentlichkeitsarbeit ist die Pressestelle oder eine PR-Agentur zuständig, für juristische Probleme nimmt man die Rechtsabteilung oder seinen Hausanwalt und ob (wenn überhaupt) der richtige Psychologe gefunden wird, ist Zufall. Gutes Krisenmanagement setzt nicht nur Erfahrung auf all diesen Einzelgebieten voraus, sondern umfasst sämtliche Teilbereiche integrativ. Nur die Lösung aus einem Guss ist wirklich hilfreich.

Dass im Krisenfall fast immer Zielkonflikte zwischen Öffentlichkeitsarbeit und Anwälten entstehen, ist sicher kein böser Wille der Beteiligten. Jeder macht seinen Job eben so, wie er ihn gelernt hat und für richtig hält. Während Juristen typischerweise möglichst wenig sagen wollen, um für eventuelle spätere Verfahren nichts zu präjudizieren, versuchen vernünftige PR-Leute durch Transparenz zu punkten. Beispiel eines gelebten Zielkonflikts: Die Presseabteilung eines deutschen Verkehrskonzerns lud nach einem schweren Unfall Fernsehteams ein, in einer Werkstatt zu filmen. Die gute Absicht der PR-Leute: Zeigen, wie sorgfältig und modern in dem Betrieb gearbeitet wird. Die Rechtsabteilung hingegen befürchtete (allerdings ohne konkreten Anlass), die Fernsehbilder könnten sich in einem zu erwartenden Prozess *vielleicht* schädlich auswirken. Die Juristen setzten durch, dass die Fernsehleute wieder ausgeladen wurden. Folgerichtiger Gegenstand breiter Berichterstattung? Na klar! »Was haben die zu verbergen?«. Ein solches Eigentor ist leicht zu verhindern – wenn die Vorgehensweise abgestimmt ist. Mögliche Konflikte kann und muss man bereits in der Risikoanalyse antizipieren und in ruhigen Zeiten auflösen. Und dann im Ernstfall gemeinsam im Team des Krisenstabs abwägen.

Der Kostenfaktor

Verkaufsförderung, Werbung, Marketing und Public Relations sind selbstverständlicher, mit Kosten verbundener Kommunikationsalltag. Krisenmaßnahmen erfolgen dagegen häufig erst, wenn der Ernstfall bereits eingetreten ist. In einer Zeit, in der Evaluation und Wertschöpfung auch in der Kommunikation immer mehr an Bedeutung gewinnen, fällt es nicht unbedingt leicht, den Wert von Krisenmanagement einschließlich Krisenkommunikation zu bestimmen. Im Gegensatz zu messbarer Verkaufsförderung ist Krisenkommunikation immer auf fiktive Annahmen angewiesen. Wozu Geld ausgeben für Fälle, die möglicherweise (oder hoffentlich) nie eintreten? Fest steht, dass Unternehmen und Organisationen nur einen Bruchteil der Budgets für Marken*schutz* ausgeben, den sie in Marken*aufbau* investieren.

Kein vernünftiger Betriebswirt lässt das Vermögen seines Unternehmens unversichert. Für jedes Gebäude, für jede Maschine, für jedes Fahrzeug werden selbstverständlich hohe jährliche Prämien gezahlt. Dass sich auch der Schutz »weicher« Werte lohnt, ist noch längst nicht Allgemeingut bei den Controllern. Dennoch: Jede Investition in Krisenprävention stellt eine Art Versicherung für die Marke, für das Image und die Reputation des Unternehmens dar. Jeder investierte Euro sichert im Ernstfall ein Vielfaches an Umsatz und manchmal sogar den Bestand des Unternehmens (vgl. Teil I, Kap. 2.2).

Zweifelsohne zahlt auch eine solide Alltags-PR mit Kontaktpflege zu Journalisten und vorausschauender Öffentlichkeitsarbeit auf die Habenseite ein, von deren Polster im Krisenfall gezehrt werden kann.

Der Know-how-Faktor

Effizientes Krisenmanagement, das haben wir an den vorher beschriebenen Faktoren gesehen, lebt von der Kunst, schnelle Entscheidungen mit den richtigen Leuten in einem komplexen Umfeld sicher zu treffen. Das stellt selbst erfahrene Manager vor Probleme. Alltägliche wirtschaftliche und administrative Mechanismen greifen nicht wie gewohnt. Deshalb müssen Risiken sorgfältig analysiert, spezifische Krisenprozesse definiert und festgeschrieben sowie Krisen-Tools intern und extern etabliert werden. Das gesammelte Know-how wird in einem Krisenmanual zusammengefasst (vgl. Teil II, Kap. 3).

Die Vorbereitung erfolgt in Schritten mental, organisatorisch, personell, technisch, strategisch und inhaltlich-taktisch. Wobei der mentalen Vorbereitung die höchste Bedeutung beizumessen ist. Krisenmanagement funktioniert immer nur »top-down«.

6 Wie Social Media die Krisenkommunikation verändert

Wer heute über Krisenkommunikation spricht, kommt nicht umhin, den Einfluss und die Auswirkungen der Sozialen Medien genauer zu betrachten. Die Bilanz der letzten Jahre ist eindeutig: Social Media zählen mittlerweile zum selbstverständlichen Kommunikations-Repertoire. Mehr noch: In Krisen geben die vergleichsweise neuen und vor allem schnellen Kommunikationskanäle immer öfter den Takt vor. Sie können die Gemüter und damit die Masse mobilisieren. In erfolgskritischen Situationen kann deswegen kein Politiker, kein Unternehmen oder eine andere Organisation an diesen Befindlichkeiten vorbei kommunizieren.

Die Karten werden neu gemischt. So werden selbst altgediente Pressesprecher plötzlich wieder zu Anfängern – wenn sie beispielsweise die Relevanz eines Internetangriffs und die Reaktion darauf bewerten sollen. Eine Schlagzeile in Bild können sie aus dem Handgelenk heraus einschätzen, ebenso einen Kommentar in der FAZ oder im Handelsblatt. Aber sind 5.000 Postings auf einer Facebook-Page wichtiger oder weniger wichtig oder gleichbedeutend mit fünf Millionen Zuschauern eines Tagesthemenbeitrags in der ARD? Die nicht unbedingt fröhlich stimmende Antwort: Die besagten 5.000 Postings könnten den Tagesthemen-Redakteur dazu anstifte, einen Beitrag zu senden, der dann in der Folge ein Millionenpublikum beeinflusst.

Hat schon das Web 1.0 mit Internetseiten und E-Mail einen Veränderungsschub ausgelöst, so bringt die rasante Entwicklung der Social Media eine völlig neue Qualität in die Welt der professionellen Kommunikatoren. Wie jeder Veränderungsprozess bringen diese Neuerungen Unsicherheiten und Ängste aber auch zahlreiche Chancen mit sich:

In einer der ersten digitalen Massenbewegungen wandte sich der damalige amerikanische Präsidentschaftskandidat Barack Obama über das Twitter-Netzwerk an seine Unterstützer – mit beispiellosem Erfolg. Spätestens damit wurden Social Media von privaten Freizeitplattformen auf den Rang ernst zu nehmender Kommunikationsinstrumente gehoben. Viel ist seitdem über Twitter, Facebook und Co. diskutiert worden. Nachdem der Flugzeugabsturz über dem Hudson River und das Ergebnis der Bundespräsidentenwahl zuerst über Twitter kommuniziert wurden, beschworen viele den Niedergang des bisherigen Nachrichtenjournalismus. Natürlich sind die Mikroblogdienste, Netzwerke und Blogs in der Kommunikationsbranche daher in aller Munde. Im Vordergrund des Interesses steht erstmals die Möglichkeit, direkt mit seiner Zielgruppe in Dialog zu treten. Der junge Kanal ergänzt den Baukasten der PR-Profis und Pressesprecher und ermöglicht neue Wege der Zielgruppenansprache.

Die Charakteristika des Internets

Sachlich betrachtet, ist das Internet allerdings zunächst nur ein Kanal, der beliebige Inhalte transportiert. Hinzu kommen allerdings größtenteils technisch bedingte Qualitäten, die das Internet signifikant von früheren Kommunikationskanälen unterscheiden:

- Das Internet ist dynamisch: Jede Äußerung steht binnen weniger Sekunden allen anderen Internet-Anwendern rund um den Globus zur Verfügung. Informationen verbreiten sich in der Regel nicht über vorgezeichnete Kanäle, sondern viral bzw. organisch.
- Das Internet lässt Minderheitenmeinungen zu: Anders als auf herkömmlichen Kanälen, über die Äußerungen meist nur dann weitergegeben werden, wenn sie auch den Interessenshorizont einer größeren Masse treffen, lassen sich im Web auch Partikular-Interessen kommunizieren, da die Adressaten, die dieses Interesse teilen, unmittelbar erreicht werden können.
- Das Internet vergisst nichts: Jede Äußerung im Internet wird unmittelbar gespeichert, von Suchmaschinen erfasst und indexiert. Damit sind Informationen unabhängig von ihrem Zeitstempel auch nach Jahren noch abrufbar – geordnet und gewichtet durch die Algorithmen der Suchmaschinen. Mit Google oder Wikipedia ist jederzeit per Klick wieder alles präsent. Handybilder oder Videos sind via Flickr und YouTube für jeden, jederzeit und an jedem Ort aufrufbar.
- Das Internet ist weitgehend anonym: Viele Meinungen und Kommentare werden nicht unter dem Klarnamen abgegeben. Es werden Pseudonyme – sogenannte Avatare – benutzt. Dadurch sind vielfach weder Individuen noch Gruppen zweifelsfrei identifizierbar und können nicht konkret adressiert werden.
- Das Internet beschleunigt und intensiviert den öffentlichen Diskurs: Kritik im Web ist oftmals geprägt von hoher Emotionalität und drastischer Sprache, was schnell zu Missverständnissen und zur Eskalation führen kann.

»Neue« Medien und wie sie funktionieren

Die sogenannten Neuen Medien, die sich im Netz der Netze tummeln, lassen sich in drei große Gruppen unterteilen: Zum einen sind es umfassende Online-Auftritte von Printmedien wie sueddeutsche.de, faz.net oder manager-magazin.de. Hinter ihnen stehen ausgebildete, professionelle Fachjournalisten. Schnelligkeit ist bei der Nachrichtenverwertung online Trumpf, ständige Aktualität gefordert. Wichtig gerade auch für den Krisenfall: Auf renommierte Online-Portale wie Spiegel Online (»SPON«) greifen auch andere Medien zurück. Entsprechend häufig werden diese deshalb zitiert. Man sollte sich aber darüber im Klaren sein, dass Zeit- und Wettbewerbsdruck auch bei diesen Profis nur allzu oft die sorgfältige Recherche verhindern.

Eine zweite Gruppe bilden Verbraucherplattformen wie verivox.de, biallo.de oder yopi.de. Teilweise professionelle Fachleute und Redakteure sind dort für den Inhalt (Content) verantwortlich. Als rein subjektives Meinungstool wenden sie sich an die breite Masse interessens- und servicegeleiteter Nutzer. Zu dieser Gruppe gehören auch Plattformen wie kununu.com – ein Portal, auf dem Arbeitnehmer ihre Arbeitgeber bewerten. Nicht nur zum Vorteil des Unternehmens wie folgendes Beispiel zeigt: So lautete die Überschrift eines Kommentars hinsichtlich eines internationalen Chemiekonzern: »Nur toll für Chemiker, andere sind Akademiker zweiter und dritter Klasse«. Häufen sich negative Kommentare dieser Art bei einem Unternehmen, bleibt dies natürlich nicht ohne Auswirkungen. Die Attraktivität als potentieller Arbeitgeber sinkt, das Image des Unternehmens im Kampf um die Köpfe wird angekratzt.

Auch qype.de, eine Plattform, auf der lokale Dienstleistungen und Betriebe wie Restaurants, Sehenswürdigkeiten oder Hotels von einer Community bewertet werden, gehört zu diesen Verbraucherplattformen. Gerade für Touristen wird das »qypen« beispielsweise nach guten Restaurants und Hotels am Urlaubsort immer selbstverständlicher. Dasselbe gilt auch für das Vergleichen von Hotels auf Plattformen wie Holidaycheck oder tripadvisor. Bedenklich ist jedoch, dass man sich mittlerweile positive Bewertungen und selbst auch negative Kommentare für die missliebige Konkurrenz im großen Stil einkaufen kann. Die halbseidenen Agenturen sitzen vorsichtshalber meist im Ausland und verkaufen die fingierten Bewertungen paketweise. Während echte Verbraucherbewertungen rechtlich zulässig sind, auch wenn sie negativ ausfallen, stellen fingierte Bewertungen natürlich einen Verstoß gegen das Wettbewerbsrecht dar.

Dritter im Bunde sind Soziale Netzwerke wie Facebook, Flickr, YouTube & Co. Subjektive Meinungen vermengen sich dort mit Fachkompetenz, durch die dynamische Vernetzung verbreiten sich Themen und Inhalte schnell. Die Plattformen sind eine Quelle für themengeleitete Nutzer und – als vormedialer Raum mit ihren Bildern und Informationen – auch für die klassischen Medien selbst. Soziale Netzwerke haben sich zunehmend als Recherchequelle für Journalisten etabliert. So ist nach einer Umfrage von news aktuell Anfang 2012 knapp die Hälfte der Journalisten mindesten einmal in der Woche in Social-Media-Diensten unterwegs, um dort nach Informationen zu suchen. 23 Prozent nutzen täglich die sozialen Netzwerke um beispielsweise vorgefertigte Pressemitteilungen durch eigene Recherchen anzureichen. Ganz vorn bei der Suche nach relevanten Informationen in Social Media liegen kaum überraschend Facebook und Twitter.

Soziale Netzwerke dienen sogar selbst als Quelle für weltweite Berichterstattung. Beispiel Iran: Nach dem Bekanntwerden der Wahlergebnisse im Juni 2009 nutzen die Demonstranten Twitter, Facebook oder YouTube als Kommunikationskanäle für ihr Anliegen. Die staatlichen Medien unterlagen der Zensur, das Arbeiten der Auslandskorrespondenten war eingeschränkt. Berichte über Übergriffe von Regierungsseite gingen per Twitter um die ganze Welt. Handy-Videos illustrierten die umfangreichen Proteste der Bevölkerung. Nachrichtensender griffen aufgrund der mangelhaften Nachrichtensituation auf das Informationsmaterial im Web 2.0 zurück. Beispiel Syrien: Ab 2012 sind YouTube-Filme oft die einzige Informationsquelle in einem sich permanent verschärfenden Bürgerkrieg. Weil sich unabhängige Reporter nicht oder nur noch unter Lebensgefahr in die Kampfzonen wagen, fin-

Die Werkzeuge (»Tools«), mit denen User in Sozialen Netzwerken kommunizieren, sind vielfältig. Auf unterschiedlichste Weise kann man per Kurznachricht (Tweet) oder Kommentar in den netzumspannenden Dialog eintreten.
(Advice Partners)

den gefühlt allabendlich Horror-Bilder aus dem Internet ihren Weg in die regulären Nachrichten. Eine Praxis, die notwendig, aber auch bedenklich ist. Notwendig, weil es sonst ein Informationsvakuum zu dem Konflikt gäbe. Bedenklich, weil beide Seiten den Propagandawert der starken Bilder erkannt haben und niemand prüfen kann, ob es sich um Fälschungen handelt.

Zielgruppe im Visier

Inzwischen hat auch die Anzahl der Unternehmen zugenommen, die Social-Media-Nutzer als interessante Dialogpartner ernst nehmen. Fakt ist, Social Media sind aus dem Alltag einer wachsenden Gruppe von Menschen nicht mehr wegzudenken. Fast die Hälfte aller Unternehmen in Deutschland setzte einer Studie des Hightech-Verband BITKOM zufolge im Mai 2012 Soziale Medien ein. Weitere 15 Prozent hatten bereits konkrete Pläne, damit in Kürze zu beginnen. Soziale Medien sind in vielen Unternehmen ein fester Bestandteil der internen und externen Kommunikation geworden.

Doch nur die wenigsten Unternehmen agieren bislang über die gesamte Bandbreite von Social Media und schöpfen die Vernetzungsmöglichkeiten der Dienste untereinander aus. Dies ist angesichts des erheblichen Krisenpotenzials im Web 2.0 bedenklich. Und dies obwohl Unternehmen um die Risiken wissen, die von Social Media ausgehen und sich oftmals bewusst sind, wie schnell sich die Stimmung der Blogger und Surfer gegen die eigene Organisation richten kann.

RWE setzte bewusst auf Social Media. So startete RWEmobility, der RWE-Twitteraccount zum Thema Elektromobilität, 2011 eine Umfrage zum Thema: »Warum würden Sie ein Elektroauto kaufen?« Fünf Antwortmöglichkeiten waren vorgegeben; außerdem gab es eine sechste Möglichkeit (»Andere«) zur Freitexteingabe. Diese »Option F« führte bei Abstimmungsende deutlich. Es zeigte sich jedoch, dass die Stimmen, die auf Option F entfielen, keinen direkten Bezug zur Fragestellung hatten. Im Gegenteil: Auf Platz 1 der Antworten erschien der Link zu einem Anti-RWE-Video von Greenpeace auf YouTube, auf Platz 2 fand sich die Antwort »Atomkraft voRWEg abschalten«. Beim Ergebnis zeigte sich: Die Mehrheit der Antworten waren zornige Unternehmenskritiken von Nutzerseite. Dadurch gerieten die gewünschten (gestützten) Antworten ins Hintertreffen. Die Reaktion von RWE lag darin, so zu tun, als habe es diese Nonsens-Antworten in der Kategorie »Andere« (die wahre Nummer eins!) gar nicht gegeben. Allerdings hat RWE die Rechnung ohne den Blog »Therefore Social Media« gemacht. Er deckte das wahre Stimmen-Ergebnis auf. Es hagelte Kritik. RWE antwortete direkt auf diesen Beitrag: »Die Umfrageergebnisse sind einsehbar und die Freitext-Optionen am Thema vorbei.« Setzen Sechs! Thema verfehlt! So tapsig das Vorgehen des Energiekonzerns inhaltlich war, so positiv ist die Reaktion dennoch: Immerhin nimmt RWE den Dialog auf und bezieht zu einem kritischen Thema Stellung.

Um im digitalen Krisenfalle angemessen reagieren zu können, ist es wichtig, dass Unternehmen die relevanten Kanäle für ihre Kommunikation auch in ruhigen Zeiten bespielen. Dafür sollte die eigene Zielgruppe im Netz unter die Lupe genommen werden. Ein Blick auf die unterschiedlichen Usertypen hilft, ihre Bedeutung – gerade auch für die kritischen Zeiten – einzuschätzen. Schließlich kann nur derjenige, der seine eigene Zielgruppe im Web 2.0 kennt, diese im Ernstfall dort auch abholen und mitnehmen:

- Der »Creator« treibt relevante Themen voran. Wer ihn überzeugt, gewinnt einen Multiplikator. Er publiziert Blogs, erstellt Internetseiten, Bilder, Texte, usw., er gründet und leitet Gruppen und Seiten, lädt Bilder, Musik, Videos hoch.
- Der »Critic« kommentiert in Gruppen, Blogs und auf Seiten. Er schreibt und verändert Wikis, bewertet Produkte und schreibt Kritiken auf Portalen. Ein Multiplikator – aber nicht in unserem Sinne.
- Der »Collector« sorgt mit seinem breit aufgestellten Interesse für hohen Informationsumschlag. Er sammelt Informationen, abonniert RSS-Feeds, tagged aktiv Bilder, Texte, Videos.
- Der »Joiner« ist in vielen Gruppen und Seiten aktiv, er definiert sich übers Mitmachen. Als regelmäßiger Besucher sozialer Netzwerke erstellt er dort Profile.
- Der »Specator« – ihn kennen wir noch aus dem Web 1.0. Er liest Blogs, schaut Videos, folgt Empfehlungen/Bewertungen, hört Podcasts und liest Foreneinträge
- Und der »Inaktive« – er stirbt langsam aus.

Was die Verteilung der unterschiedlichen Typen betrifft, so hat das Marktforschungsinstitut ACNielsen in einer Studie darauf hingewiesen, dass 90 Prozent aller Internet-Anwender das Netz vorwiegend passiv nutzen. Dieser Mehrheit passiver Nutzer steht eine Minderheit von neun Prozent aktiven Anwendern gegenüber. Und lediglich ein Prozent »Heavy Contributors«, die als Influencer betrachtet werden können.

Bei diesen Meinungsführern muss es sich nicht notwendigerweise um die »sichtbarsten« Mitglieder einer Gruppe handeln. Sie verfügen jedoch über eine sehr hohe Reputation im Web: Ihnen gelingt es oftmals mit nur wenigen Postings die Meinung der gesamten Gruppe zu formen. Diese Meinung wird wieder an bestimmten virtuellen Orten mit anderen Gruppen innerhalb des Internet ausgetauscht und hat damit gute Aussichten den gesamten Prozess digitaler Willensbildung zu beeinflussen. Wichtig ist es, genau diesen Prozess der Willensbildung mit Social Media Tools zu beobachten und die unterschiedlichen Typen und Meinungsführer zu berücksichtigen (vgl. Teil I, Kap. 6.1).

Krisenturbo

Durch das Web 2.0 erhalten Krisen eine neue Dimension. Medien und Firmen entscheiden nicht mehr hoheitlich darüber, welche Informationen öffentlich werden. Es sind nun die Internetnutzer, die selbst entscheiden. Jedes Unternehmen kann auf dies Art, egal ob es will oder nicht, zum Diskussionsgegenstand in der virtuellen Welt werden. Informationen gelangen sekundenschnell und ungefiltert in die Öffentlichkeit. Gerüchte, die bereits in der Offline-Welt Unternehmen bzw. Organisation stark treffen können, entfalten ihre zerstörerische Wirkung besonders schnell und effektiv in der Online-Welt. Hatesites und Crisesites sind willkommene Plattformen für anonyme Äußerungen frustrierter Insider. Über Blogs schwappen Nachrichten umgehend in Newsgroups oder Soziale Netzwerke. Auf Microblogging-Diensten wie Twitter, Plattformen wie YouTube oder Flickr und auf Social Networks verbreiten sich Gerüchte und Themen wie ein Lauffeuer. Ungefiltert. Ungeprüft. Unkontrollierbar. Und rund um den Erdball. Beschleunigt verbreiten sich Themen auch, da Jedermann seine Meinung in den Online-Foren der Nachrichtensender abgeben kann und des Öfteren zur Primetime in der TV-Nachrichtensendung zitiert wird.

Den geballten Druck der Web-Communities bekam auch die US-amerikanische Pizzakette Dominos zu spüren: Ein Video, in dem Mitarbeiter des Unternehmens Pizzakäse erst in ihre Nasen stecken, dann auf die Speisen legen, tauchte bei einem Verbraucherschutz-Blog auf. Rasend schnell verbreitete sich der unappetitliche Film über YouTube: zwei Tage nach seinem ersten Auftauchen hatten ihn bereits 250 000 Menschen gesehen, bei Twitter diskutieren die Nutzer den ekligen Vorfall. Ein Tag darauf verzeichnet der Film eine Million Zuschauer und der Suchbegriff »dominos« übersteigt sogar den bisherigen Spitzenreiter »Paris Hilton«.

Je aktiver Social Media betrieben wird, desto stärker ist auch die Resonanz der Internetnutzer. Auch aus Mitarbeitern werden Kommunikatoren, die sich mit Kunden, Journalisten, allen Interessierten ungefiltert und direkt austauschen. Zudem vergisst das Internet nichts: Krisenkommunikation 2.0 stellt daher neue Anforderungen an Früherkennung, Analyse, Umgang, Intervention und Kommunikationsinstrumente. Natürlich ist nicht alles neu, doch vieles funktioniert anders als bei den traditionellen Kommunikationsnetzwerken. Und das Netz bietet hervorragende Möglichkeiten, Krisenprävention besser als je zuvor zu leisten.

Transparenz und Identität

Ob Facebook, Twitter, YouTube oder Blogs, sie alle haben den Dialog zu ihrem obersten Funktionsprinzip erhoben. Tausende Menschen können in kürzester Zeit nicht nur informiert, sondern durch die dialogische Kommunikation auch involviert und mobilisiert werden. Den klassischen Massenmedien der Offline-Welt stehen die Medienmassen des Social Webs gegenüber, konstatieren die Macher des Blogs der E-Plus-Gruppe, »UdL Digital«. Jeder Nutzer ist ein eigenes Medium und Kommunikator. Die Vielfalt tragbarer Internet-Hardware wie Smartphones, iPad und dergleichen haben die Kommunikation zudem mobil gemacht und damit weiter beschleunigt. Optimale Bedingungen für die digitale Mobilisierung.

Die große Herausforderung dabei: Der Dialog ist öffentlich. Jeder kann zuhören und mitreden. Dies bedeutet für die Kommunikation vieler Unternehmen Neuland. Konfliktreich scheint auch das Web 2.0-Prinzip vollkommener Offenheit und Selbstenthüllung. Informationen werden mit anderen geteilt und rasant verbreitet, Quellen per Verlinkung für alle zugänglich gemacht oder manchmal auch gar nicht benannt. Die Echtzeit-Kommunikation und das rasante Tempo, mit dem sich Nachrichten in Social Media verbreiten, bedeutet für Unternehmen zudem ein Stück weit Kontrollverlust. Das Anliegen der professionellen Kommunikation, über Themen und Ereignisse die Deutungshoheit zu erlangen und zu halten, kann im Web 2.0 selten umgesetzt werden.

Ein Widerspruch zeichnet sich auch zwischen der überwiegenden Ausrichtung auf private Kommunikation der Social Media und der professionellen Kommunikation der Unternehmen ab. Registriert sich der Sprecher eines Unternehmens bei Twitter, vermeldet er nicht seine persönliche Meinung oder Nachrichten, sondern schreibt im Auftrag und im Sinne seiner Organisation. Dies kann im Zweifel weniger schnell, weniger spontan und weniger authentisch sein als es dem gewöhnlichen Web 2.0-Verhalten entspricht. Die Identität des professionellen Social-Media-Nutzers muss deutlich erkennbar sein. Egal, ob es sich um den Schreiber eines Beitrags auf einer Plattform, eines Online-Kommentars oder eines Leserbriefs handelt, um ein Profil oder einen Blog eines Unternehmens oder einen Film auf YouTube.

In den Anfangstagen des Social Webs haben Unternehmen immer mal wieder Beiträge gefälscht oder unter scheinbar privatem Absender ins Netz gestellt. Prominentestes Beispiel hierfür ist die Deutsche Bahn: Das Unternehmen hatte Millionenbeträge ausgegeben, um Blogbeiträge, Kommentare in Online-Foren und Online-Leserbriefe von Agenturen im Netz verbreiten lassen, die den wahren Verfasser nicht zu erkennen gaben. Der Deutsche Rat für Public Relations (DRPR) sprach nach eingehender Prüfung öffentliche Rügen gegen die Deutsche Bahn AG und die beteiligten Agenturen aus.

Für ein negatives Medienecho sorgte auch die FDP-Bundesgeschäftsstelle, die für ihre Undercover-Kommentare zu einem kritischen Blog-Artikel auf dem Portal ruhrbarone.de vom Deutschen Rat für Public Relations gerügt wurde. Der kritisierte in seinem Ratsbeschluss die unter verschiedenen Pseudonymen verfassten Kommentare eines FDP-Mitarbeiters als »verdeckte PR«. Aus Sicht des Rates hat die FDP damit sowohl gegen das Transparenzgebot als auch das Redlichkeitsgebot verstoßen.

Intransparentes Verhalten in den Social Media kann also Ärger nach sich ziehen. Die scheinbar anonymen Beiträge können zum Beispiel über die IP-Adresse der Verfasser nachverfolgt werden – mit beträchtlichen Auswirkungen für das Image einer Organisation. Denn anstelle beschwichtigender Kommentare macht die verdeckte PR im Netz (und in der Folge auch in den konventionellen Medien) erst recht negative Schlagzeilen. Die Interessen und Ziele des Unternehmens im Web 2.0 sollten stets offengelegt, im Falle von ausführenden Agenturen und Beratern Auftraggeber genannt werden.

Waren Bahn und FDP in den genannten Beispielen nur unbedarft oder ungeschickt, gibt es zunehmend auch nahezu kriminelle Methoden. Tatsächlich hat sich eine eigene Schatten-Branche entwickelt, die die mögliche Anonymität des Webs nutzt, um für die Anliegen ihrer Kunden zu trommeln. Die schwarzen Schafe unter den so genannten Seeding-Agenturen haben dem viralen Marketing einen schalen Beigeschmack hinzugefügt. Allerdings führen sie ihr dunkles Handwerk in der Regel so aus, dass ihnen die PR-Tugendwächter nicht auf die Schliche kommen, beispielsweise von anonymen Servern, die irgendwo auf einer Karibikinsel stehen.

Heikel wird es auch, wenn sich Lobbyisten mit konkreten Einzelinteressen den Anstrich einer im Sinne des Gemeinwohl handelnden Bürgerinitiative geben, die sich über die Kanäle der Social Media Gehör verschafft. Als »Astroturfing« wird diese Art der Public Affairs kritisiert, in Anlehnung an den englischen Begriff »Kunstrasen«: Gemeint sind so genannte Graswurzelbewegungen, die aber nicht natürlich als Bürgerinitiative wachsen, sondern künstlich von Lobbygruppen aufgezogen werden.

Als Astroturf wird häufig die Initiative Neue Soziale Marktwirtschaft, die von Arbeitgeberverbänden getragen wird, bezeichnet. Sie steht in der Kritik, als Bürgerinitiative getarnt wirtschaftsnahe Inhalte in die Medienberichterstattung einzuschleusen. So wurde in der Bloggerszene auch der Vorwurf laut, die Gegenbewegung zu den Protesten gegen Stuttgart 21 sei von PR-Agenturen gesteuert, diese Befürworter des umstrittenen Bahnhof-Bauprojekts also keine »echte« Bürgerinitiative wie dies die Projekt-Gegner für sich beanspruchen.

Mitarbeiter werden Sprecher

Social Media sind nicht nur ein Kanal für die offiziellen Sprecher eines Unternehmens. In Social Media werden auch aus Mitarbeitern Kommunikatoren, die sich mit Kunden, Journalisten und allen Interessierten ungefiltert und direkt austauschen und dabei die Interessen ihres Arbeitgebers im Blick haben sollten. Jeder Mitarbeiter ist somit auch gewollt oder ungewollt ein Interessenvertreter seines Unternehmens. Eine klare Trennung zwischen den professionellen Sprechern und anderen Mitarbeitern nicht immer möglich. Deshalb ist es klug, die eigene Belegschaft sowohl in eine Social-Media-Strategie als auch in Vereinbarungen bezüglich eines korrekten Verhaltens auf den Web 2.0-Plattformen einzubeziehen. Denn gut gemeint ist bekanntlich nicht immer gut gemacht. Als der Alpha-Blogger Johnny Häusler in seinem Blog Spreeblick einen kritischen Beitrag zu den Vertriebspraktiken des Handyklingeltonvertreibers Jamba veröffentlichte, verteidigten Jamba-Mitarbeiter ihren Arbeitgeber – ohne sich als solche kenntlich zu machen. Natürlich flog das auf und natürlich wurde Jamba verdeckte PR vorgeworfen. Jamba betonte allerdings, die Mitarbeiter hätten ohne offiziellen Auftrag der Firma gehandelt. Auch wenn das stimmen mag – dummerweise glaubt einem ohnehin in der Kritik stehenden Unternehmen das keiner mehr.

Immer mehr Unternehmen geben sich daher selbst eine Social Media Policy um den Umgang von Mitarbeitern, Pressestelle und Interessenvertretern mit dem Netz klar zu regeln. Mitarbeiter über virtuelle Fehltritte aufzuklären und diesen so vorzubeugen ist sinnvoll. Optimal sind bereits im Vorfeld verfasste und im Unternehmen umgesetzte Vereinbarungen, sogenannte Social Media Policies. Sie klären Mitarbeiter unter anderem darüber auf, über welche Themen gebloggt werden darf, wie mit negativem Feedback umgegangen wird, wie die grundsätzlichen Spielregeln des Unternehmens für Social Media sind.

Sprachregelungen müssen allen Mitarbeitern bekannt und stets aktuell sein. Sind die Mitarbeiter selbst im Social Web aktiv, so werden sie von den Medien und Internetusern in Krisenzeiten auch als Ansprechpartner und Quellen wahrgenommen.

Checkliste: Social Media Guidelines

- **Klare Abgrenzung zwischen beruflicher und privater Nutzung:** Darf Social Media privat während der Arbeitszeit genutzt werden? Und wenn ja, in welchem Umfang?
- **Kontinuität:** Sinnvoll ist nur eine regelmäßige, kontinuierliche Kommunikation im Web 2.0.

- **Eigenverantwortung**: Jeder Mitarbeiter trägt die Verantwortung über seine Meinungen im Web 2.0. Es ist kein Unterschied, ob sie privat oder beruflich erfolgten.
- **Transparenz und Offenheit was den Absender betrifft** (Kenntlichmachung des Absenders/Unternehmens und des eigenen Namens). Wenn korrigiert wird, sollte dies ausgewiesen werden.
- **Kenntlichmachung einer privaten Meinung:** Mitarbeiter sollten ihre eigenen privaten Blogs, Twitter Accounts usw. deutlich auch als privat kennzeichnen.
- **Negative Äußerungen:** Was ist gesetzlich erlaubt, welche Äußerungen gesetzlich verboten?
- **Respekt:** Jeder Mitarbeiter sollte die Netiquette und die Regeln der jeweiligen Plattformen im Web 2.0 kennen und einhalten.
- **Auf Fehler reagieren**: Offen, zeitnah und transparent.
- **Unternehmensschädliche Äußerungen:** Welche Folgen können geschäftsschädigende Kommentare intern (arbeitsrechtlich) und extern (Schadensersatz) nach sich ziehen?
- **Einhaltung gesetzlicher Vorschriften:** Eigentlich eine Selbstverständlichkeit. Nicht nur in der Offline-Welt, sondern auch im Web 2.0 müssen gesetzliche Vorschriften (Datenschutz, Urheberrecht, Markenrecht,) berücksichtigt und Betriebs- und Geschäftsgeheimnisse eingehalten werden.

Recht versus Image ?

Besteht bereits in der Real-Welt oft ein Spannungsfeld zwischen Recht und Kommunikation, so stehen sich juristische Betrachtungen und Netiquette im Web 2.0 besonders häufig unvereinbar gegenüber Rechtliche Mittel sind im Netz genau so sorgfältig wie in der »Offline-Welt« auf ihren zweckmäßigen Einsatz hin zu prüfen.

Eines der bekanntesten Beispiele für einen misslungenen juristischen Einsatz im Netz hat unter dem Namen »Streisand-Effekt« sogar in die internationale PR-Literatur Einzug gehalten. Hier zeigte sich, dass Bemühungen, Informationen im Netz zu verhindern (Netzaktivisten sprechen in solchen Fällen immer gerne von »Zensur«) in bestimmten Fällen das Gegenteil bewirken können. Der Name entstand durch den Versuch der US-Schauspielerin und Sängerin Barbara Streisand, den Fotografen Kenneth Adelman und die Website Pictopia.com 2003 auf 50 Millionen US-Dollar zu verklagen, weil er unerlaubt eine Luftaufnahme ihres Hauses ins Netz gestellt hatte. Vermutlich wäre die Veröffentlichung unter seinen 12 000 anderen Bildern der Küste Kaliforniens niemandem groß aufgefallen. Erst durch den von der Klage verursachten Medienwirbel wurde die Web-Community aufmerksam auf das Domizil der Hollywood-Größe. Die unerwünschte Nebenwirkung: Die Aufnahme verbreitete sich nach dem Schneeballprinzip mit hoher Geschwindigkeit und großer Streuwirkung im Internet, so dass es in der Folge für die Streisand-Anwälte unmöglich wurde, die weitere Veröffentlichung zu unterbinden. Die Diva hatte den Schaden und den Spott.

Einen erheblichen Image-Schaden mussten auch Unternehmen oder Organisationen hinnehmen, die mit Abmahnungen gegen ein schädliches – und nach geltenden Gesetzen illegales – Verhalten Dritter im Web vorgehen wollten. Die Stadt Duisburg untersagte 2010 dem Lokalblog xtranews.de die Veröffentlichung interner städtischer Unterlagen. Brisant waren diese Papiere, da sie Hinweise auf die Beschlüsse zur Loveparade geben sollten. Begründet wurde die Klage mit der Verletzung des Urheberrechts. Die Stadt Duisburg rechnete nicht mit einem breit angelegten Protest aus dem Web 2.0. Innerhalb weniger Stunden hatten User die Dokumente unauslöschbar auf verschiedene Server weltweit verteilt. Und der schon im ersten Kapitel gewürdigte famose Oberbürgermeister Adolf Sauerland war einmal mehr der Gelackmeierte.

Intelligenz des Schwarms

Interessenvertreter im Web 2.0 sollten also auf harte Diskussionen mit der Rechtsabteilung im eigenen Unternehmen vorbereitet sein und diese über das Phänomen der exponentiell wachsenden Schwarmintelligenz im Netz aufklären. Ähnlich wie Ameisen, die Pheromonen in umso größerer Anzahl folgen, je stärker diese sind, schließen sich umso mehr Internetautoren einer Meinung an, je häufiger diese bereits vertreten wird. Dass dieser Schwarm nicht statisch agiert, sondern sich permanent in Bewegung befindet zeigendie Beispiele der erfolgreichen Plagiatsjäger. Sie haben sich in Form von »Wikis« organisiert. Wikis sind Internetseiten, die die »kollaborative« Zusammenarbeit vieler Personen an einem gemeinsamen Projekt ermöglichen. Dieses konkrete Projekt verfolgt das Ziel, Wissenschaftsbetrüger aufzuspüren. Nachdem als Erster der jung-dynamische Bundesverteidigungsminister Karl-Theodor zu Guttenberg im Februar 2011 Amt und Doktortitel verlor, erwischte es kurz darauf die Tochter des ehemaligen bayerischen Ministerpräsidenten Edmund Stoiber, Veronica Saß (»Vroni«). Nach ihr wurde dann auch das Wiki benannt: vroniplag.de. Zusammengesetzt aus dem Namen »Vroni« und dem Anfang des Wortes »Plagiat«.

Der Vroni folgten die FDP-Europaabgeordnete Silvana Koch-Mehrin und ihr Parteifreund Jorgo Chatzimarkakis. Im Februar 2013 schlug gar der Bundesbildungsministerin Annette Schavan die Stunde. Aufgrund der akribischen Recherchen einer kleinen aber sehr aktiven Gruppe von anonymen Plagiatsjägern wurde der prominenten CDU-Politikerin nachgewiesen, bei der Erstellung ihrer Dissertation geschummelt zu haben. Die Hochschule erkannte ihr den Titel ab und die Kanzlerin schickte die langjährige Weggefährtin in die Wüste. Seither bangen hunderte prominente und weniger prominente Titelinhaber, wer wohl der nächste ist, den der zur Meute mutierte Schwarm im Internet zur Strecke bringt.

Grundsätzlich lassen sich die Regeln des klassischen Krisenmanagements auch auf Krisen im Web 2.0 übertragen. Allerdings ist die Welt durch Social Media komplexer geworden: Die Zeitspanne, um zu reagieren, ist durch die direkte Vernetzung der unterschiedlichen Stakeholder viel geringer. Gleichzeitig müssen viel mehr Kanäle beobachtet und in die Kommunikation integriert werden. Die Hemmschwelle, sich negativ zu äußern, liegt im Internet deutlich niedriger. Das Gefühl einer gewissen Anonymität ist verlockend. Emotionen kochen leichter hoch und können sich zu einem wahren Flächenbrand entwickeln. Mit massivem Schaden für das eigene Unternehmen.

Das Wort »Abmahnung« ist für die Szene ein rotes Tuch. Deshalb reagiert die Web-Gemeinde meist ebenso allergisch wie solidarisch, wenn sich ein vermeintlich starkes Unternehmen an einem vermeintlich Schwachen vergreift. Aus der Sicht der Juristen, war die Situation klar: Mitglieder der Bastelplattform Dawanda hatten das Markenzeichen des Outdoor-Herstellers Jack Wolfskin, die Wolfstatze, auf Kissen, Sticker oder Taschenspiegel gedruckt oder gestickt und im Internet zum Verkauf angeboten. Womit das Unternehmen jedoch nicht gerechnet hatte: Konsumenten und Influencer solidarisierten sich mit den Hobby-Bastlern, lehnten in Foren und Blogs die Abmahnungen ab und stellten Jack Wolfskin an den Online-Pranger. Nach wenigen Stunden erschien das Goliath-gegen-David-Thema auf den wichtigsten Blogs und auch in den Online-Medien. Spiegel Online und FocusOnline griffen die Geschichte auf. Innerhalb nur eines Tages gab es sichtbar negative Auswirkungen auf die Suchergebnisse von Jack Wolfskin und auch auf den Wikipedia-Eintrag. Für ein mittelständisches Unternehmen wie den Idsteiner Hersteller von Outdoor-Bekleidung eine unangenehme Lage – und eine Gratwanderung. Auf einen bekannt gewordenen Markenrechtsverstoß nicht zu reagieren – weil in der Tat die Handarbeitsgruppe wirtschaftlich unbedeutend war – hätte zur Folge haben können, die Rechte auch gegenüber Dritten, beispielsweise professionellen Plagiatoren, zu »verwirken«. Wahrscheinlich hätten die virtuellen Prügel für das rechtliche Vorgehen durch eine weniger juristische Ansprache der Betroffenen und eine erläuternde und um Verständnis für die rechtliche Zwickmühle werbende Kommunikation im Social Web verhindert oder zumindest gemildert werden können.

So wie beim Autobauer Ford. Auch dessen Juristen verursachten einen Aufstand im Web 2.0, weil sie private Fanseiten abmahnten, die das Ford-Logo benutzten. Die Anwälte forderten die stattliche Summe von 5.000 US-Dollar oder die Schließung der Seite. Der zunächst nicht sonderlich bedeutsamen Markenrechtsverletzung stand schnell ein wachsendes negatives Web-Echo auf die Abmahnung gegenüber. Noch am selben Tag thematisierten zwei große Auto-Blogs die Aktion. Gleichzeitig kochte das Thema auch auf Twitter hoch. Die Kommunikatoren von Ford griffen in die aufbrausende Diskussion ein, sprachen die Kritiker direkt auf Twitter an und sicherten eine schnelle Lösung zu. Die erhitzten Fans waren beruhigt, die weitere Verbreitung in Social Media und ein weiterer Schaden für die Online Reputation konnten so schon im Ansatz verhindert werden.

Kommunikationsprofis schenkten den aufgebrachten Fans über die Social-Media-Kanäle Gehör, nahmen ihre Kritik ernst und bemühten sich um die Klärung des Falls – Krisenmanagement 2.0 gelungen. Noch besser wäre es freilich gewesen, wenn in beiden Beispielen die Rechtsabteilungen der Firmen vorab eine gemeinsame Strategie mit den Kommunikatoren ausgearbeitet hätten.

Von Followern, Fans und Feinden

Zahlreiche Facebook-Profile, Twitter-Accounts und Blogs, die an den Interessen, Bedürfnissen und Lebensrealitäten ihrer Zielgruppen »vorbeireden«, fristen im Netz ein eher unbeachtetes Dasein. Eine gefährliche Situation, denn die Abwesenheit konstanter Befürworter und treuer Leser macht solche Seiten anfällig für »feindliche Übernahmen«. Dies musste beispielsweise der Schokoladenproduzent Nestlé im Frühjahr 2010 erfahren. Greenpeace, das sich für seine Kampagnen bekanntlich stets starke Marken und deren Schwachstellen aussucht, beschuldigte Nestlé wegen des verwendeten Palmöls für die Herstellung des Schokoriegels Kit-Kat die illegale Abholzung des Regenwaldes zu befördern. Ein blutiges Video, in dem sich ein Schokoriegel wie eine riesige Kettensäge durch den Regenwald und seine Bewohner fräst, verbreitete sich schnell über YouTube. Die Umweltaktivisten okkupierten außerdem die Fan-Seite von Nestlé bei Facebook und posteten ihre Kritik öffentlich auf der Pinnwand. Aus der Fanpage wurde so unfreiwillig eine Protestplattform, der Kontrolle ihrer legitimen Macher entzogen. Nestlé reagierte mit Löschungen von Einträgen – und verschärfte dadurch nur die Kritik.

In Social Media besteht immer ein Risiko, dass Kunden, Fans oder Kritiker unangenehme Themen auf den öffentlichen Tisch bringen. Hier gilt es, mit Kritik offen umzugehen. Wer es vorzieht, kritische Einträge lieber ganz zu löschen, sollte überdenken, ob dieser Kanal wirklich zu seinem Unternehmen passt. Ist ein Unternehmen hingegen an einem ehrlichen Austausch mit seinen Kunden, Mitarbeitern oder der Community im Allgemeinen interessiert kann das Web 2.0 ein gewinnbringendes Instrument für die Stabilisierung von Kunden- oder Mitarbeiterbeziehungen sein.

Immer wieder werden Unternehmen und Organisationen auch Opfer von sogenannten »Hoax«, also Falschmeldungen, die sich über das Internet verbreiten. So brachte beispielsweise die von Spaßvögeln oder Rundfunkgebühren-Gegnern verbreitete gefälschte »Entscheidung des Oberlandesgerichts Augsburg zur Rückerstattung von Rundfunkgebühren durch die GEZ« die öffentlich-rechtlichen Gebühreneintreiber in arge Bedrängnis. Bemerkenswert ist allerdings, dass immer öfter auch etablierte Qualitätsmedien auf solche Fälschungen hereinfallen, weil den Redakteuren die Kapazität fehlt, durch Kontrollrecherchen die Sensationsmeldungen zu überprüfen. Sogar das »Heute-Journal«, in der Vergangenheit eine sakrosankte Institution des Nachrichtenfernsehens, musste sich im Mai 2013 öffentlich entschuldigen, weil in einer Moderation Behauptungen aus trüber Quelle ungeprüft gesendet worden waren.

6.1 Prävention im Social Web

Ausschließen lassen sich Krisen im Web 2.0 ebenso wenig wie in der Offline-Welt. Aber es ergibt Sinn, eine Reihe von Maßnahmen zu ergreifen, um möglichst gut gegen potentielle Social-Media-Krisen gewappnet zu sein. So ist es besonders wichtig, die Mitarbeiter in die Social-Media-Strategie einzubinden. Schließlich können sie die ersten Botschafter des Unternehmens in der Online-Welt sein. Als Grundlage für die Mitarbeiter-Aktivitäten im Web 2.0 dienen interne Social MediaGuidelines (vgl. Teil I, Kap. 6) Diese erläutern allen Mitarbeitern die neuen Kanäle und legen fest, wer wie kommuniziert. Ein Krisentraining sensibilisiert für die Social-Media-Strategie und das Risikopotenzial des Web 2.0. In dem Workshop werden die Social-Media-Zuständigen im Umgang mit den vorgeschlagenen Social Media Tools geschult: Wie ist auf Nachfragen und Kommentare auf Twitter oder der Facebook-Fanpage zu reagieren? Wer ist für die ad-hoc Beantwortung kritischer und sonstiger Kommentare zuständig? Und wie ist die Social Media Policy zu lesen? All dies wird in möglichst realitätsnaher Umgebung eingeübt.

Frühwarnsysteme

Neben der Einbindung der Mitarbeiter gilt es, ein Frühwarnsystem für Social Media aufzusetzen, um frühzeitig kritische Strömungen und neue Themen zu erkennen und schneller handlungsfähig zu sein (vgl. Teil II, Kap. 2.7).

Neben kostenpflichtigen Social Media Monitoringsystemen gibt es für Einsteiger und Kleinbetriebe auch eine Reihe kostenfreier Lösungen. Sie alle liefern Informationen. Die grundlegenden Fragen in diesem Zusammenhang sind: Welche Informationen benötigen wir wirklich? Was ist sinnvoll? Im Kern kommt es vor allem auf qualitative – und eben nicht nur quantitative – Auswertungen an, um rechtzeitig und vorausschauend reagieren zu können.

Moderne und nutzbringende Monitoringsysteme gehen nach dem Prinzip des Opinion Mining vor und beobachten nicht nur Inhalte in Schlüsselmedien und bei Meinungsführer, sondern auch deren Beziehungen untereinander und bewerten diese. Wichtig ist in diesem Zusammenhang auch, dass sich die unterschiedlichen Gruppen clustern lassen. Kommunikationsverantwortliche erhalten hiermit Fakten und Argumente für die qualitative Bewertung von Themen- und Meinungsumfeldern, Debatten und Diskussionsstränge. Und auch Auskunft darüber, wo Massenbewegungen entstehen und wer sie mutmaßlich steuert. Der Verlauf des Lebenszyklus eines Issues kann nachgezeichnet, Auslöser und Treiber identifiziert werden, neue Themen und Trends lassen sich aufspüren. Aber auch über relevante Aktivitäten von Wettbewerbern oder NGOs (Nicht-Regierungs-Organisationen) im vormedialen Raum des Social Webs wie etwa der Blogs, gibt das Opinion Mining

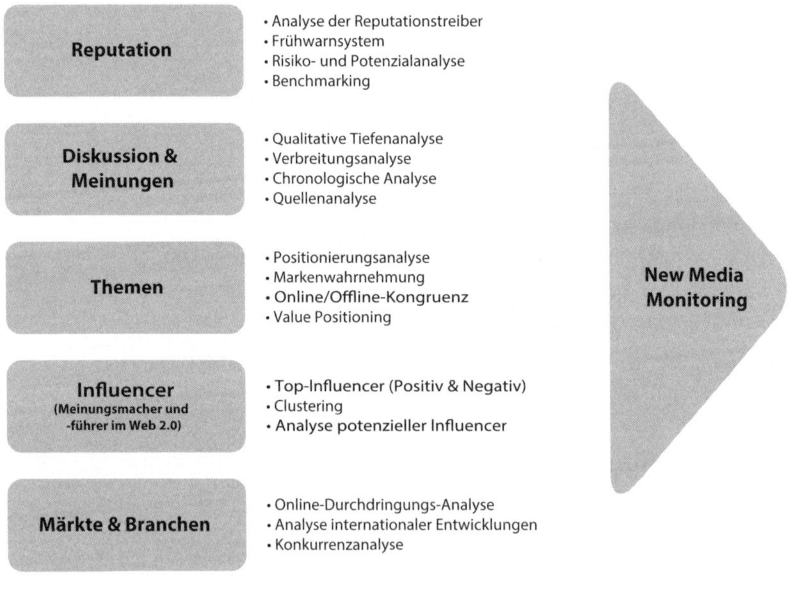

Mehrdimensionales Media Monitoring
(Advice Partners)

Auskunft – alles entscheidende Informationen, um frühzeitig agieren und nicht nur reagieren zu können und um eine erfolgreiche Risiko-und Potentialanalyse für Krisenzeiten zu erstellen. Neben der Entwicklung von Krisenstrategien lassen sich die Ergebnisse beispielsweise auch für Marktforschungszwecke, Produktentwicklungen, Studien oder strategische Maßnahmen (Positionierung von Marken, CEOs) nutzen.

Internet-Präsenz

Die Homepage des Unternehmens gehört zu den zentralen Dreh- und Angelpunkten während einer Krise im Web 2.0. Selbst wenn der Sturm auf anderen Kanälen wie Twitter oder Facebook losbricht, muss sie stets Bestandteil einer einheitlichen Kommunikationsstrategie sein und ständig aktualisiert werden.

Zur Krisenprävention zählt daher auch die Internet-Darksite, die ein Unternehmen im Krisenfall freischaltet, Web-2.0-fähig zu gestalten. Hier sollten bei Bedarf RSS Feed, Social Media Newsroom, Bild- und Footagematerial eingestellt werden können. Neben der technischen Bereitstellung kann geeignetes Material für die Verbreitung im Social Web wie Footage und Fotos bereits in der Hinterhand gehalten werden.

BP überzeugte während der Ölleck-Krise 2010 mit einer sowohl informativen als auch emotional ansprechenden Homepage. Dafür, dass die Seite auch gefunden wurde, sorgte eine aufwendige Suchmaschinenoptimierung. Ein eigener Videobereich zeigt einen sorgenvollen CEO und Mitarbeiter in Arbeitskluft. Die Botschaft: BP arbeitet mit allen Kräften an der Lösung des Problems. Solches Video- und Bildmaterial kann ein Unternehmen bereits in ruhigen Zeiten herstellen. In der Hektik einer Krise ist kaum eine Geschäftsführung oder PR-Abteilung dazu in der Lage.

Dass es am Ende dennoch zu einem Kommunikationsdesaster für BP kam, ist ausnahmsweise nicht der Web-2.0-Kommunikation anzulasten. Das lag ganz konventionell am ungeschickten Verhalten von Tony Hayward. Der CEO hatte sich nicht nur während die Krise noch andauerte und die Betroffenen gegen die Folgen der Ölpest kämpften im Freizeitlook auf seiner Segelyacht ablichten lassen. Er hat obendrein in Fernsehkameras gesprochen, er wolle sein Leben zurückhaben. Angesichts von mehr als 20 toten Ölarbeitern eine zynische Sprachentgleisung.

Social Media beruht auf der Vernetzung der Community. Aus diesem Grund können sich krisenhafte Nachrichten so rasant unter den Nutzern verbreiten. Um kritische Stimmungen gegen das eigene Unternehmen früh zu bemerken und aufzufangen, sollte dieses selbst Teil des Netzwerks sein. »Build your Network before you need it« lautet demnach das Credo der Netzwerkpflege auch in der digitalen

Welt. Es ist ratsam, den Umgang mit Social Media im Unternehmen in ruhigen Zeiten zu üben und Präsenz im Web zu zeigen.

Ob Twitter, YouTube oder Firmenblog – welche Social-Media-Kanäle sich im Baukasten der Kommunikationsprofis als sinnvoll erweisen, hängt von der Organisation oder dem Unternehmen ab, seiner Branche und Geschäftstätigkeit, den Kunden, Mitarbeitern und sonstigen Zielgruppen. Wie auch in der klassischen Kommunikation gilt: Das Medium muss zur Zielgruppe passen, die ein Unternehmen erreichen will. Soll eine Botschaft an eine breite Öffentlichkeit gestreut werden, reichen Publikationen, die nur eine kleine Gruppe von Fachleuten lesen, nicht aus. Richtet sich ein Produkt oder eine Dienstleistung hingegen ausschließlich an eine Business-Zielgruppe, sind deren Fachmedien der wichtigste Kommunikationskanal. Eine Firma, die sich an junge, internetaffine Kunden richtet, sollte den Kanal Facebook auf jeden Fall berücksichtigen. Jedoch bietet sich die Sicherung eigener Domains bei Twitter, Xing und Facebook auch für Firmen an, die Social Media aktuell nicht aktiv nutzen wollen. So vermeiden sie, dass andere unter ihrem Namen kommunizieren (Marken- bzw. Domain-Grabbing) und können bei Krisen bzw. Streit beispielsweise schnell auf einen Facebook-Support zugreifen.

Auch im Unternehmen selbst gibt es unterschiedliche Absendergruppen, für die die neuen interaktiven Kanäle unterschiedlich hilfreich sein können. Von der internen Kommunikation, der Pressestelle, über das Marketing bis hin zum strategischen Management und der Personalabteilung. Aus all diesen Abteilungen sollten Social-Media-Verantwortliche eine unternehmensübergreifende konkrete Social-Media-Strategie erarbeiten. In dieser wird geklärt, welche Kanäle bespielt werden und unter welchem Titel, wer die jeweiligen Zielgruppen sind, wie Follower und Fans gewonnen werden und welche Risiken sich ergeben können. Auch PR-Maßnahmen zum Auftakt der Social-Media-Kanäle werden in der Umsetzungsstrategie entworfen. Ein Newsroom, der alle Kanäle inklusive der klassischen Pressemeldungen zusammenbringt, ersetzt auf der Webseite den klassischen Pressebereich. Ein Redaktionskonzept für alle Kanäle wird erstellt, in dem Quellen für Inhalte benannt, Themen geplant und eine Frequenz für die Meldungen und Einträge festgelegt ist.

Einen wichtigen Punkt in der Planung der eigenen Social-Media-Aktivität stellt die Evaluation dar. Zur Erfolgskontrolle des Twitter-Accounts eignet sich beispielsweise ein bit.ly-URL-Shortener, der die Zugriffe auf die einzelnen Twitter-Beiträge erfasst. Ein gutes Krisen-Thermometer bietet die Google-Suche. Welche Nachrichten erscheinen auf der ersten Seite, wenn Sie Ihren Unternehmensnamen eingeben? Steht die aktuelle Krise an erster Stelle oder dominieren wieder neutrale oder positive Meldungen? Ist Letzteres der Fall, ist die Krisenkommunikation gelungen.

Die Planung und Vorbereitung der Social-Media-Präsenz ist abgeschlossen, die Mitarbeiter twittern und bloggen. Einige Basisregeln sollten Unternehmen beachten, wenn sie sich im Web Gehör verschaffen wollen. Wer Social Media als Kanal für seine Botschaften nutzen möchte, sollte regelmäßig »sprechen«, schnell auf Kommentare und Rückfragen reagieren, authentisch bleiben und seinen Empfängern, Lesern, Fans oder Followern mit seiner Social-Media-Aktivität einen echten Mehrwert bieten. Wichtig ist: Begegnen Sie der Community auf Augenhöhe. Besserwisserei oder Überheblichkeit sind im Web 2.0 fehl am Platz.

Checkliste: Prävention im Social Web

- Web und Social Media Monitoring mit regelmäßigem Reporting
- Entwicklung von Social Media Guidelines
- Reputationsanalyse und Online-Risikobewertung: Identifikation und Stärkung von kritischen Keyword-Kombinationen sowie Ableitung von Online-Krisenszenarien
- Strategisches Online Reputation Management: Aufbau von weiteren selbstbestimmten Präsenzen (Webseiten/Landingpages)
- Optimierung der Search Engine Optimization (SEO)
- Erstellung und Seeding von gezielter Online PR
- Optimierung der Social-Media-Strategie für den Krisenfall
- Influencer Identifikation und Gewinnung
- Darksite Entwicklung, ggf. zusätzliche Krisenkanäle wie Twitter und Facebook für Moderation implementieren
- Etablierung von Online-Krisenkommunikationsstrukturen
- Medien-Training und Krisensimulation auf Online-Kanäle erweitern
- Identifizieren von Ressourcen innerhalb des Unternehmens
- Identifizieren von Spezialisten außerhalb des Unternehmens
  - Externe Krisenberater mit Social-Media-Erfahrung
  - Social-Media-Redakteure
  - Content Producer
  - SEO-Experte (Suchmaschinen-Optimierung)
  - Data-Mining-Experte

6.2 Im Zentrum des digitalen Sturms: richtig reagieren im Krisenfall

Die Wahrscheinlichkeit von krisenrelevanten, aber ungefilterten Nachrichten auf den virtuellen Kommunikationsplattformen weltweit steigt. Mit weitreichenden Konsequenzen für die Unternehmenskommunikation. Social Networks und Blogs lassen sich hervorragend als Empörungs- und Betroffenheitsmaschinen nutzen. Besonders in der Krise und im Skandal sind die Kommunikationsgesetze im Netz anarchistisch und radikal – im Guten wie im Schlechten. Kommunikative Krisen im Netz entstehen meist dort, wo es keiner mitbekommt: in irgendeinem kleinen Blog oder in einem winzigen Kommentar. Entscheidend ist die Vernetzungsdynamik: Findet die einzelne Meinung eine Verbindung zu einem virulenten Krisenthema, zu skandalbereiten Medien, Meinungsplattformen und zu einer empörungsbereiten Öffentlichkeit? Erst dann führt das Internet als Aggregator je nach Skandalpotenzial zu einer rasanten Weiterverbreitung im Netz.

Auf der eigenen Facebook-Seite häufen sich beispielsweise kritische und erzürnte Kommentare gegen das Unternehmen, vielleicht kommt bereits eine Welle der Empörung aus dem Web 2.0 angerollt. Eine Krise bahnt sich an. Nun geht es darum, die Situation einzuschätzen. Wie relevant ist der Kanal? Auf welcher Plattform stehen die Informationen? Wie stark vernetzt ist sie? Ist eine schnelle Reaktion nötig? Oder die Dinge erst mal laufen lassen? Dass sich professionelle Gelassenheit durchaus als geeignete Lösung in einem Shitstorm erweisen kann, bewies die ING-DiBa. Auslöser war ein Werbespot der Internetbank, in dem der Basketballer Dirk Nowitzki als Testimonial eine Scheibe Wurst verspeist. Empört fluteten Vegetarier und Veganer die Pinnwand der Facebook-Seite der Bank. Die ING-DiBa griff in die hitzige Diskussion nicht inhaltlich ein, meldete sich jedoch kurz zu Wort und wies auf die allgemeinen Verhaltensregeln und Fairness im Netz hin: »Wir als ING-DiBa appellieren an Sie, unterschiedliche Meinungen mit größtmöglichem Respekt zu behandeln. »Nachdem sich die kritischen Postings erst immer mehr zuspitzten, wendete sich das Blatt dann wie von selbst: Die Community kritisierte Vegetarier und Veganer für ihr intolerantes Verhalten.« »Der Ton, der hier von den Veganern rüberkommt, ist sehr anmaßend und aggressiv und mitunter extrem beleidigend«. Der Sturm der Postings beschäftigte sich daraufhin nicht mehr mit dem Werbespot, sondern endete in der Diskussion »Ist es erlaubt, Fleisch zu essen oder nicht?«. Ein Glücksfall für die ING-DiBa. Das eigentliche Thema war vom Tisch. Die Bank hatte völlig richtig gehandelt. Sie hatte sich weder tot gestellt noch das Issue zusätzlich aufgebauscht. Streng genommen hat sie von der Diskussion sogar profitiert: der Werbespot war in aller Munde. Zweifelsohne hätte die ING-DiBa eine andere, aktivere Strategiediskussion führen müssen, wenn anstelle des werblichen Nebenkriegsschauplatzes »Wurstesser« ihr Kerngeschäft angegriffen worden wäre, beispielsweise mit dem Vorwurf von Unregelmäßigkeiten im Bankgeschäft.

Wenn die Plattform, auf der die vermeintliche Krise stattfindet, groß und stark vernetzt ist und das Thema schon auf den Sprung in die Offline Medienwelt ist, dann ist eine Reaktion unumgänglich. Jetzt macht sich eine professionelle Prävention bezahlt. Nur wer auf vorbereitete Kanäle schnell zugreifen kann, ist in der Lage, die eigene Sicht der Dinge ins Web 2.0 zu transportieren und nicht den Kritikern die Deutungshoheit zu überlassen. Wichtig ist, schnell eine erste Antwort an die lauten Stimmen zu senden. »Wir haben das Problem erkannt und kümmern uns darum«. So simpel das klingt, diese wenigen Worte signalisieren, dass das Unternehmen die Kritik oder das Problem ernst nimmt, auch wenn es noch nicht alle Antworten auf die Fragen gefunden hat. Sobald weitere Informationen zur Sachlage vorliegen, um dem Problem Herr zu werden, sollten diese den Zuhörern im Web 2.0 mitgeteilt werden. Es gilt: Alles, was auf der operativen Ebene zum Krisenmanagement unternommen wird, sollte auch kommuniziert werden. Offenheit und Transparenz sind gefragt. Das hilft, Vertrauen herzustellen oder zumindest, die Kritiker zu besänftigen.

Sinnvoll ist, nicht nur unter dem Firmen- oder Markennamen aufzutreten. Es ist gut, zu zeigen, welche realen Personen twittern oder bloggen. Denn bei Social Media geht es weniger um Plattformen, sondern um die Menschen. Die mit den Social-Media-Kanälen des Unternehmens betrauten Mitarbeiter sollten unter ihren Klarnamen in Erscheinung treten. Sie verleihen einem anonymen »Goliath« ein Gesicht und die Community spricht mit dem Unternehmen auf Augenhöhe. Das macht die Kommunikation glaubwürdig und schafft Vertrauen. Auch konfliktreiche Argumente oder Kritik werden viel eher auf der Sachebene und weniger emotional diskutiert, wenn sich Menschen mit Menschen unterhalten können.

Meist dreht sich die digitale Krise in ihrem weiteren Verlauf schnell nicht mehr nur um den eigentlichen Stein des Anstoßes. Neue Aspekte und Themen rund um das Unternehmen im Visier der Kritiker kommen auf und finden Eingang in die Web-Debatte. Auch diese Diskussionsstränge müssen in der Krisenkommunikation berucksichtigt werden. In regelmäßigen Abständen sollten die verschiedenen Themen aus Unternehmenssicht dargestellt werden.

Wie immer bestätigen auch im Krisenfall Ausnahmen die Regel: Nicht jeder kritische Kommentar verlangt eine Reaktion. Ausschlaggebend ist stets die Relevanz des Autors: Wie gut ist er vernetzt, welche Reichweite kann seine Kritik entfalten, schreibt der Kritiker häufig über das Unternehmen oder die Branche und welche Argumente führt er ins Feld? Es geht darum, ernste Kritiker von Dauernörglern, die zu jedem Thema und jeder Unternehmung einen meckernden Kommentar hinterlassen, zu unterscheiden. Für solche Zeitgenossen hat das Web den wenig schmeichelaften Begriff »Troll« erfunden. Solche Trolle sollten kein Futter durch unnötige Aufmerksamkeit erhalten.

Meinungsführer im Web 2.0 sollten in jedem Fall ernst genommen werden. Trotz des Gebots der schnellen Reaktion: Erst überlegen bevor spontan in die Tasten gehauen wird. Gerade bei kritischen oder beleidigenden Kommentaren, wenn jemand die Arbeit in Frage stellt, sind Menschen dazu verleitet, spontan,emotional und mitunter auch unbesonnen zu reagieren. Anstelle von Schnellschüssen die Antwort lieber mal liegenlassen, zumindest aber einem neutralen »Sparringspartner« zum Gegenlesen geben. Was einmal im Netz steht, hinterlässt Spuren und ist kaum noch rückgängig zu machen.

Alle Botschaften, die über Social Media gestreut werden, sollten mit den Inhalten der Pressearbeit, Webseite und internen Kommunikation übereinstimmen. Mitarbeitern, Kunden, Journalisten oder Web-Community, die unterschiedlichen Zielgruppen verlangen zwar individualisierte Informationen. Nichtsdestotrotz: Die Kernbotschaften müssen sich einheitlich durch die gesamte Krisenkommunikation hinweg ziehen, um in der Öffentlichkeit die gewünschte Wirkung zu entfalten. Die Kommunikation muss in sich konsistent sein. Trotz seiner guten Krisenprävention im Web 2.0 verstrickte sich der Ölkonzern BP in der Kommunikation um das Ölleck am Bohrloch im Golf von Mexiko in der Offline-Welt in Widersprüche, die den Eindruck erzeugten, das Unternehmen sei mit der Situation völlig überfordert. Zunächst bestritten die Verantwortlichen, dass überhaupt Öl aus einer Pipeline ausgetreten sei. Dann hieß es, es gäbe zwar ein Leck, dieses sei aber überschaubar. Zu guter Letzt gestand BP ein, dass tatsächlich eine große Menge Öl ins Meer floss. Das Statement eines Mitarbeiters »Wir haben noch einen langen Weg vor uns, wir kennen nur die Richtung noch nicht« sorgte schließlich für öffentliche Verwirrung und ließ das Vertrauen der Öffentlichkeit in die Handlungsfähigkeit des Unternehmens dahin schwinden.

Und schließlich müssen die Mitarbeiter in ihrer Funktion als Kommunikatoren in den Social Media Berücksichtigung finden. Sie müssen über die Social-Media-Strategie und -Krisenkommunikation der Geschäftsführung informiert und in Sprachregelungen eingeführt werden. In einer kurzfristig einzuberufenden Versammlung – je nach Unternehmensstruktur – werden die in den Social Media aktiven Mitarbeiter für die aktuelle Krisensituation und ihre eigene Reichweite im Web sensibilisiert.

Checkliste: Intervention im Social Web

- Web und Social Media Monitoring mit Reporting in kürzerem Abstand (stündlich)
- Evaluation der Reputationsschädigung im Web
- Entwicklung einer Online-Strategie und Interventionskonzeptes
- Content-Push: Online PR Seeding, Blogposting, Social Media, Foren
- Moderation innerhalb der aufgebauten Community (Darksite und Social Media)
- Laufendes Profiling negativ kommunizierender Influencer
- Kommunikation über gewonnene (positive) Influencer

6.3 Nach dem Gewitter – Reputationsaufbau

Nach einer überstandenen Krise heißt es oft vorschnell »zurück zur Tagesordnung«. Doch gerade im Hinblick auf Social Media lässt sich dieser Zeitpunkt gezielt nutzen, um die Ausmaße des Image-Schadens im Web festzustellen und die künftige Social-Media-Strategie auf den Reputationsaufbau der Marke und Produkte auszurichten. Die Grundlage dafür bildet ein permanentes Web und Social Media Monitoring oder noch besser Opinion Mining: Welche bestehenden Online-Kanäle gilt es zu überprüfen und zu optimieren? Welche neuen Kanäle und Communities lassen sich im Web 2.0 erschließen? Welcher aktuelle Eintrag findet sich in Wikipedia? Wie sieht die zukünftige Content-Strategie aus? Wo häufen sich momentan noch negative Inhalte?

Das Internet vergisst zwar nichts, jedoch lassen sich negative Issues erfolgreich auf die hinteren Google-Ränge verdrängen. In dieser Verdrängungsstrategie gehen Content und Technik am besten Hand in Hand. Positiver, selbstbestimmter Content ist nun gefordert, der unterschiedliche Unternehmens-Themen wie Logistik, Karriere, Events oder CSR beinhalten kann. »User Generated Content«, also von Kunden, Internetnutzern oder Verbrauchern erstellter Inhalt lässt sich genauso verwerten wie bereits bestehender Offline-Content – selbstverständlich angepasst an die Ansprüche der Online-Community. Vorausschauend sollten Themenfelder identifiziert und entsprechend besetzt werden. Auch der Einbezug der SEO »Search Engine Optimization« (Suchmaschinen-Optimierung) spielt eine wichtige Rolle: Ausgewählte Schlüsselbegriffe (Keywords) optimieren den Seiten-Inhalt, ein themenspezifisches Seitennetzwerk steigert externe Verlinkungen.

Selbstverständlich sind die eingesetzten Tools und Instrumente wichtig. Noch wichtiger ist aber das Selbstverständnis, mit kritischen und krisenhaften Themen, Ereignissen und Anforderungen umzugehen. Das Netz stellt einen eigenen Kommunikationsraum dar, den man kennen und nutzen sollte. Das betrifft gerade risikobehaftete Themen und Ereignisse. Die beste Voraussetzung dafür ist und bleibt, bereits professioneller Teil der relevanten Netzöffentlichkeit zu sein- und zwar bevor es zu einer Krise kommt.

Checkliste: Wiederaufbau der Reputation

- Web und Social Media Monitoring
- Evaluation der Reputationsschädigung im Web
- Korrektur von negativen Inhalten (Mediation, Verdrängung)
- Positive Inhalte generieren
- Vorhandenen Content nutzen
- Neue Plattformen mit SEO aufbauen

- Thematisches Re-Positionierung von Unternehmensmarken, Produkt- und Personenmarken im Web
- Optimierung bestehender Online-Kanäle
- Aufbau zielführender neuer Online-Kanäle
- Aufbau einer Online-Community
- Google Suggest verändern
- SEO: Keywordoptimierung, strategische Verlinkungen
- Gegendarstellung im Web positionieren

Social Media mit Verstand

Klassische kommunikative und juristische Interventionsstrategien bewirken im Social Media wenig bzw. werden instrumentalisiert. Grundlegend ist daher, dass die Besonderheiten und Regeln der Social-Media-Welt für eine glaubwürdige Kommunikation nicht nur beachtet, sondern auch selbst interaktiv gelebt werden. So entstehen im Netz sogar neue Krisen, weil Unternehmen diese Grundsätze nicht berücksichtigen. Innerhalb weniger Stunden befinden sich Unternehmen, Vorstände oder Manager am Pranger der globalen Social Networks. Egal, ob es darum geht, das Firmenimage zu polieren, zu Marktforschungszwecken direkt mit seiner Kundenzielgruppe zu sprechen oder neue Wege für die Kommunikation mit Journalisten zu beschreiten.

Checkliste: die zehn wichtigsten Regeln für die Social-Media-Kommunikation

1. **Seien Sie vorbereitet.** Wie in der realen Welt gilt auch in der virtuellen Welt, dass Prävention vor der Krise der wichtigste Baustein zum Erfolg in der Krise ist. Bauen Sie ein umfangreiches Echtzeit-Monitoring auf, so dass Sie Krisenherde schon sehr früh identifizieren können
2. **Bewerten Sie die Relevanz von Informationen.** Nicht jeder Blog und jeder Beitrag sind von gleicher Gewichtung. Relevanz und Glaubwürdigkeit des Informationskanals, Emotionalität und Nachrichtenwert des Beitrags sowie Größe der betroffenen Stakeholdergruppe sind u. a. Indikatoren die bei der Relevanzbewertung von Bedeutung sind.
3. **Hören Sie zu.** Bevor Sie sich Hals über Kopf in das Social-Media-Geschehen stürzen, hören Sie genau hin, wer in welcher Community was wie sagt und bauen Sie sich nach und nach eine relevante Zielgruppe durch eine kontinuierliche Kommunikation und einem Mehrwert, den Sie Lesern, Followern und Fans anbieten, auf.

4. **Definieren Sie Strategien zum Umgang mit negativen Beiträgen.** Auch hier müssen die Zuständigkeiten, Benachrichtigungs- und Abstimmungswege innerhalb einer Organisation definiert sein. Wie in der realen Welt muss die Verantwortung für die kommunikative Bearbeitung in einer erfahrenen und ausgebildeten Hand liegen. Reaktionen, z. B. auf interne Dokumente, aufkommende Gerüchte, Hatesite oder missverstandenes unternehmerisches Handeln können vorgedacht werden.
5. **Schaffen Sie Regeln und stellen Sie Social Media Guidelines auf.** Mitarbeiter sind die ersten Diplomaten ihrer Organisation. Social-Media-Fettnäpfchen lassen sich vermeiden, indem Sie Richtlinien im Umgang mit Social Media definieren. Social Media ist eine großartige Chance, wenn sie bewusst und gezielt genutzt wird. Richtlinien sollten die Eigenheiten des Social Webs aufzeigen und gleichzeitig Hilfestellungen an die Hand geben. Zusätzlich sollen sie Mitarbeiter für die Gefahren im Netz sensibilisieren und sie vor dem gedankenlosen Einstellen von Fotos und privaten Inhalten schützen. Wichtig ist auch, eine interne Ansprechstelle für Fragen rund um den richtigen Umgang mit Social Media im Unternehmen zu definieren.
6. **Entwickeln Sie Empathie.** Kommunikation im Internet muss frei von Arroganz, Überheblichkeit und »Marketing-Sprech« sein. Den kommunikativen Zugang zu Ihrer Ansprechgruppe finden Sie nur mit Kommunikation »auf Augenhöhe«. Die Argumente und Probleme des Kritikers anhören, einen Positionswechsel durchzuführen und sich die Situation aus seinen Augen anzusehen, ist der erste erfolgreiche Schritt, um die richtige Tonalität und Ansprache zu finden. Denken Sie immer daran: Es geht um die Bedürfnisse und Ängste der Menschen!
7. **Seien Sie offen und ehrlich.** Ehrlichkeit und Transparenz sind bei Social Media von allerhöchster Wichtigkeit. Offenbaren Sie, wer Sie sind und welche Interessen Sie vertreten. Vertuschung ist Selbstbetrug und fällt Ihnen sicherlich schnell auf die Füße.
8. **Fassen Sie sich kurz und antworten Sie zeitnah.** Soziale Medien sind dialogorientiert; Schnelligkeit, eine höfliche und konstruktive Antwort auf Leserkommentare wird erwartet. Langatmige und ausufernde Erläuterungen sind ein Tabu in den Social Media. Außerdem riskieren Sie, dass Ihre Mitteilungen auseinandergerissen und aus dem Kontext losgelöst weiterzitiert werden.
9. **Gehen Sie nicht auf Konfrontationskurs.** Auch wenn Sie sich im Recht wähnen oder es sogar sind – rechtliche Abmahnungen und harsche Kritik hilft Ihnen meistens nicht, Ihre Online-Reputation positiv zu beeinflussen. Untermauern Sie nicht noch zusätzlich das negative Image des uneinsichtigen Goliaths und halten Sie Ihre Anwälte zurück. Verzichten Sie auf Konfrontation, wenn es andere Wege gibt, um den Konflikt zu lösen. Rechtliche

Abmahnungen führen zu einer stärkeren Verbreitung im Internet – zum sog. »Streisand-Effekt«.

10. **Machen Sie den »Front-Page-Test«.** Veröffentlichen Sie nur das, was Sie auch jederzeit persönlich sagen würden und was Sie auch »gedruckt« von sich lesen wollen: Soziale Netzwerke geben uns eine Stimme, Emotionen zu vermitteln und versetzen uns in die Lage, unsere Frustration auszudrücken. Die Auswirkungen können allerdings fatal sein.

Teil II Prävention

»Manche halten das für Erfahrung, was sie 20 Jahre lang falsch gemacht haben.«
(George Bernard Shaw)

Hunderte von Büchern, Tausende von Aufsätzen befassen sich damit, wie Strategien entwickelt wurden. Eines ist allen diesen Werken gemein: Die Erkenntnis, dass es ohne vorangegangene Szenarienbildung auch keine taugliche Strategien geben kann. Diese Erkenntnis findet sich in allen Kulturkreisen – westlichen wie fernöstlichen – und hat Jahrhunderte überdauert. Wir finden sie in den Werken von Sun Tsu (»Die Kunst des Krieges«), Musashi (»Das Buch der fünf Ringe«) und im »Hagakure« (Der Weg des Samurei von Tsunetomo) genauso wie in den westlichen Schulen von Seneca, Machiavelli oder Clausewitz. Sie alle singen das Hohe Lied der frühzeitigen Planung. Das »Hagakure« spricht hier von einer umfassenden, möglichst lückenlosen Planung: »Sei auf jede Situation vorbereitet [...] Dagegen beschäftigen sich die anderen nicht schon im Voraus mit den Möglichkeiten. Wenn sie ein Problem lösen, ist das nichts als zufälliges Glück« (Hagakure, Seite 17). Eine einleuchtende und einfache Empfehlung, die doch oft ignoriert wird.

Beispiele für fehlende Szenarienpläne kennt jeder aus seinem beruflichen Alltag. Doch Versäumnisse, die im Kleinen einfach nur lästig sind, haben im Großen fatale Auswirkungen. Und so ist es erschreckend, dass große Unternehmen oftmals keine Vorstellung von Szenarien haben, geschweige denn, dass sie Szenarienpläne in der Schublade hätten. Unverständlich, geht es doch bei diesen Unternehmen um Tausende von Arbeitsplätzen und viele Millionen Euro Umsatz. Woran liegt das? Die psychologische Implikation ist, dass der Plan selbst das Problem enthält, denn wer einen Szenarioplan erstellt, gibt damit implizit zu, die Entwicklung nicht kontrollieren zu können. So wichtig der Plan ist: Ihn zu erstellen, kann den Eindruck erwecken, man sei nicht in der Lage, quasi freihändig strategische Entscheidungen zu treffen. Und wer möchte das gern zugeben? Dabei ist diese (Selbst-)Einschätzung völlig korrekt und keinesfalls »unehrenhaft«.

Niemand kann, gerade in Krisensituationen, irgendeine künftige Entwicklung jemals wirklich kontrollieren. Aber wer einen Szenarioplan erstellt, verschafft sich zumindest die Möglichkeit, zukünftige Entwicklungen möglichst schon im Ansatz zu erkennen, frühzeitig zu behandeln und somit in ihrem Fortlauf zu beherrschen. Denn diese Pläne nehmen potenzielle Entwicklungen vorweg und gewährleisten den geplanten Umgang mit ihnen.

1 Krisenprofil und Selbstbild

Alle Krisen in Wirtschaftsunternehmen haben gemeinsam, dass der vitale Nerv des Unternehmens durch ein oder mehrere Ereignisse kritisch getroffen wird. Dies kann sich überraschend, schleichend oder in Wellen vollziehen. Krisenursachen sind immer auch Ausdruck der jeweiligen politischen, wirtschaftlichen, gesellschaftlichen und sozialen Situation. Ökologisches Bewusstsein, Globalisierung, offene Grenzen, soziale Schere, Produktionsverlagerung und Fusionen sind nur einige Entwicklungen, die erhebliches Konflikt- und Krisenpotenzial für Unternehmen in sich bergen. Krisen entstehen somit sowohl von innen als auch von außen.

Wie gehe ich nun als Unternehmen an eine solche Szenarioplanung heran? Wie kann ich bei mir selbst meine Risikoherde identifizieren? Wie entwickle ich aus diesen Risikoherden Krisenszenarien? Und wie kann ich bei all diesen Krisenszenarien noch meine Bezugsgruppen antizipieren? Dafür gilt es Antworten zu finden.

Ein Unternehmen ist hier ähnlich gefordert wie ein Autofahrer, der eine längere Reise antritt. Er muss wissen, wo Gefahren lauern, welche Risikoherde er vor und auf seiner Fahrt beachten muss. Ist der Wagen nicht überladen? Stimmt der Reifendruck? Kurz: Ist das Auto fahrtauglich? Und vor allem: Ist der Fahrer ausgeschlafen, sodass er auf jede Veränderung der Verkehrsbedingungen reagieren kann? Hat er eine Ausweichroute, um im Fall eines Staus dennoch pünktlich und wohlbehalten ans Ziel zu kommen? Nichts anderes als ein Fahrer ist der Leiter eines Unternehmens. Auch er muss sich fragen, wo die Risikoherde sind, die im Extremfall zu Krisen führen können. Wichtig hierbei ist jedoch, zuerst zu wissen, was in dem Unternehmen am wertvollsten ist. Vor die Szenariobildung haben deswegen die Strategen die sogenannte Initialisierungsphase gesetzt.

Unter der Initialisierungsphase versteht man die Analyse der sogenannten unternehmerischen Basis. Hierzu gehört zum einen festzustellen, was Mission und Vision des Unternehmens sind. Weitere Punkte, über die sich ein Unternehmen im Vorfeld Gedanken machen muss:

- Wie sieht die strategische Zielsetzung des Unternehmens aus (heute und in der Zukunft)?
- Was sind die operativen Werttreiber (mit welchen Produkten verdient das Unternehmen Geld)?
- Was ist die Marktstrategie?
- Wo liegen die Kernkompetenzen?
- Wie ist unsere Wettbewerbsposition?

- Wie ist unser Selbstbild im Gegensatz zum Fremdbild?
- Wie sind unsere betriebswirtschaftlichen Parameter mit der aktuellen Kommunikationslage synchronisiert?

Diese ersten Fragen sollten nicht isoliert beantwortet werden, sondern über jede dieser Fragestellung sollte eine sogenannte SWOT-Analyse (**S**trengths, **W**eaknesses, **O**pportunities und **T**hreats) durchgeführt werden. Diese Analyse der Stärken, Schwächen, Chancen und Risiken liefert ein sehr genaues Abbild davon, wo das Unternehmen aktuell steht und auf welchem Weg es sich in die Zukunft begeben wird. Diese Initialisierungs- und Ausgangsphase ermöglicht es uns erst, die Risikoherde in späterem Zusammenhang zu Krisenszenarien zu antizipieren.

Relevantes Umfeld

Eine weitere Vorbereitungsmaßnahme nach der Initialisierungsphase ist die genaue Umfeldanalyse des Unternehmens. Hierbei sind sowohl externes als auch internes Umfeld gemeint. Diese Umfeldanalyse ist deswegen so wichtig, weil es bei jedem Krisenszenario eine Menge Akteure gibt, die davon betroffen sind. Die Unternehmensleitung muss sich klarmachen: Wenn ich die Akteure frühzeitig identifiziere, erleichtert mir das den Umgang mit ihnen in der Krisensituation.
Die Unterscheidung vom *externen Umfeld* kann z. B. wie folgt getroffen werden:

- Absatzmarkt: Kunden, Handel
- Beschaffungsmarkt: Zulieferer, Lieferanten
- Akzeptanzmarkt: allgemeine Öffentlichkeit, Medien, Politik
- Kapitalmarkt: Aktionäre, Analysten, Banken
- Arbeitsmarkt: potenzielle Mitarbeiter

Die Unterscheidung im *internen Umfeld* kann getroffen werden nach:

- Vorstand
- Kommunikation
- Recht
- Produktion
- Vertrieb
- Einkauf
- Logistik
- Marketing
- Auslandsniederlassungen

Risikoeinschätzung des Kernprodukts

Nachdem das Unternehmen näher beleuchtet sowie das relevante Umfeld des Unternehmens analysiert wurde, sollte nun das Kernprodukt, der Werttreiber des Unternehmens mit einer Risikoeinschätzung belegt werden. Bei der Risikoeinschätzung sind folgende Faktoren zu beachten:

Checkliste: Risikoeinschätzung

- Sind gesundheitliche Gefahren durch oder für das Produkt möglich? (Beispiel Lebensmittelindustrie: Hygiene, Seuchengefahr, Erkrankungsgefahr)
- Wie steht es um die gesellschaftliche und emotionale Akzeptanz der Produkte oder einer ganzen Branche? (Beispiel Pharma/Chemie: Gentechnik, Tierschutz, Umweltverschmutzung)
- Mangelt es an gesellschaftlicher Akzeptanz für bestimmte Maßnahmen? (Beispiel Bauvorhaben: ökologische Eingriffe, Lärm)
- Handelt es sich um ein risikobehaftetes Produkt? (giftig, strahlend, ätzend, explosiv, brandgefährdet, karzinogen)
- Werden gefährliche Technologien eingesetzt oder werden Produkte in deren Umfeld hergestellt? (Chemie, Kraftwerk, Senderanlagen, Müll usw.)

Über all dies muss sich ein Unternehmen frühzeitig klar werden. Denn nur die Beantwortung dieser Fragen kann dazu führen, die Problematik der Situation richtig einzuschätzen und die geeigneten Strategien zu entwickeln. Nur wer dies tut, verschafft sich Klarheit über den hohen Komplexitätsgrad, und nur wenn dieser erkannt wurde, kann er auch reduziert werden. Kennzeichen nämlich genau dieser Komplexität innerhalb einer Krise sind die hochgradigen Vernetzungen und das Vorliegen von starken Interdependenzen zwischen den zu beachtenden Faktoren, gepaart mit der Möglichkeit, dass diese im Zeitablauf einer Veränderung unterliegen können.

Krisenfelder

Sind die nötigen analytischen Vorarbeiten erledigt, steht das Unternehmen vor der nächsten Aufgabe: Es muss eine Systematik entwickeln, mit der die eigenen Risiken bewertet werden können.

Dieser Teil stellt sich in den Unternehmenskulturen meist als der schwierigste dar. Unternehmen werden von Menschen geführt und es ist nur zu menschlich, zuzugeben, an welcher Stelle eigene Fehler im täglichen Geschäft gemacht werden, die zu einer Risikosituation und im schlimmsten Fall zu einer Krise führen können. Um für solche Krisenfelder in einem Unternehmen zu sensibilisieren, hat es sich bewährt, einen Workshop mit den relevanten Unternehmenspersonen durchführen. Hierzu gehören möglichst der Vorstand (bzw. die Geschäftsleitung), die Rechtsabteilung, der Bereich Kommunikation, Marketing, Vertrieb, Forschung und Entwicklung usw. und natürlich von eventuellen Krisen betroffene Fachbereiche.

Doch das Naheliegende erweist sich manchmal in der Praxis als unzureichend. Die Erfahrung lehrt: Sobald mehrere Führungspersönlichkeiten an einem Tisch sitzen, entsteht häufig eine unterschwellige Konkurrenzsituation. Wie unter Wölfen in der freien Wildbahn, die um ein Revier oder die Rangfolge im Rudel kämpfen, will auch im Konferenzraum keiner Schwäche zeigen. Niemand wird gerne coram publico preisgeben, dass im eigenen Bereich etwas nicht »glattlaufen könnte«. Das offene Darlegen von potenziellen Risiken wird meist abgelehnt, zumindest aber deutlich reduziert.

Um handfeste Ergebnisse zu erzielen, sind Einzelinterviews deutlich besser geeignet und deshalb zu empfehlen. Man sollte mit einem vorgefertigten, strukturierten Fragenkatalog an die Situation herangehen. Hierbei wird jeder der oben genannten einzelnen Beteiligten einem circa 45- bis 60-minütigen Interview unterzogen. Dieses Vier-Augen-Interview dient dazu, möglichst viele Risikobereiche des Unternehmens zu identifizieren. Der Krisenbeauftragte des Unternehmens oder ein extern Beauftragter führt diese Interviews in der Regel mit einer Kreativhilfe durch. Diese Kreativhilfe kann beispielsweise das »Krisenachteck« sein. Dieses Achteck umschließt die relevanten wichtigen Krisenfelder und bietet die Möglichkeit, Ideen und Anhaltspunkte zu finden, die zu Krisen in dem jeweiligen Bereich führen können.

Je nach Branche und Unternehmenstyp findet eine Kategorisierung in Krisentypen statt, die sich auch im vorliegenden Buch wiederfinden. Das Kreativtool »Krisenachteck« macht es möglich, dass sich jeder Einzelne in den Gesprächen seiner eigenen Situation, der Situation seiner Abteilung und seiner zu verantwortenden Bereiche bewusst wird und zu antizipieren beginnt, welche möglichen Vorkommnisse ihn betreffen könnten. Wenn die Interviews abgeschlossen sind und sich die Krisenfelder herauskristallisiert haben, geht es darum, diese weiter zu reflektieren. Jetzt müssen Szenarien antizipiert werden: Was könnte in diesem oder jenem Krisenfeld im schlimmsten Fall passieren und wie würde es sich auswirken?

Dieses »Worst Case Thinking« trägt dazu bei, anhand der Faktoren der Initialisierung die Bedeutung der möglichen Krisen zu ermitteln sowie deren Entwicklung bzw. deren Verlauf anhand der Wirkung im relevanten Umfeld zu prüfen. Hier kann auf die Spieltheorie verwiesen werden. Mit deren Hilfe wird versucht, das rationale Entscheidungsverhalten in sozialen Konfliktsituationen abzuleiten. Wichtig dabei ist, dass Entscheidungssituationen zugrunde gelegt werden, in denen der Erfolg des Einzelnen nicht nur vom eigenen Handeln, sondern auch von den Aktionen anderer abhängt. Die Spieltheorie ist eine Strategiepraktik, weil sie komplexe Umfelder durch Optionen strukturiert, die sonst so nicht erwogen worden wären. Durch Offenlegung des strategischen Prinzips schafft sie die Grundlagen für ein umfassendes Risikomanagement. Als Technik zum gemeinsamen strategischen Denken ist sie eine Vorgehensweise, auf der man aufbauen kann. Sie ist Universalansatz, ohne eine »Theorie für alles« zu sein. Als Systematik zum Aufbrechen zu einfacher Muster von Kooperation und Nicht-Kooperation ist sie keine spezielle Strategie, die nur auf bestimmte Ausschnitte des Geschäftslebens passt.

Bewertung

Aus allen diesen Gesprächen und der konsequenten Anwendung der Szenario-Planungstechnik der Spieltheorie ergibt sich eine Vielfalt von Krisenherden, die nun kategorisiert werden müssen. Es ist unsinnig zu versuchen, sich auf jedes einzelne Krisenszenario, das ein Unternehmen treffen könnte, konkret vorzubereiten. Denn das beschriebene Vorgehen kann leicht 50 bis 100 Szenarien zu Tage fördern. Die Kunst besteht daher wieder in einer sinnvollen Reduktion und dem Bilden von Dachszenarien (Krisen-Clustern), die dann exemplarisch behandelt werden. Davor steht jedoch die Kategorisierung der einzelnen Krisen. Diese sollten im Abgleich

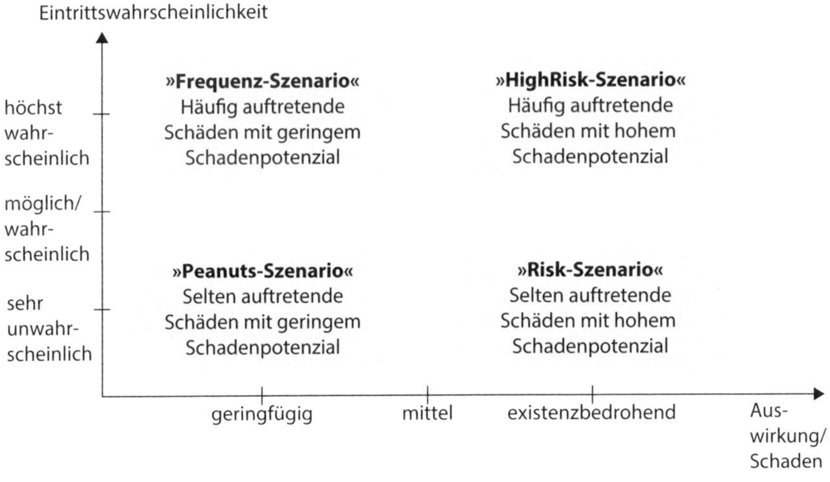

Krisenszenarien
(Advice Partners)

mit der Initialisierungsphase nach Eintrittswahrscheinlichkeit und Auswirkung bzw. dem zu erwartenden Schaden für das Unternehmen bewertet werden. Die nachfolgende Grafik kann als Vorlage dienen.
Bei der Bildung eines Krisenprofils geht es nun darum, Risikopotenziale aus allen Bereichen des Unternehmens unter kommunikativen und Krisenmanagement-Aspekten zu erfassen, zu analysieren und zu bewerten. Diese Erstanalyse bildet die Basis, die fortgeschrieben werden kann und muss. Was heute aus Sicht der Experten vielleicht noch kein ernst zu nehmendes Krisenpotenzial darstellt, kann im Zuge von Veränderungen im Unternehmen, etwa der Schaffung neuer Produkte oder der Expansion in andere Länder, durchaus zum Risiko erwachsen.

Deswegen ist das Erstellen von Risikoprofilen ein lebender Prozess der in regelmäßigen Abständen gepflegt werden sollte, um frühzeitig zu erkennen, in welchem Risikospannungsfeld sich das Unternehmen oder die Organisation bewegt.

2 Infrastruktur und Ressourcen

Niemand ist in der Lage, eine Krise absolut perfekt zu managen. Im Ergebnis unterscheidet die Summe rechtzeitig erkannter und verhinderter Fehler gutes von schlechtem Krisenmanagement. Und das Gleiche gilt natürlich auch für die dazugehörige Kommunikation.

Geregeltes Krisenmanagement ist hierzulande nur vereinzelt das direkte Ergebnis dirigistischer Eingriffe. So schreibt z. B. die bundesdeutsche Störfallverordnung chemischen Betrieben zwingend behördlich abgesegnete Krisenpläne vor. Auch Fluggesellschaften unterliegen harten Bedingungen, jedenfalls dann, wenn sie Verkehr in die USA anbieten. Bevor die Staaten eine Genehmigung erteilen, ihr Land anzufliegen, fordern sie ein standardisiertes Krisenkonzept nach dem »Aviation Disaster Family Assistance Act«.

In Old Europe basieren Vorsorgemaßnahmen trotz der ansonsten so gefürchteten Regulierungswut der EU überwiegend auf Freiwilligkeit und Verantwortungsgefühl der Unternehmen und Organisationen. Entsprechend unterschiedlich ist die Auffassung darüber, was an Infrastruktur und Ressourcen erforderlich ist.

Einem deutschen Reiseveranstalter bleibt es selbst überlassen, ob und wie er sich im Falle eines Falles um seine Gäste kümmern will. Das birgt für den arglosen Pauschalreisenden das Risiko, dass die Billigheimer dort sparen, wo man Mängel auf den ersten Blick eben nicht sieht oder gar nicht erst vermutet. Umgekehrt beinhaltet die Freiheit, besser zu sein als andere, für Qualitätsanbieter auch die Chance, ihre höhere Leistungsfähigkeit auch in schwierigen Ausnahmesituationen werbewirksam unter Beweis zu stellen (vgl. Teil III, Kap. 2).

Dafür sind eine Menge Voraussetzungen erforderlich.

2.1 Personelle Ausstattung

Die erforderlichen Führungspositionen für die Kommunikation sind unter »Personalfaktor« (Seite 45 ff.) ausführlich beschrieben. Aber auch alle übrigen für einen Einsatz vorgesehenen Mitarbeiter benötigen Klarheit über ihre jeweiligen Funktionen in der Krisenmaschinerie (»Wo ist in dem großen Gefüge meine Aufgabe?«). Dies gilt für sofort eingesetzte Kräfte, Verstärkungen und spätere Ablösungen – und zwar nicht nur in den Krisenstäben und Pressestellen, sondern auch in einer Vielzahl ergänzender Dienste wie Telefonzentralen, Bürger- oder Nachbarschaftstelefone, Transport, IT, Logistik und Pfortendienste (Auskünfte und Einlass).

Besonders externe Werksschutzdienste werden bei der Planung oft vergessen, obwohl sie die Visitenkarte in der Außenwahrnehmung sind. Weder Bürger noch Journalisten interessiert es, ob rüpelhaftes Verhalten vom betriebseigenen Pförtner oder von einem angeheuerten Wachdienst kommt. Und wenn der Staatsanwalt mit einem Durchsuchungsbeschluss vor dem Tor steht, ist umsichtiges Verhalten an der Pforte nicht weniger wichtig als der kluge Rat eines Anwalts.

Bei der Rollenzuteilung sind auch besondere Fähigkeiten wie Fremdsprachenkenntnisse (internationale Presse, ausländische Angehörige usw.), arbeitsteiliges Vorgehen und Prioritätenkatalog im Vorfeld in die Personalplanung einzubeziehen. Hierfür lässt sich eine universelle Muster-Matrix zur individuellen Personalbewirtschaftung erarbeiten.

Damit sich auch die Kommunikatoren auf ihr Kerngeschäft konzentrieren können, sollten sie durch geeignete Kollegen aus anderen Bereichen entlastet werden, z. B. für organisatorische und logistische Aufgaben, Koordination, Recherchen (»Back Office«). Solche Reservekräfte sollten auch in die Schulungsmaßnahmen einbezogen werden, damit sie im Ernstfall nicht überfordert sind oder womöglich im Weg stehen.

2.2 Krisenraum und Krisenausstattung

Damit die vielen eben aufgeführten Helfer vernünftig arbeiten können, brauchen sie geeignete Arbeitsräume. Manche Krisenexperten lieben es, den Krisenraum mit dem kriegerischen Namen »War Room« zu bezeichnen. Reine Geschmackssache. Wichtiger sind Lage und Funktionalität. Es genügt meist ein dafür aufgerüsteter Konferenzraum. Einige Rahmenbedingen:

- Er soll für die Stabsmitglieder gut erreichbar sein, also ohne Spießrutenlaufen durch eine Kameragasse.
- Er darf von außen nicht einsehbar sein, sonst wird gnadenlos durch die Fenster fotografiert, gefilmt – und (keine Übertreibung!) sogar mit Abhörgeräten gelauscht. TV-Teams scheuen sich nicht, notfalls sogar Hebebühnen aufzustellen.
- Der Zugang sollte also codiert oder bewacht sein.
- Internetzugang und ausreichend Telekommunikation auch für Konferenzschaltungen sind Standardausrüstung.
- Bewährt haben sich ein oder mehrere Beamer, Whiteboards und Flipcharts.

- Je nach Unternehmen ist es sinnvoll, Landkarten, Stadtpläne, Lagekarten von Produktionseinrichtungen oder auch Organigramme zum Aufhängen griffbereit zu haben.
- Ideal ist es, wenn eine Ruhezone und Verpflegungsmöglichkeiten (»Teeküche«) integriert oder zumindest in der Nähe sind. Denn trotz des empfohlenen Schichtbetriebs oder vorgesehenen Ablösungen ist es keine Seltenheit, dass Führungskräfte in einer heißen Phase 20 oder mehr Stunden im Stabsbereich ausharren müssen.
- Ausgesprochene High-Risk-Unternehmen leisten sich sogar abhörsichere Räume (»Bunker«), Notstromversorgung, redundante Telefon- und Datennetze und Ausweichstandorte.

Für kleinere Organisationen, die großen vorsorglichen Aufwand scheuen oder sich einen eigenen voll ausgestatteten Konferenzraum schlichtweg nicht leisten können, geht es auch günstiger. Sie können sich frühzeitig nach Alternativen umsehen:
- Gibt es beispielsweise in der Nähe ein Hotel mit gut ausgestattetem Konferenz- oder Business-Center, mit dem man eine Nutzungsvereinbarung für den Notfall treffen kann?
- Gibt es andere Firmen in der Nähe, mit denen man vielleicht eine Einrichtung teilen kann?
- Gibt es öffentliche Einrichtungen, wie IHK oder Gemeinde, die geeignete Räume vorhalten und zur Verfügung stellen?

Selbst wer einen sehr gut vorbereiteten Krisenraum hat, ist nur dann auf der sicheren Seite, wenn Ausweich- und Ersatzräume in Reserve sind. Gerade bei Schadensereignissen wie Brand oder Naturereignissen können die vorbereiteten Räume schnell auch mal ausfallen. Es ist ganz sicher nicht übertrieben, solche Eventualitäten in die Planungen miteinzubeziehen.

2.3 Telekommunikation

Trotz Internet und E-Mail bleibt bei der Bewältigung von Krisenlagen nach wie vor das Telefon das wichtigste Kommunikationsmittel. Deshalb müssen für unterschiedliche Aufgaben ausreichend Leitungen vorhanden sein. Die erste und wichtigste Funktion: Das Telefon wird als Führungsinstrument benötigt. Das erfordert Anschlüsse, deren Nummern nicht öffentlich bekannt sind. So mancher Pressesprecher musste die Lektion bitter lernen, wenn er keine Chance mehr hatte, sich mit Dritten abzustimmen oder mit Medien zu sprechen, weil seine auf den Visitenkarten veröffentlichten Nummern im Nu mit Anrufen aller Art »zugemüllt« waren. In den Krisenraum, aber auch auf jeden Sprecher-Schreibtisch gehört mindestens ein Telefon, dessen Nummer vertraulich bleibt. Idealerweise sollte die Nummer eines solchen »roten Telefons« nicht einmal zum Standardnummernblock der Organisation gehören. Denn so schlau sind Journalisten allemal, dass sie alle Endziffern eines Nummernblocks durchprobieren.

Eine böse Falle sind in jüngerer Zeit die webbasierten Voice-over-IP-Telefonanlagen. Fällt das Internet aus, gibt es auch kein Telefon mehr. Deshalb ist unbedingt empfehlenswert, auch hier eine Ersatzlösung vorzuhalten.

Ausschließlich auf Mobiltelefone zu vertrauen ist ebenfalls riskant, denn schon bei Ausfall weniger Funkumsetzer können Netze zusammenbrechen oder überlastet sein (vgl. Teil III, Kap. 2). Beim ICE-Unglück Eschede sind die lokalen Mobilfunk-Netze völlig zusammengebrochen. Wer sich auf Mobilfunk verlässt, sollte als Backup zumindest noch einen zweiten Provider (mit eigenem Netz) haben oder besser noch ein Satelliten-Telefon. Die Anschaffung solcher Geräte ist inzwischen recht preiswert, und die Betriebskosten von ca. drei bis fünf US-Dollar pro Minute dürften in einem Krisenfall keine Rolle spielen. Selbst für Sat-Phones gibt es inzwischen Pre-Paid-Karten.

Vor Ort spielt die Musik. Reporter, die eine gute Story wollen, wissen das. Also müssen auch die Pressesprecher »draußen« präsent sein. Manchmal bedeutet das:

Vorbildlich ausgestatteter Krisenraum mit getrennten Arbeitsbereichen, Bildschirmen und moderner Telekommunikationseinrichtung. (Hessisches Ministerium des Inneren)

Belagerungszustand auf dem eigenen Gelände. Vielleicht liegt der Einsatzort aber auch irgendwo auf dem flachen Land. Um überall arbeitsfähig zu bleiben, muss ein mobiler Einsatz eingeplant werden. Ein Handy allein genügt da nicht.

Nicht anders liegt der Fall, wenn alle in den vorausgegangenen Abschnitten beschriebenen sorgfältig vorbereiteten Kriseneinrichtungen womöglich ausfallen – etwa wenn das vorgesehene Gebäude selbst betroffen ist. Für den Außeneinsatz und als Reserve hat sich da ein fix und fertig gepackter Krisenkoffer bewährt. In dem kleinen tragbaren Büro sind alle nötigen Utensilien und Geräte griffbereit. Das kann von einfachen Büro- und Schreibmaterialien bis zur Hightech-Ausrüstung mit Satellitentelefon und wasserfestem Notebook nach Militärnorm reichen. Im Zuge der immer kleiner werdenden elektronischen Helfer muss es je nach Unternehmen und Einsatzort nicht unbedingt der Krisenkoffer sein: Auch ein Tablet-PC kann inzwischen gute Dienste erweisen, wenn zuvor gut durchdachte Apps für alle relevanten Krisenanwendungen installiert worden sind.

2.4 Outbound-Dienste, Bürgertelefon und Callcenter

Völlig unterschätzt wird in Krisen die enorme Flut unstrukturiert hereinbrechender Anrufe. Diese können leicht in die Hunderte, sogar auch in die Tausende gehen. Die Masse davon ist objektiv betrachtet so überflüssig und so hinderlich wie der berüchtigte Stau durch Neugierige auf der Gegenfahrbahn bei Autobahnunfällen. Nur: Diese Erkenntnis hilft uns erst mal nicht weiter. Wir brauchen Lösungen, den Ansturm zu bewältigen.

Zur *Information* nutzen die Menschen zunächst wie seit langem Radio und Fernsehen als Hauptquellen. Für die *Kommunikation* ist und bleibt das Telefon auch im Zeitalter der Social Media und der E-Mails noch immer das wichtigste Mittel. In Krisenfällen reicht es nicht, Betroffene und Öffentlichkeit nur über die Medien zu informieren. Ein wesentlicher Bestandteil zur Vertrauensrückgewinnung sind persönliche Gesprächsangebote. Um die uneingeschränkte Dialogbereitschaft anbieten und darüber sprechen zu können, ist ein Rückkanal nötig. Psychologisch gesehen besteht immer bei betroffener Nachbarschaft – etwa nach tatsächlichen oder vermeintlichen Störfällen – der Wunsch nach direkter, persönlicher Ansprache. Auch beeinträchtigte Kunden, egal, ob in einer Streiksituation oder bei einem schadhaften Produkt, wollen Informationen aus erster Hand. 140 Zeichen per Twitter reichen da nicht aus.

Was also tun, wenn die Zahl der Anrufer Dimensionen erreicht, die mit »Bordmitteln« nicht mehr zu bewältigen sind? Ebenso wichtig wie die Telefon-Technik ist die Organisation der Anrufe. Selbst Großunternehmen sollten daher genau durchrechnen, ob sie es sich zumuten wollen und können, die Anrufe selbst zu bewältigen. Denn als vorgeschalteter Filter kann ein externes Ad-hoc-Call-Center eingesetzt werden. Die Vorteile liegen auf der Hand: Routineanrufe von nicht Betroffenen und Neugierigen werden dort abschließend bearbeitet (»First-Level-Support«). Anrufe von nicht unmittelbar betroffenen Kunden werden gezielt weitergeleitet oder kommen solange auf eine Rückrufliste, bis Kapazitäten dafür frei sind. An das Krisenteam werden nur vorselektiert Rückruflisten von unmittelbar involvierten Personen übermittelt (»Second-Level-Support«). Auch die Medien werden so gefiltert und für die Pressesprecher priorisiert auf Rückruflisten gebündelt. Wenn dann die Spreu vom Weizen getrennt ist, können sich die Krisenmanager voll auf ihre Kernaufgaben konzentrieren.

Eine weitere Frage, die frühzeitig geklärt werden muss, ist, ob die Hotline als gebührenfreie (»Tollfree«) Nummer eingerichtet werden soll. So eine 0800er-Nummer signalisiert Servicebereitschaft und Offenheit, ist aber gerade für KMUs (Kleine und mittlere Unternehmen) eine kostspielige Angelegenheit. Die Nummern müssen beantragt, zugeteilt und geschaltet sein und kosten monatliche Grundgebühren. Im Falle der Nutzung werden dem Unternehmen natürlich zusätzlich noch die Gesprächsgebühren berechnet. Manchmal ist auch der Einwand zu hören, dass durch die kostenfreien Nummern die Hemmschwelle für die Anrufer gesenkt und dadurch zusätzlicher Telefonverkehr generiert werde.

2.5 Ad-hoc-Services, Verteiler und Footage

Auch bei ihrer ureigensten Aufgabe, der Bedienung der Medien mit Veröffentlichungen, müssen sich Pressestellen organisatorisch umstellen. E-Mail- und Fax-Verteiler per Hand aufzusetzen, verschlingt viel wertvolle Personalkapazität und ist technisch ohnedies überholt. Ad-hoc-Nachrichtendienste erledigen diese Aufgabe zuverlässiger und effizienter. Sie nutzen dieselben Kanäle wie die Presseagenturen und kommen so direkt in die Redaktionssysteme. Solche Originaltext-Verteiler können zielgruppenspezifisch selektieren und haben den Charme, dass die so versandte Nachricht nicht redaktionell verändert worden ist. Auch Pressefotos können so verteilt werden.

Nach dem gleichen Prinzip funktionieren auch O-Ton-Services, die als Hauptzielgruppe die zahlreichen Privatradios haben. Gerade kleine Stationen, die beim Run auf Telefoninterviews gegenüber den als wichtiger eingestuften überregionalen Sendern oft chancenlos sind, nehmen solche Beiträge dankbar entgegen – und sei es nur als Schnipsel (»Sound-Bit«) für einen »gebauten Beitrag«.

In der Vergangenheit eher geringschätzig beurteilt wurden vorgefertigte »Bewegtbilder«. Solche von Unternehmen und Organisationen selbst gedrehte Video-Beiträge und »Footage« (vorbereitetes Schnittmaterial) für Fernsehsender standen in dem schlechten Ruf, Werbematerial zu sein. Propaganda – ab in den Müll. Gegen diese vornehmlich öffentlich-rechtlich dominierte Einstellung bahnt sich neuerdings ein Umdenken an. Fernsehjournalisten und Sender begreifen in Zeiten zunehmender Konkurrenz, von Personalmangel und knapper Kassen die angelieferten Bilder als wertvolle ergänzende Informationen. Vorausgesetzt natürlich, das Material ist professionell aufbereitet und wirkt weder zu schönfärberisch noch zu »reklamig«.

Einige Vorteile:

- Die Sender bekommen schnell und kostenfrei aktuelle Informationen (z. B. CEO-Statement) und Hintergrundbilder (z. B. aus der Produktion),
- es wird verhindert, dass mangels neuer Bilder unaktuelles oder falsches Archivmaterial auf den Schneidetisch wandert,
- der Anfragedruck wird reduziert und vielleicht auch die Anzahl aktueller Aufnahmeteams vor Ort,
- die eigenen Botschaften können gezielter platziert und verfolgt werden,
- Das Material kann anderweitig verwendet werden, z. B. auf den eigenen Internetseiten, zur Dokumentation und für die Schulung.
- Neue Kanäle wie YouTube können bespielt und die Social Media promotet werden.

Nachteil: Die Kehrseite der Medaille ist der üppige Preis und die Tatsache, dass das Footage regelmäßig à jour gehalten werden muss. Und vielleicht wird der eine oder andere Journalist das Material nach wie vor misstrauisch und ablehnend bewerten.

Es gibt Themen, bei denen es sich anbietet, mit Hilfe eigener Aufnahmen sogar Livestreams ins Internet zu stellen, um so größtmögliche Aktualität und Präsenz zu zeigen.

2.6 Medienbeobachtung und Frühwarnung

Die besten Materialien und Verteiler nützen nichts, wenn die eigenen Schüsse ins Blaue abgefeuert werden. Um zielgerichtet, schnell und angemessen reagieren zu können, ist permanente Medienbeobachtung nötig. Selbstverständlich hatten Kommunikatoren immer schon ein Auge auf Tickermeldungen und aktuelle Fernsehberichterstattung. Aber das genügt nicht.

Die systematische Auswertung (möglichst nahe an der Echtzeit) überlässt man besser den technisch perfekt ausgestatteten Profis der entsprechenden Medienauswerter. Auch hier lohnt sich ein frühzeitiger Leistungsvergleich, denn es ist nicht sicher, ob ein Ausschnittdienst, der den täglichen Pressespiegel routinemäßig erstellt, auch in der Lage ist, passgenaue Medienanalysen für den Krisenfall zu liefern. TV-Auswertung in Echtzeit war bis vor kurzem in Deutschland überhaupt noch nicht erhältlich. Auch die qualifizierte Internetbeobachtung steckt noch in den Kinderschuhen, entwickelt sich aber aufgrund der zunehmenden Bedeutung rapide. Zielloses vor sich hin »Googeln« ist jedenfalls nicht ausreichend.

Zur Kontrolle der eigenen Effizienz ist eine intelligente Verknüpfung der eigenen Aussendung mit Suchprofilen sinnvoll. Die Medienresonanzanalyse gibt Anhaltspunkte, wo im eigenen Bereich nachgesteuert werden sollte. Anders als bei der rein retrospektiven Auswertung und bei der Analyse von Offensivmaßnahmen findet allerdings die Evaluation bei den defensiven Strategien rasch ihre Grenzen. Es ist müßig, darüber zu diskutieren, welchen betriebswirtschaftlichen Wert ein durch einen geschickten Pressesprecher verhinderter Negativ-Artikel in einem auflagenstarken Boulevardblatt hat.

2.7 Internet (Darksite)

Obwohl das Internet in der Echtzeitkommunikation inzwischen eine Schlüsselrolle spielt (vgl. Teil I, Kap. 6), wird der eigene Internetauftritt von manchen Unternehmen noch stiefmütterlich behandelt oder schlichtweg vergessen. Inzwischen schauen Journalisten routinemäßig bei ihrer Recherche oder vor einem Ortstermin als Erstes auf die Unternehmens-Website. Den eigenen Internet-Auftritt in Krisen nicht schnellstens mit umfassenden Informationen zu füttern, ist also ein Doppelfehler: Erstens beraubt sich der Kommunikationsmanager der Möglichkeit, frühzeitig auf die Meinungsbildner Einfluss zu nehmen. Zweitens ist eine unaktuelle Website eine denkbar schlechte Visitenkarte.

Im Umgang mit anderen Zielgruppen, etwa Kunden, kann eine mit aktuellen Informationen zur Lage bestückte Website den Anfragedruck bei Hotlines und Servicetelefonen reduzieren. Dieser Aspekt sollte allerdings nicht überbewertet werden, denn wirklich Interessierte und Betroffene werden alle Kanäle ausschöpfen, also sowohl ins Internet gehen als auch anrufen. Unter Umständen generiert das Web sogar erst das Bedürfnis zum persönlichen Gespräch. Aber auch dieses Phänomen sollte als Chance aufgegriffen werden.

Damit eine passende Internetsite in Krisenfällen wirklich schnell zur Verfügung steht, empfehlen sich »Darksites«. So bezeichnet, weil diese speziell vorbereiteten Seiten schon fix und fertig auf einem Server liegen und bei Bedarf blitzschnell freigeschaltet werden können. Sie sind grafisch möglichst einfach gestaltet und die

Navigation muss auch für mit dem Internet wenig vertraute Nutzer möglichst simpel sein. Auf überflüssigen Schnickschnack wie Animationen sollte verzichtet werden. Für den Einsatz ist sie entweder schon mit Texten bestückt oder sie wird mit Textbausteinen leicht und schnell angepasst.

Darksites sind besonders dann unverzichtbar, wenn der eigene Auftritt komplex ist, beispielsweise über interaktive Inhalte verfügt, beispielsweise Shop-Elemente hat. Problematisch sind immer auch mehrsprachige Präsenzen, unabhängig davon, wo sie gehostet werden: Was macht beispielweise die deutsche Konzernzentrale in der Krise, wenn eines ihrer Produkt wegen eines Mangels zurück gerufen werden muss und in einem internationalen Katalog in japanischen, chinesischen, kyrillischen und arabischen Schriftzeichen angeboten wird?

Zur hohen Kunst der »Krisenbewältigung 2.0« gehören ferner der gezielte Einsatz von Suchmaschinen-Marketing, Blogs, Foren und Social-Media-Kanälen. Mehr dazu in den Kapiteln zu Gerüchten, Informations- und Produktkrisen und natürlich im Schwerpunktteil Social Media.

Übersichtlich und gut gestaltete Internetseite der Hessischen Landesregierung mit leicht zu bedienender Navigation für Prävention und Ernstfall (Screenshot crisadvice)

Welche technische Variante gewählt wird, hängt von der Grundstruktur des eigenen Auftritts und den technischen Möglichkeiten ab. Von einer erzwungenen Vorschaltseite über einen »teaser« von der Startseite mit Verweis auf spezielle Informationsseiten bis hin zum aufspringenden Pop-up (das freilich meistens ungelesen den heute üblichen Blockern zum Opfer fällt) reicht die Palette der denkbaren Möglichkeiten.

Eines aber ist garantiert nicht mehr zeitgemäß – den eigenen Auftritt in der Krise einfach komplett abzuschalten. Das ist nur peinlich.

2.8 Bereitschaft und Alarmierung

Damit wir unsere ausgefeilten technischen Einrichtungen überhaupt nutzen können, sind noch weitere organisatorische Maßnahmen zu treffen. Alarmierung und Verfügbarkeit der Mitarbeiter sind in den meisten Fällen die Achillesferse der Planung. Welcher Manager sitzt schon seine Dienststunden durchweg brav am Schreibtisch ab und wartet nach Feierabend, am Wochenende, an Feiertagen und selbstverständlich auch während Urlaub oder Krankheit auf »den« Anruf? Eben.

Für die technische Seite gibt es verschiedene Lösungen, die der Größe und Komplexität der jeweiligen Organisation angepasst werden: Telefonrundruf von der eigenen Zentrale, Anrufbeauftragung bei einem Callcenter, eine Telefon-Kaskade nach dem »Schneeballsystem« (immer der gerade Alarmierte ruft einen weiteren Mitarbeiter an) bis hin zum automatisierten Anruf-System.

Welche Alarmierung in Frage kommt, kann meist ohne großen Aufwand geklärt werden. Langjährige Erfahrung lehrt, dass im Ernstfall die Mitarbeitermotivation nie ein Problem ist. Alle wollen helfen. Da ist es manchmal eher eine Frage der Fürsorgepflicht, übermotivierte Kollegen schlafen zu schicken, bevor sie vor lauter Eifer gesundheitliche Schäden erleiden. Schwieriger ist da schon die Frage nach der Rufbereitschaft. In Organisationen mit hohen plötzlichen Risiken sollte eine 24/7 Rufbereitschaft Standard sein – zumindest für *einen* Pressesprecher. Was für eine gut bezahlte Führungskraft selbstverständlich sein dürfte, ist einer Assistentin oder Sekretärin noch lange nicht zuzumuten.

Das Reizwort »Bereitschaft« kann für Personalverantwortliche zum Albtraum werden. Wer soll/kann/muss auf die Bereitschaftsliste und wie wird diese Bereitschaft vergütet? Freizeitausgleich? Sonderbezahlung? Zusätzliche Planstellen? Muss der Betriebsrat zustimmen?

2.9 Strategie und Taktik

Informationen über die eigene Organisation sind sicherlich in Hülle und Fülle vorhanden. Es ist schließlich Tagesgeschäft, solche Informationen in medientauglicher Qualität zu liefern. Zur Krisenreaktion gehört es, solche Informationen gut aufbereitet und leicht verständlich vorzuhalten.

- Wer sind wir und was machen wir? Warum machen wir was? Wie ist unsere Unternehmensstruktur?
- Was haben wir für Produkte?
- Was ist über unsere Mitarbeiter zu sagen?
- Welchen Stellenwert haben Sicherheit, Qualitätsmanagement, Service?

Fragen über Fragen. Wenn eine Organisation unfreiwillig in den Fokus der Öffentlichkeit gerät, werden diese (und mehr) Fragen unter Garantie gestellt. Also können passende Antworten in ruhigen Zeiten schon mal vorbereitet werden. »Q+As« (Fragen-und-Antwort-Kataloge), griffig formulierte Hintergrunddienste, Fotos, Film-Footage, O-Töne, Websites – das volle Programm.

Es ist psychologisch wichtig, sich im ganzen Krisenteam mit diesen Themen zu beschäftigen. So können strategische Ziele und taktische Vorgehensweise gemeinsam definiert werden. Was wollen wir als Betroffene sagen und – was wollen wir *nicht* sagen? Was sind unsere Kernbotschaften? »Antizipieren« heißt das Zauberwörtchen: Mit der Fantasie eines Hollywood-Regisseurs großzügig vordenken, was passieren kann, und szenarisch aufbereiten. Mehr dazu in den späteren Kapiteln.

Möglicherweise wirken die umfangreichen Anforderungen abschreckend – vor allen Dingen für den Budgetverantwortlichen. Dies wird jedoch nur diejenigen schrecken, die mit ihrer Kommunikationsplanung bei null anfangen. Kommunikationsmanager, die im Alltag einen verantwortungsbewussten Umgang mit den Medien und der Öffentlichkeit pflegen, werden ihr ohnehin vorhandenes technisches und organisatorisches Instrumentarium nur ergänzen, verfeinern und für den Krisenfall erweitern müssen.

Für alle Infrastrukturmaßnahmen, ganz gleich wie umfangreich sie angelegt werden, gilt gleichermaßen: den Markt sondieren, Angebote vergleichen und frühzeitig Absprachen treffen. Passende externe Dienste maßgeschneidert für den Tag X »stand-by« abonnieren und testen. Die verschiedenen Bausteine müssen zueinander passen und harmonisch in ein Gesamtkonzept (»Masterplan«) gegossen werden.

Wer seine Präventionsaufgaben komplett inhouse erledigt, ist gut beraten, Prozesse und Einrichtungen auf den Prüfstand zu stellen und zumindest nach deren erster Fertigstellung auditieren zu lassen. Es liegt auf der Hand, dass sich hinsichtlich der eigenen Organisation gelegentlich Betriebsblindheit einstellt. Mitunter werden Vorgänge mit Rücksicht auf einzelne Personen und deren Befindlichkeiten definiert, was in einem Ernstfall fatale Folgen haben kann. Schon deshalb ist der neutrale Blick von einem, »der keine Aktien drinnen hat«, von Vorteil.

Und schließlich: Selbst wenn alle Hausaufgaben erledigt sind, ist das kein Grund, sich entspannt zurückzulehnen. Krisenprävention ist eine permanente Aufgabe.

Konzentrierter Einsatz im Krisenstab: Die Führungskräfte aus verschiedenen Bereichen sitzen oft viele Stunden zusammen bei der Arbeit. (crisadvice)

3 Das Krisenhandbuch

Entschuldigung. Haben Sie in Ihrer Organisation ein Krisenhandbuch? Na klar!

- Ist es an die individuellen Bedürfnisse der Organisation angepasst?
- Sind alle Prozesse einfach und nachvollziehbar beschrieben?
- Hat es den richtigen Umfang?
- Kennen alle Beteiligten das Manual?
- Kann jeder damit umgehen?
- Ist es aktuell?

Erfahrungsgemäß werden die Gesichter der Verantwortlichen von Frage zu Frage länger.

Schon bei den Einschätzungen, was ein Krisenhandbuch überhaupt ist, scheiden sich die Geister. Praxiserfahrung: In einem Unternehmen zieht der PR-Chef mit dem lapidaren Hinweis, man wolle die Richtlinien doch bitteschön schlank halten, ganze fünf geheftete DIN-A4-Seiten aus der Schublade. Bei näherem Hinsehen entpuppen sich die Blätter als nicht viel mehr als gerade mal eine Sammlung von Telefonnummern (wenigstens sind auch mobile und private Nummern dabei ...) und ein paar aus einer PR-Fibel wörtlich abgekupferten Checklisten mit – pardon – wenig hilfreichen Binsenweisheiten.

Es gibt allerdings – wenngleich selten – auch das andere Extrem. Und das ist leider auch nicht besser. Denn eine mehrbändige Loseblattsammlung mit einigen hundert Seiten, das mit Herzblut zusammengetragene »Lebenswerk« eines Krisenmanagers, ist für den Ernstfall ebenso wenig tauglich. Zu umfangreiche Werke schrecken alle potenziellen Nutzer ab. Sie werden in ruhigen Zeiten nicht gelesen und in der Krise nicht beachtet. Im Zweifel wird der Autor dann der Einzige sein, der das Konvolut je gelesen hat.

3.1 Das klassische Handbuch

Dabei ist das Krisenmanual oder Krisenhandbuch das Herzstück jeglicher Krisenarbeit. Idealerweise ist es multifunktional. In einem allgemeinen Teil enthält es die für Not- und Krisenfälle grundsätzlich geltenden von »oben« abgesegneten Unternehmensrichtlinien (»Policies«). Ebenfalls Bestandteil der allgemeinen Beschreibung sind die für die jeweilige Organisation adaptierten allgemein gültigen Verhaltensregeln. Selbst die Beschreibung scheinbar banaler Vorgänge hilft selbst erfahrenen Profis, tunlichst nichts zu vergessen, wenn rundum die Nerven blank liegen (»Reminder und Refresher«). Und für Anfänger, neue Kollegen und jene Mitarbeiter, deren Kerngeschäft im Alltag andere als die im Krisenfall zugewiesenen Aufgaben sind, dient es gleichsam als Mini-Lehrbuch.

Darüber hinaus liefert das Handbuch praktische Organisationshilfen: Flow-Charts, Checklisten, Pläne und Formulare. Es enthält ebenso Alarmpläne (Wer ist wann und wie erreichbar?) wie Verzeichnisse interner und externer Ansprechpartner. Für antizipierte Szenarien können Textbausteine enthalten sein. Kurz gesagt: Gute Krisenmanuals sind leicht handhabbar, enthalten alle wichtigen Informationen – und sind trotzdem nicht zu dick. Selbstverständlich kann und darf nicht jedes kleinste Detail darin geregelt sein. Es muss ein sinnvoller Rahmen vorgegeben werden, der genügend Raum für flexible Entscheidungen lässt. Bei allem Vertrauen in Regeln und vorgedachte Prozesse: Gesunder Menschenverstand ist durch nichts zu ersetzen.

Bei der Namensgebung ihrer Handbücher sind Firmen, Behörden und Organisationen erfinderisch. Es gibt unterschiedliche Strömungen: Da sind die einen, die das Kind schlicht beim Namen nennen, um damit auch der eigenen Organisation zu signalisieren: Es kann jederzeit etwas passieren, wir sind gerüstet.

- Krisenhandbuch
- Crisis Communication Manual
- Handbuch Krisenkommunikation
- Leitfaden zur Bewältigung von Krisensituationen
- Emergency Action Folder
- Emergency Response Planning

Es folgt die Fraktion derer, die zwar deutlich sagen, worum es geht, dafür aber fantasievolle Abkürzung benutzen:

- LEREP – (Local Emergency Response and Emergency Plan)
- EAM – (Emergency Action Manual)
- EPAMS – (Emergency Preparedness and Management System)
- BA Not – (Betriebsanweisung zur Bewältigung von Notfällen)

Schließlich gibt es die, die schon mit der Namensgebung der eigenen Belegschaft, aber besonders nach außen signalisieren wollen, »Krisen kommen bei uns nicht vor, höchstens mal ein Zwischenfall, den wir bewältigen können«:

- Special Situation Handbook
- Handbuch zur Kommunikation bei besonderen Ereignissen

Eine Organisation – eine Kultur?

Bei komplexen Wirtschaftsunternehmen mit sehr selbstständigen Tochtergesellschaften ist es sinnvoll, dass die Mutter (beispielsweise eine Konzernholding) einheitliche Verfahren, Materialien und Schulungs-Curricula erstellt und dann ihren Töchtern und Konzerngesellschaften »Pakete« zu deren Verwendung in deren eigener Verantwortung (und nicht selten mit Kostenbeteiligung!) anbietet.

Hier liegen Nutzen und Risiken zugleich. Einerseits werden wertvolle Synergieeffekte genutzt, denn es muss nicht jeder das Rad neu erfinden. Wichtig ist – gerade bei komplexen Organisationen – zumindest einen kleinsten gemeinsamen Nenner zu finden, damit im Ernstfall nicht alle aneinander vorbeikommunizieren.

Andererseits entpuppt sich jedoch der Glaube, man könne alles zentralisieren und vereinheitlichen, als gefährlicher Irrtum. Unterschiedliche Kulturen mit unterschiedlichen Mentalitäten erfordern entsprechende Spezifikationen. Insbesondere angelsächsisch dominierte Konzerne tun sich schwer damit, deutsche oder französische Befindlichkeiten zu berücksichtigen. Zwischen Lebensart der Menschen, sprachlichen Besonderheiten, Arbeitsweise und Selbstverständnis von Medien und insbesondere Rechtslage und Rechtssystem liegen – auch in der globalisierten Welt – im wortwörtlichen Sinne Welten. Wer hat sich hierzulande nicht schon über die exorbitanten amerikanischen Schadensersatzurteile und deren Begründungen amüsiert? Millionenklagen für die angeblich fehlende Warnung, einen Pudel doch bitte schön nicht in der Mikrowelle zu trocknen. Für Firmen, die mit amerikanischen Konsumenten Geschäfte machen, sind solche skurril anmutenden Themen aber bittere Realität und müssen eingeplant werden.

Jeder Manager einer deutschen Organisation mit Auslandstöchtern sollte wissen, dass deutsche Tugenden im Ausland zwar geschätzt, aber nicht unbedingt gelebt werden. Warum sollte also in Südamerika oder Asien ausgerechnet in der Krise etwas funktionieren, was schon im Alltagsgeschäft nur recht mühsam und mit Einschränkungen läuft? All diese kulturellen und rechtlichen Besonderheiten können in ruhigen Zeiten vorgedacht und im Krisenhandbuch niedergeschrieben werden.

Der Entstehungsprozess

Wie kommt eine Organisation an ein sinnvolles und funktionsfähiges Krisenhandbuch? Zumindest nicht durch einfaches Kopieren. Natürlich muss das Rad nicht jedes Mal neu erfunden werden, und zweifelsohne gibt es eine Menge allgemein gültiger Erkenntnisse – sonst würden wir ja auch das vorliegende Buch nicht zusammengestellt haben. Aber es ist ausgesprochen gefährlich, »Rezepte« aus Lehrbüchern, fremden Manuals oder Case Studies *unreflektiert* zu übernehmen. Das gaukelt eine trügerische Sicherheit vor. Alle grundsätzlich richtigen Regeln müssen individuell geprüft und angepasst werden. Sie sind zunächst nur als Hinweise und Anregungen zu verstehen. Keines der Krisenbücher auf dem Markt kann ein individuelles Krisenhandbuch ersetzen!

Wie also vorgehen?
Der erste Schritt ist immer die kritische *Bestandsaufnahme*: Was haben wir?
Der zweite Schritt ist die sorgfältige *Risikoanalyse*: Was kann passieren?

In jedem Unternehmen gibt es ein betriebliches Risikomanagement, in dem Risiken betriebswirtschaftlich bewertet werden. Es ist bei den Finanzverantwortlichen – beispielsweise im Controlling – angesiedelt und enthält üblicherweise keinerlei praktische Handlungsempfehlungen für den Eintrittsfall, wenn das Risiko zur Krise mutiert. Es taugt aber als Grundlage für die Recherche. Als Einstieg haben sich Klausur-Workshops bewährt. Allerdings müssen die gewonnenen Erkenntnisse meist in Einzelgesprächen überprüft und ergänzt werden. Weil es nun mal in Organisationen (übrigens gleich, welcher Größe) nicht die heile Welt gibt und es bekanntlich überall menschelt, lässt nicht jeder Manager gern »die Hosen runter« und offenbart freimütig (der innerbetrieblichen Konkurrenz), wo in seinem Bereich womöglich Schwachstellen sind. Eine geschönte Ausgangslage aber kann und wird später prekäre Folgen haben.

Aus den gewonnenen Erkenntnissen werden dann »Worst-Case«-Betrachtungen erstellt. Und »Worst Case« heißt auch wörtlich, den schlimmsten nur denkbaren Fall in all seinen Eskalationsstufen anzunehmen. Es tut sich keiner einen Gefallen, wenn er bestimmte Szenarien ausblendet, nur weil deren Eintrittswahrscheinlichkeit vielleicht für gering gehalten wird. Vor den 9/11-Terror-Anschlägen auf das New Yorker World Trade Center hielten die meisten Krisenmanager ein Szenario, bei dem Terroristen Flugzeuge als Bomben in Hochhäuser stürzen lassen, für die überbordende Fantasie von Hollywood-Regisseuren. Und vor der Korruptions-Affäre bei VW hätte jeder Kommunikationschef gleichermaßen ein Szenario weit von sich gewiesen, in dem der Vorstand den eigenen Betriebsrat mit brasilianischen Prostituierten gefügig machen will.

Für die Krisenintervention werden aus den Szenarien prototypisch die praktischen *Handlungsanweisungen* für spezifische Fallgruppen entwickelt und dargestellt. In Teil III haben wir neun Krisentypologien und die dazugehörigen wichtigsten Interventionsstrategien zusammengestellt, die für den individuellen Findungsprozess hilfreich sein können.

Für den *Organisationsteil* wird dann schlichtweg alles zusammengetragen, was an Infrastruktur und Ressourcen vorgehalten wird, bzw. beschafft werden muss. Diese sind ausführlich in Teil II Kapitel 2 in der richtigen Reihenfolge beschrieben.

Unverzichtbar sind individuell zusammengestellte *Kontaktlisten* aller Art:

- Krisenteam-Mitglieder, Führungskräfte und Unterstützungsteam
- externe Dienstleister (Callcenter, Rechtsanwälte, Krisenberater, PR-Agentur, Versicherungen)
- »Stakeholder« (wichtige Kunden, wichtige Lieferanten, Partner)
- Behörden (Genehmigungsbehörden, Aufsichtsbehörden, Stadt-/Kreisverwaltung, Fachdienststellen, nationale und internationale)
- Medien (lokale und überregionale Redaktionen, Agenturen, Schlüssel-Journalisten)
- Dienstleister aller Art (Catering, Transport, Bewachung, Betreuung), soweit diese nicht bereits im Organisationsteil erfasst sind

Alle Listen sind nur sinnvoll, wenn sie regelmäßig überprüft und aktualisiert werden. Tagesaktuell ist wünschenswert, monatlich ist sinnvoll, quartalsmäßig ist das Minimum, einmal jährlich ist hart an der Grenze zu sträflichem Leichtsinn. Alle größeren Intervalle sind indiskutabel.

Was gehört sonst noch ins Handbuch?

- Faktenblätter (Schlüsselzahlen und Daten, Produktdaten, Statistiken)
- Pläne aller Art (Lagepläne, Baupläne, Fundstellen)
- Überlegungen zu Finanzierung und Budgets (»Sonderkostenstelle«)
- vorformulierte Texte und Textbausteine mit den Kernbotschaften
- Vorgaben für das »Krisenlog«

Das Krisenlog ist ein wichtiges Instrument, das leider im Eifer des Gefechts oft vernachlässigt wird und mitunter mühsam rekonstruiert werden muss. Es ist das Einsatztagebuch, in dem alle Vorkommnisse und Entscheidungen minutiös dokumentiert werden. Diese Eintragungen dienen gegenüber Öffentlichkeit und Behörden als Nachweis der eigenen Handlungen: Was haben wir wann getan? Bei der späteren Analyse und Aufarbeitung hilft es, den eigenen Apparat zu verbessern. Es soll an dieser Stelle aber nicht verschwiegen werden, dass das Log natürlich auch eine Dokumentation der eigenen Versäumnisse und Fehlentscheidungen sein und damit womöglich ein negativ wirkendes Beweismittel in einem Prozess werden kann.

Formale Überlegungen

Trotz aller Komplexität soll das Krisenhandbuch für alle Beteiligten so leicht wie möglich handhabbar sein. Hier einige formale Voraussetzungen:

Checkliste: Krisenhandbuch

- Grundvoraussetzung ist eine einfache, logische und nachvollziehbare Struktur.
- Die Inhalte grafisch übersichtlich aufbereiten, Führungs- und Leitsysteme einsetzen. Das kann durch logische Ordnungsmerkmale in der Gliederung ebenso geschehen wie durch Farbleitsysteme, Icons und Piktogramme.
- Gut lesbare und im Zweifelsfall um einige Punkt größere Schrifttypen erleichtern die praktische Arbeit ungemein.
- Handlungsanweisungen sollen in klarer, verständlicher Sprache aufgeschrieben werden: Möglichst kurze Sätze; keine erklärungsbedürftigen Fachbegriffe, Fremdwörter und unnötige Anglizismen.
- Bei internationalen Auftritten sind eigenständige Fremdsprachen-Ausgaben leichter handhabbar als (wie die Unsitte vieler Gebrauchsanweisungen) in sich mehrsprachige Texte.
- Checklisten sowohl mit Merkposten als auch zum Abhaken
- Formulare für Recherche, Organisation und Dokumentation
- Ein Muster, das all diese Voraussetzungen erfüllt, ist das crisadvice-Krisenhandbuch, nach dessen Vorlage inzwischen zahlreiche Unternehmen ihre Krisenkommunikation aufgebaut haben.

Ein Streitthema sind immer wieder die »CD«, die Gestaltungsrichtlinien einer Organisation. Natürlich sollen solche Vorgaben berücksichtigt werden, dürfen aber keine heilige Kuh sein. Im Klartext: Beim Krisenhandbuch haben Funktionalität und Inhalt unbedingten Vorrang vor »stylischen« Spielereien.

Bleibt die Frage: In welcher Form sollte das Handbuch vorliegen? In der Regel wird das komplette Manual dem Krisenteam auf Datenträger (CD-ROM) zur Verfügung gestellt. Einige Exemplare sollten ausgedruckt in der guten alten Papierform vorhanden sein, idealerweise als Loseblattsammlung. Wenn es ein Intranet gibt, können die Daten geschützt und nur zugänglich für den gleichen Nutzerkreis eingestellt werden. Der Kreis ist handverlesen, denn es versteht sich, dass sowohl Szenarien als auch Kontaktlisten höchst sensible Informationen enthalten. Einzelne Anweisungen für bestimmte Gruppen werden nur auszugsweise weitergegeben, wie etwa »Verhaltensvorgaben für Pförtner bei überraschenden Hausdurchsuchungen«.

Eine Bemerkung für allzu optimistische Krisenverantwortliche einer Organisation, die mal so eben neben dem Tagesgeschäft her ein Krisenhandbuch schreiben sollen: Da es auf so viele Einzelheiten und Kleinigkeiten ankommt und alle Faktoren der Krisenprävention und Krisenintervention in der »Krisen-Bibel« festzuhalten sind, werden Aufwand und Zeitbedarf für das Erstellen eines Krisenhandbuchs fast immer unterschätzt. Für ein solch komplexes Projekt müssen ausreichend personelle und zeitliche Ressourcen eingeplant werden und nicht zuletzt ein angemessenes Budget. Im Ernstfall wird sich diese Investition auszahlen.

3.2 Das elektronische Manual

An der Frage: Ist heutzutage ein elektronisches Krisenhandbuch besser oder sollte man lieber bei dem klassischen Papierwälzer bleiben, scheiden sich die Geister. Einerseits sind PCs, Tablets und Smartphones aus dem Geschäftsalltag nicht mehr wegzudenken. Andererseits stürzen die elektronischen Helfer immer genau dann ab (oder der Akku ist leer), wenn man sie am dringendsten braucht. Und alle Welt spricht von der »Cloud«, der Datenwolke, in der künftig alle Informationen aushäusig gespeichert werden sollen. Gerade für so einen kritischen Bereich wie die Krisenintervention aber gilt es, die Vor- und Nachteile sehr sorgfältig abzuwägen.

Zunächst stellt sich die Frage – wie weit kann, darf und soll die elektronische Unterstützung gehen. Es spricht selbstverständlich nichts dagegen, das zuvor beschriebene klassische Handbuch für alle denkbaren Datenträger (CD, DVD, Speicherchips, USB-Sticks) aufzubereiten, aber nach wie vor »offline« verfügbar zu machen. Auf Smartphone, Tablet oder Laptop können Stabsmitglieder auf die Daten auch jederzeit, also auch auf Dienstreisen oder im häuslichen Bereich, zugreifen, ohne dicke Papier-Wälzer und Ordner mit sich führen zu müssen.

Eine gute Idee ist es auch, in diesen Versionen elektronische Schlagwortverzeichnisse und/oder Verlinkungen einzuarbeiten und sie so aufzubereiten, dass sie rasch auf die benötigten Passagen verweisen oder springen. Auch die Verknüpfung zu Wissensdatenbanken, Archiven und Adressdateien ist sinnvoll.

Ein im Krisenstab elektronisch geführtes Logbuch mit unmanipulierbarem Zeitstempel hilft nicht nur bei der lückenlosen Dokumentation, sondern kann zeitgleich an verschiedenen Einsatzstellen verfügbar gemacht, beispielsweise per Beamer im Krisenraum für alle sichtbar an die Wand geworfen werden.

Gegen all diese Spielarten ist nichts einzuwenden – vorausgesetzt es werden Backups vorgesehen. Was ist bei Stromausfall? Was passiert, wenn das IT-Netz zusammenbricht? Was ist zu tun, wenn Ausweichräume erforderlich werden?

Altgediente Krisenmanager jedenfalls schwören darauf, *immer* eine aktuelle Papierversion ihrer Handbücher und Formulare wenigstens zusätzlich griffbereit zu haben. Alle Daten auf einem zentralen Server oder womöglich webbasiert oder in der »Cloud« zu speichern, ist hoch riskant. Viele dieser Speicherplätze werden auf ausländischen Servern gehostet, auf die möglicherweise sogar ausländische Sicherheitsbehörden und Nachrichtendienste Zugriff haben. Zumindest dürfen nicht Datenschutzstandards nach deutscher Norm erwartet werden. Jüngere Untersuchungen haben ergeben, dass die Datenübertragung oft ungesichert und unverschlüsselt abläuft. Unternehmen, deren Geschäfte auf sensiblen Daten beruhen, sollten also besser die Finger von solchen Experimenten lassen.

Beim elektronischen Krisenlog sind übrigens auch rechtliche Aspekte zu bedenken. Der Vorteil für die eigene Auswertung des Vorgangs durch eine gesicherte Dokumentation der Abläufe beinhaltet auch die Kehrseite der Medaille. Falls die Dokumente »von hoher Hand« beschlagnahmt werden, wird der Spielraum der eigenen Juristen erheblich eingeschränkt. Denn manche im Eifer des Gefechts schnell hingeschriebene Formulierung ist dann nicht mehr änderbar.

Als hohe Schule gelten diejenigen elektronischen Krisenhandbücher, die rechnergestützt die Prozesse, Abläufe und Entscheidungshilfen vorgeben. Im operativen Krisenmanagement von technischen Unternehmen oder in wirtschaftlichen Abläufen ist das vorstellbar. Hier sind die Vorgänge am ehesten mit standardisierten Abläufen wie Buchhaltung, Einkauf, Logistik oder Lagerhaltung vergleichbar. Für den Kommunikationsbereich ist eher Skepsis angebracht. Einige Unternehmen haben bei dem Versuch, auch die Krisenkommunikation zu automatisieren, hohe Entwicklungskosten versenkt und sind dann doch zu dem Ergebnis gelangt: Erfahrung, Einschätzungen und auch Intuition lassen sich in diesem Bereich nicht vollautomatisch abbilden.

Die digitale Lösung im Zeitalter des Web 2.0 ist – wenn sie gut durchdacht und technisch sorgfältig umgesetzt ist – eher ein flexibles eManual als ein elektronifiziertes Krisenhandbuch. Beispielsweise im firmeneigenen Intranet (in einem geschützten Bereich) für die Mitglieder des Krisenstabs. Es ermöglicht im Ernstfall noch schnellere und ortsunabhängige Reaktionen und ist über das Internet für alle Mitglieder des Krisenstabs im Unternehmen zugänglich – zu jeder Zeit und an jedem Ort.

Wie sein analoger Bruder beschreibt auch das digitale Handbuch Rollen, organisatorische Abläufe und detaillierte Aufgabenstellungen für den Ereignisfall. Weiterhin enthält es eine Vielzahl von Dokumenten, die für die inhaltliche Arbeit des Krisenstabes im Bereich der internen und externen Kommunikation grundlegend sind. Die entscheidenden Unterschiede liegen in den individuell einstellbaren Funktionen, die ein flexibles Krisenmanagement ermöglichen, sowie in der Anschlussfähigkeit zu anderen Supporttools in der Krise, z. B. ein Social Media Monitoring oder Clippingdienste.

So können gerade in großen und dezentralen Organisationen Dokumente wie Leitfäden, Unternehmensinformationen usw. schnell abgestimmt und aktualisiert werden. Jeder Mitarbeiter hat dann immer Zugriff auf die aktuellste und freigegebene Fassung im richtigen Corporate Design. Auch ein rollenspezifischer begrenzter Zugriff kann voreingestellt werden. Es muss nicht jeder alles wissen, sondern kann sich zielgerichtet auf die ihm zugewiesenen Aufgaben konzentrieren. Dies kann helfen, in der Hektik der Krise den Überblick zu behalten.

Über die Verteilerdatenbank im digitalen Krisenhandbuch lassen sich mit einem Mausklick Pressemitteilungen versenden und parallel auf eine spezielle Unternehmenswebsite stellen. Relevante Foren und Blogs können mit Suchbegriffen beobachtet und direkt angesteuert werden. Auch die Darksite lässt sich von hier aus automatisch freischalten und bedienen.

Selbstverständlich muss für die Sicherheit der Daten neben dem Passwortschutz eine https-Verschlüsselung und für den Zugang ins firmeneigene Netz ein VPN-Kanal sorgen. Das elektronische Manual liegt auf einem separaten, durch eine Firewall geschützten Server – damit nicht eine Datenschutz-Krise ausgelöst wird.

Checkliste: Elektronisches Krisenmanual

- Standortunabhängige 24/7-Erreichbarkeit
- Zugriff nur auf aktuelle und freigegebene Dokumente
- Standort- und rollenpersonalisierte Ansicht auf das eHandbuch
- Erfassung und Verwaltung aller Dokumente in einer Datenbank
- abgesicherte Workflows zur Erstellung, Bearbeitung, Prüfung, Freigabe und Veröffentlichung der Dokumente
- automatische Information über Änderungen, Aufgabenstellungen und Lesebestätigungen im elektronischen System
- Zugriff auf externe Informationsplattformen im Internet oder im eigenen Netzwerk
- Unternehmensspezifische Erweiterbarkeit durch die Einbindung mehrerer Standorte
- Mehrsprachigkeit
- intuitive Bedienbarkeit auch für Ungeübte
- Tickersystem zur Beobachtung der Lageentwicklung
- multimediale Lagedarstellung in Echtzeit
- Zugriff auf Presseverteiler und Kontakte
- Schnittstellen zu anderen Medienplattformen oder Darksites
- Schnittstellen zu Social-Media-Monitoring-Systemen

4 Krisentraining

Der Krisenraum ist eingerichtet, die Technik steht und auch das Krisenhandbuch wurde in allen Einzelheiten ausgearbeitet und fertiggestellt. Jetzt fehlt noch die wichtigste Ressource, die Menschen, die mit diesen Materialien arbeiten. Sie müssen an die Materie herangeführt und mit den Prozessen vertraut gemacht werden. Dazu sind genau abgestimmte Schulungen, Trainings und Übungen erforderlich. Und auch der Außenauftritt will geübt sein. Denn das Krisengeschäft unterscheidet sich doch erheblich vom üblichen Tagesgeschäft. Selbst altgediente Medien-Profis kommen ins Schwitzen, wenn sie plötzlich in kurzer Zeit sehr viele und sehr heftige Medienanfragen bewältigen müssen.

Kenntnisse der Mediengesetzmäßigkeiten in Krisen sind dann ebenso gefragt wie handwerkliche Fähigkeiten. Aber auch Stress- und Selbstmanagement steht auf der Tagesordnung, um dem Druck standhalten zu können. Nachfolgend beschäftigen wir uns damit, wie die Dinge zusammenhängen und wie sie trainiert werden können.

4.1 TV- und Medientraining

Für die meisten Manager ist der Gedanke ein Alptraum: Man denkt an nichts Böses und läuft plötzlich in eine Phalanx aus Mikrophonen und Kameras. Je nach Grad der Krise stehen vom Lokalfernsehen bis hin zu den überregionalen Stationen die TV-Teams und Reporter vor dem Tor und verlangen nach Erklärungen. Der »O-Ton« (Original-Ton) von Betroffenen und Verantwortlichen wirkt nun mal besonders authentisch. Genau deshalb wollen die Medien die O-Töne einfangen. Und genau deshalb reden sich die meisten ungeübten Manager, Geschäftsführer und Firmenmitarbeiter bei solchen Gelegenheiten um Kopf und Kragen. Die Medien haben ihre ganz eigenen Gesetzmäßigkeiten und ein Fernsehinterview ist nun mal kein lockeres Gespräch unter Freunden. Die meist sehr simplen Schlussfolgerungen der Öffentlichkeit nach einem verunglückten Medienauftritt sind verheerend: »Wenn schon der Chef oder der Pressesprecher eine so schlechte Figur macht, wie sieht denn dann wohl der Rest der Mannschaft aus …«. Deshalb sollten verantwortungsbewusste Krisenplaner und Führungskräfte schon in Friedenszeiten Zeit und Budgets in Schulungen, Trainings, Übungen und Simulationen investieren.

Der O-Ton im »gebauten Beitrag«

Landläufig wird alles, was man einem Reporter erzählt, als »Interview« bezeichnet. Meistens fragen die Journalisten selbst auch nach »Interviews«. Dabei wird aber in den seltensten Fällen ein Interview gedruckt oder gesendet. Wenn elektronische Medien ein Interview wollen, dann heißt das meist: »Wir brauchen einen O-Ton.« Das »O« steht für »Original«, und diese Töne sind der Oberbegriff für alles, was vor Kamera und Mikrofon gesprochen wird. In der Regel entstehen später am Schneidetisch daraus sogenannte »gebaute Beiträge«. Gebaut deshalb, weil sie aus verschiedenen Schnipseln zusammen montiert, eben gebaut, werden. Hier droht dem unbedarften Gesprächspartner in jedem Fall Unbill. Bei der Aufnahme lässt der Reporter sein Gegenüber Zusammenhänge in epischer Breite erläutern und erklären. Wenn der Beitrag bei »Monitor«, »Panorama«, »Report«, »Frontal 21«, »Fakt«, »Akte«, und wie die Magazine alle heißen, ausgestrahlt wird, reibt er sich verwundert die Augen: Nur zwei Sätze in wenigen Sekunden, total aus dem Zusammenhang gerissen, sind geblieben. Und die vorher so liebenswürdige Reporterin hat offenbar nichts von dem Gesagten verstanden.

Doch. Hat sie. Wollte sie aber nicht. Niederschmetternd aber meist zutreffend ist, dass keine ergebnisoffene Recherche stattfindet, weil die Story im Ergebnis bereits feststeht und entsprechend eingeplant ist. Wenn die sogenannten »investigativen Formate« (im Branchen-Insider-Jargon »Krawallmagazine« genannt) vor der Türe stehen, ist selten eine positive Berichterstattung zu erwarten. Ganz gleich, wie der Terminwunsch offiziell begründet wird. Auf die Spitze getrieben hat dies beispielsweise eine aktuelle Redaktion des SWR, die ihren Programmbeitrag über »skandalöse Zustände in der Geflügelzucht« bereits in den Programmzeitschriften ankündigen ließ, noch bevor die Reporter erstmals mit der betroffenen Firma gesprochen haben.

Unterschieden wird bei O-Tönen zwischen Statement und Interview. Statements sind in der Regel zwischen fünf und 30 Sekunden lang (circa ein bis sechs Sätze). Während beim Statement nur eine Aussage oder ein Zusammenschnitt von Aussagen gesendet wird, sind bei einem Interview mehrere Antworten und auch die Fragen des Journalisten zu sehen und zu hören. Der Krisenmanager sollte in der kurzen Zeit, die ihm zur Verfügung steht, klar sagen, was ihm nützt. Ob Statement oder Interview – länger als 20 Sekunden müssen Antworten und Botschaften nicht sein. Daher sollten stark erklärungsbedürftige Themen, deren Darlegung mehr als 30 Sekunden dauern würde, vermieden werden. Wer länger spricht, riskiert, dass keiner mehr zuhört und der Journalist die Antwort später »zurechtschneiden« wird. Verständlichkeit geht immer vor Vollständigkeit. Nur wer vorher weiß, was er später sagen will, überzeugt. Wichtig: Der erste Eindruck ist entscheidend, der letzte bleibt!

Interview

Das klassische Interview ist ein Wechselspiel von Frage und Antwort und wird gedruckt oder gesendet. Wir kennen im Fernsehen solche Interviews als eher lockere Gespräche aus regionalen Vorabendsendungen an einem Stehpult, Bistrotisch oder auf einem Sofa. Ein Moderator stellt Fragen, der Studiogast antwortet. Für dieses Wechselspiel stehen drei bis fünf Minuten zur Verfügung. Die Live-Situation bietet den Vorteil, dass, anders als beim gebauten Beitrag, nicht manipuliert werden kann und der geschulte Gast unmittelbaren Einfluss auf die Tendenz hat. Er kann Angriffe und Unterstellungen abwehren, »blocken«, ohne aggressiv oder arrogant zu wirken. Ebenso kann er konsequent bei den eigenen Botschaften, bei der eigenen Agenda bleiben, ohne den Eindruck zu vermitteln, er antworte an den gestellten Fragen vorbei. Die »Sympathie-Offensive« muss natürlich geübt werden.

Eine Sonderform des Interviews ist die »Schalte«. Auch diese Form kennt jeder vom Zuschauen. Ein Gesprächspartner sitzt irgendwo in einem weit entfernten Studio oder in einem Übertragungswagen vor der Firma oder er steht vor dem Firmengebäude und der Moderator – beispielsweise von Tagesthemen oder heute-journal – stellt von Hamburg oder Mainz aus die Fragen. Oft sind obendrein die Tonleitungen schlecht. Bei der »kleinen« Schalte sehen Moderator und Fernsehzuschauer zwar den Interviewpartner, aber dieser sieht seinen Gesprächspartner nicht. Er ist auf sich alleine gestellt und hat nur einen Ohrstöpsel für die Rück-Tonleitung. Das ist selbst für Profis eine Herausforderung. Für Nicht-Fernsehprofis bedeutet das Adrenalin pur. Wer diese Situation nicht in einem Medientraining ausreichend geübt hat, sollte sich auf dieses Spiel gar nicht erst nicht einlassen.

Telegene Sprecher ausbilden

Zwei bis drei gut geschulte Sprecher für *jedes* Unternehmen, für jede Organisation gehören unbedingt zu guter Krisenprävention. Je nach Größe des Unternehmens natürlich auch mehr. Bei einer lokalen oder regionalen GmbH sollten dies der Geschäftsführer, mindestens ein Stellvertreter und ein dritte Person außerhalb der Geschäftsführung, beispielsweise ein Verantwortlicher für Öffentlichkeitsarbeit (häufig der Marketing-Chef) sein. Bei Unternehmen mit mehreren Standorten sollte in jedem Standort mindestens ein fernsehtauglicher Mitarbeiter sein. Üblicherweise fällt dann die Wahl auf den Betriebsleiter. Aber Achtung: Es ist eine böse Falle, wenn dem Standortleiter in einem Krisenfall zu viele Aufgaben zufallen. Die Leitung des örtlichen Krisenstabs, die Koordination der Rettungsdienste, die Verbindung zu Behörden und Politik und zusätzlich noch das »Gesicht nach außen« sein zu müssen, dürfte jeden noch so fähigen Manager überfordern. Die Erfahrung

Inhouse-Trainings für Führungskräfte, um den Umgang mit Medien zu üben, sind aufwendig, zahlen sich aber aus. (crisadvice)

lehrt, dass in solchen Fällen dann meist die Priorität bei den operativen Tätigkeiten liegt und die Krisenkommunikation auf der Strecke bleibt.

Es gibt Menschen, die sind von Natur aus telegen und wirken auf dem Bildschirm manchmal sogar besser als im Raum. Andere wiederum, die locker das Publikum in einem Saal begeistern können, machen im Fernsehen gar nichts her. Durch die Optik der Kamera wird eine völlig andere Darstellung der Person erzeugt. Es ist deshalb eine gute Idee, nicht erst in einem Ernstfall die eigene Wirkung zu testen. Insofern ist ein Medien-Training auch eine gute Gelegenheit, als eine Art Privat-Casting, die eigene Wirkung auf der Mattscheibe zu sehen. Zusammen mit einem erfahrenen Trainer können ohne Risiko verschiedene Techniken probiert und eingeübt werden.

Trainingsziele sind:

- Presse- und Fernsehauftritte nicht passiv oder defensiv über sich ergehen lassen,
- Medien offensiv als Träger und Multiplikator für die eigene Botschaft nutzen und
- durch den Auftritt auch in der Krise Kompetenz, Sicherheit und Vertrauenswürdigkeit vermitteln zu können.

Wie aber üben? Und vor allem: Mit wem? Es gibt eine Vielzahl von Anbietern in allen Preislagen: PR-Agenturen, spezialisierte Medientrainer, aber auch freie TV- und Hörfunkjournalisten, die sich ein Zubrot verdienen wollen. Der Markt scheint gesättigt. Suchen Sie sich Ihre Trainer trotzdem sehr sorgfältig aus. Nicht jeder ist als Coach geeignet, nur weil er selbst für's Fernsehen arbeitet oder mal gearbeitet hat (vgl. Teil II, Kap. 4.3). Idealerweise kennt der Trainer beide Seiten des Schreibtisches und kann so durch den schnellen Perspektivwechsel sowohl die Rolle des gnadenlosen Reporters übernehmen als auch seinen Trainee darin beraten, die passende Botschaft und die persönliche »Schokoladenseite« herauszufinden.

Inhalte kurz und knackig

Manchmal sind es Eselsbrücken und schlaue Sprüche, die das Kernproblem auf den Punkt bringen. Ein flapsiger Satz, den jeder Fernsehmensch schon als Anfänger eingeimpft bekommt lautet: »Und bist du noch so fleißig wir senden nur eins dreißig«. Das heißt im Klartext: Maximal 1½ Minuten stehen für einen Nachrichten-Beitrag zur Verfügung – eher weniger. Und selbst Magazin-Beiträge, die auch mal drei bis fünf Minuten lang sein können, bieten nicht wesentlich mehr Raum für die eigenen Aussagen. Dass das Folgen für die Inhalte hat, liegt auf der Hand: Ein komplexer technischer oder wirtschaftlicher Vorgang lässt sich da niemals analytisch entwickeln oder beschreiben. Es hilft auch nicht, so einen Vorgang vor der Kamera wie in einer Vorlesung zu erläutern. Selbst wenn das Team Material für einen abendfüllenden Film aufzeichnen würde – am Ende werden dann doch nur wieder die paar benötigten Sätze herausgeschnitten. Schnitte, auf die der Gesprächspartner nach dem Dreh keinerlei Einfluss mehr hat.

Checkliste: Praxistipps für den TV-Auftritt

- Unser TV-Auftritt ist für Zuschauer meist die einzige Wirklichkeit, sie haben nicht die Fachkenntnisse und das Hintergrundwissen wie Sie.
- Wichtiger als der sprachliche Inhalt ist tatsächlich, ob Sie – im wörtlichen Sinne – eine gute Figur machen und für den Zuschauer sympathisch rüber kommen.
- Im Studio wird üblicherweise vor einem Blue- oder Greenscreen produziert, um Bilder einzukopieren (»Inserts«). Vermeiden Sie kräftige blaue oder grüne Kleidung, weil die Kamera Blau- und Grüntöne wegfiltert. Zu empfehlen sind gedeckte Farben oder Pastellfarben.
- Solange noch nicht alle Sender in HD (hochauflösend) senden, sind feingestreifte Kleidungsstücke, Karo- und Pepitamuster eher schlecht, denn sie können zu Flimmereffekten (Moiré) führen.

- Zu harte Kontraste (schwarzer Anzug und weißes Hemd) lassen Sie im Gesicht unvorteilhaft aussehen.
- Achten Sie darauf, dass Ihre Kleidung Sie nicht beengt. Einzwängen und zu enge Schlipse verhindern richtiges Atmen. Das erzeugt Stress. Außerdem sehen Sie als »Presswurst« nicht wie ein Gewinner aus.
- Vermeiden Sie unangemessen auffällige oder wild gemusterte Krawatten. Die Damen vermeiden auffälligen Schmuck, der außerdem oft störende Nebengeräusche produziert.
- Fernsehen ist kleiner Guck-Kasten und nicht große Bühne. Also: Unaufdringliche Mimik, sparsame Gestik und wenig Bewegungen.
- Sprechen Sie ruhig und in normaler Geschwindigkeit mit normaler Stimmlage. Besonders Anfänger sprechen mit zu hoher Stimme und senken sie am Satzende nicht ab. Das klingt immer aufgeregt und unsouverän.
- Auch wenn das Rotlicht aus ist: Keine lockeren Vor- und Nachgespräche oder unbedachte Äußerungen. Es kann immer irgendwo ein Mikro offen sein.

Gesagt ist gesagt

Entgegen eines weit verbreiteten Irrtums glauben Gesprächspartner oft, sie hätten nach erfolgter Aufnahme einen Anspruch darauf, über die Auswahl des Sendematerials mit zu entscheiden. Natürlich können gut bezahlte Anwälte formal trefflich über das im Kunsturheberrechtsgesetz (kurz: KunstUrhG) festgeschriebene »Recht am eigenen Bild« streiten. Danach bedarf in der Tat jede erkennbare Wiedergabe einer Person als Foto oder (Fernseh-)Film nur mit Zustimmung des Abgelichteten erfolgen. Logischerweise sollte es also möglich sein, die Einwilligung zur Verwendung eines missratenen Statements jederzeit zurückziehen zu können. Das ist aber praxisfern. Im Zweifelsfall wird das Material im knochenharten Wettbewerb um Quoten trotzdem erst mal verwendet. Journalisten berufen sich dabei in der Regel auf das »öffentliche Interesse« und den Verfassungsrang der Pressefreiheit. Und welchen Sinn eine Beschwerde im Nachhinein hat, selbst falls Sie wirklich nach Monaten Recht bekommen sollten, ist leicht auszurechnen.

Checkliste: Strategie für den Krisenauftritt

- Adressat Ihrer Botschaft ist stets der Zuschauer oder Zuhörer.
- Der Journalist ist nur Vermittler – oft mit eigenen Absichten.
- Sagen Sie, was *Ihnen* nützt.
- Konzentrieren Sie sich auf *Ihre* Botschaften
- Lügen haben kurze Beine! Früher oder später wird jeder Lügner erwischt.
- Persönliche Beispiele kommen besser an als abstrakte Erläuterungen.

- Bedenken Sie, der Zuschauer hat nicht die Fachkenntnisse und das Hintergrundwissen wie Sie!
- Formulieren Sie *stets* so, dass Sie ein vierzehnjähriger Hauptschüler Sie verstehen kann, also
- kurze klare Sätze – am besten nur Hauptsätze,
- keine Fachbegriffe,
- keine Fremdwörter,
- keine Abkürzungen.
- Grundsätzlich nur positive Formulierungen: Das Glas ist stets halb*voll*!
- Im Interview gilt: Schaffen Sie bei Angriffen stets sofort Klarheit;
  falsche Aussagen und Unterstellungen abblocken.
- Gesprochenes Wort = gesendetes Wort. Sie können nichts zurücknehmen.
- Bleiben Sie hart in der Sache, aber stets freundlich im Ton.
- Auch der letzte Eindruck zählt: Suchen Sie einen positiven Schluss.

Bedeutet das nun, weil die Chancen, sich zutreffend artikulieren zu können, eher gering sind, mauern und lieber gar nichts sagen? Klares Nein. Wir haben immer etwas zu sagen und wir haben stets eine positive Botschaft. Denn Schweigen wird als Zustimmung oder schlechtes Gewissen interpretiert. Wir müssen nur die richtigen Inhalte in die richtige Form bringen und den Fallen und Fußangeln aus dem Weg gehen:

- Statements, also kurze, klare eigene Aussagen sind leichter im Griff zu behalten als Interviews. Deshalb in Stress-Situationen und Akutkrisen und bei absehbarer Verwendung von O-Tönen für gebaute Beiträge nur Statements zustimmen.
- Echte Interviews nur in unmanipulierbaren Live-Situationen geben, z. B. als Studiogast oder in eine laufende Sendung hinein.
- Nur trainierte Mitarbeiter vor die Kamera lassen.
- Im Zweifelsfall, wenn die Lage zu unübersichtlich ist, die Rahmenbedingungen unklar sind oder die TV-Journalisten die Regeln diktieren wollen, lieber auf einen Medienauftritt verzichten und dem Sender ein schriftliches Statement zur Verfügung stellen.
- Dieses schriftliche Statement darf auch nicht länger sein, als das was sie im »On« gesagt hätten, und muss ebenso einfach und klar formuliert sein.
- Selbstverständlich muss es rechtzeitig vor Redaktionsschluss vorliegen.

Oft wird die Frage gestellt, wer »Ich« oder »Wir« in öffentlichen Erklärungen benutzt. Das »Ich« ist immer einem bzw. dem Entscheidungsträger vorbehalten. Der CEO, der Geschäftsführer, der Minister – sie alle können sagen: »Ich habe diese oder jene Entscheidung getroffen«. Unternehmenssprecher oder Funktionsträger (Fachleute, Abteilungsleiter, usw.) hingegen bringen mit der Verwendung des

»Wir« zum Ausdruck, das sie stellvertretend für die Firma oder Organisation sprechen. Das »Sprachrohr« bringt die Haltung des Unternehmens zum Ausdruck, signalisiert aber gleichzeitig, dass es nicht die Befugnis hat, diese Haltung zu ändern.

Kopfzerbrechen bereitet manchmal auch die Frage der Namensnennung oder der Funktionsbezeichnung. Als Faustregel gilt: Den Firmennamen nennen wir grundsätzlich in Kombination mit einer positiven Erkenntnis oder Aktion – auch und gerade in der Krise. »Meier und Söhne hat gemeinsam mit den Behörden umfangreiche Untersuchungen gestartet«. »Die Firma Müller hat hohe ethische Standards in ihren Compliance-Regeln festgeschrieben«. Im Gegensatz dazu werden negativ wirkenden Aussagen durch das distanzierende Verwenden der dritten Person etwas abgemildert: »Das Unternehmen bestätigt die Freisetzung von soundsoviel Mitarbeitern"oder »Die Produktion der Firma wurde vorübergehend eingestellt«.

Zum Umfeld der Namensnennung gehört auch die Präsentation der eigenen Marke. Wenn *wir* mediale Aufmerksamkeit suchen, ist ein guter Aufnahmestandort zweifelsohne vor der Logowand, einem Türschild oder dem Unternehmensgebäude mit erkennbarer Marke. In unvorteilhaften Lagen wählen Sie lieber einen neutralen Hintergrund. Und achten Sie darauf, dass keine Gegenstände im Bildausschnitt sind, die zu peinlichen oder fiesen Kommentaren Anlass geben können: Uhr (»Ihre Zeit ist abgelaufen«), Feuerlöscher (»in der Firma xy brennt es«), grünes Notausgang-Schild (»dem Geschäftsführer Z bleibt nur die Flucht«), Werbeplakate (womöglich mit einem lustigen Slogan über das inkriminierte Produkt ...).

Während bei einem gedruckten Artikel häufig und problemlos die anonyme Formulierung »ein Unternehmenssprecher« ausreicht, hat es sich bei Radio und Fernsehen eingebürgert, den vollen Namen und die Funktion zu nennen. Im Fernsehbild werden diese Angaben unten im Bild als »Insert« – im Medien-Jargon auch »Bauchbinde« genannt – eingeblendet. Die im internationalen Businessleben immer länger und komplizierter werdenden Titel, womöglich in englischer Sprache, sollten dann griffig abgekürzt werden. Für den Laien-Zuschauer sind sie ohnehin meist nichtssagend. Ein »Senior Vice President Marketing, Sales and Corporate Communications Europe, Middle East and Afrika« darf ruhig zum »Verkaufschef« verkürzt werden.

4.2 Telefontraining

Das Telefon ist und bleibt auch im Zeitalter von Social Media und E-Mails nach wie vor das wichtigste Kommunikationsmittel. In kritischen Lagen ist auch hier Vorsicht und Zurückhaltung angebracht. Wohlgemerkt – wir sprechen hier nicht von Standardauskünften anhand einer Sprachregelung, sondern von individuellen Anfragen.

Das Telefon klingelt, schon ist der erste Check fällig: Ist der Anrufer bekannt oder fremd? Wenn bei fremden Anrufern – und das dürfte im Krisenfalle die Mehrheit sein – Zweifel an der Identität bestehen, zunächst grundsätzlich nur das Anliegen aufnehmen und für die Beantwortung eine Rückmeldung zusichern. Bei den guten alten Festnetznummern ist das kein Problem. Wenn also ein Anrufer vorgibt, ein Betroffener zu sein, der Rückruf landet aber bei einer Nummer, die zu einem Verlag oder Funkhaus gehören, ist alles klar: Da recherchiert einer unter falscher Flagge.

Schwieriger ist es bei unterdrückten Rufnummern oder Mobilfunknummern. Da kann es hilfreich sein, vor einer Rückmeldung den Namen vorsorglich mal zu »googeln«. Die diversen sozialen Plattformen sind hilfreich, denn viele haben persönliche Daten etwa bei Xing hinterlegt. Dieser kleine Identitätscheck ist kein Ausdruck von Misstrauen, sondern ein Zeichen von Professionalität.

Das Radio-Interview

Nehmen wir an, ein Sender fragt nach einem Interview, möglichst rasch, umgehend, am besten sofort. Der Profi sagt auf keinen Fall sofort »Ja!« oder spricht womöglich unvorbereitet.

Checkliste: Interviewanfrage

- Für welchen Sender/welche Sendung soll das Gespräch sein?
- Ist es ein Interview, wird es live gesendet oder wird aufgezeichnet?
- Will der Reporter nur einen O-Ton aufzeichnen (für einen gebauten Beitrag oder News-Flash)?
- Wie lang soll der gesendete Beitrag sein?
- Was genau ist das Thema und welches der Anlass?
  (wenn das nicht aufgrund der Akutkrise ohnehin auf der Hand liegt)
- Im Prinzip gelten für den Hörfunk dieselben Kriterien, wie bereits bei TV beschrieben.

Ein Telefoninterview im Radio ist eine gute Chance, den eigenen Standpunkt zu verdeutlichen, wenn die Botschaften souverän rüber gebracht werden.

Also: sich sammeln, die eigenen Botschaften nochmal mental Revue passieren lassen, einen Spickzettel bereit legen (den sieht der andere ja nicht).

Informationsgespräche und Printmedien

Häufiger als Radio-Interviews werden für die Recherche reine Informationsgespräche geführt und in den meisten Unternehmen sind Print-Medien die häufigsten Gesprächspartner. Oft kennt man sich, und es gibt eine gewachsene Vertrauensbasis. Aber Achtung: In einer Krise ist es wie beim Geld: Wenn der Druck zu hoch wird, kann die Freundschaft darunter leiden.

In Recherchegesprächen wird meist wesentlich mehr gesprochen, als der Journalist tatsächlich verwenden kann. Der typische Zeitungsschreiber macht sich lose Notizen. Entsprechend werden der Gesprächsinhalt redaktionell bearbeitet und Äußerungen zusammengefasst und sinngemäß in eigenen Worten wiedergegeben. Da bleibt es nicht aus, dass der daraus entstehende Text oft als »aus dem Zusammenhang gerissen« und »sinnentstellend« empfunden wird. Das gilt besonders, wenn in Krisen die Nerven blank liegen, der Vorgesetzte ohnehin über die »schlechte Presse« verärgert ist und vom Pressesprecher kleine Wunder erwartet.

Im deutschsprachigen Raum – und nur da – hat es sich eingebürgert
- wörtliche Zitate und deren Kontext sowie
- Interviews (Wiedergabe in Frage und Antwortform)

vor Veröffentlichung zu überprüfen und freizugeben (autorisieren).

Im nichtdeutschen Raum sind solche Absprachen unüblich. Das zu wissen, ist im Umgang mit ausländischen Journalisten wichtig, insbesondere bei solchen aus dem angelsächsischen Raum, die als nicht gerade zimperlich bekannt sind.

Aber auch deutsche Journalisten mögen das Verfahren nicht. Es kostet Zeit und verhindert ihrer Meinung nach, dass spontan dahin gesagte Äußerungen, die eine Story besonders würzig machen, zurückgenommen werden. Bei Journalisten löst es oft Unmut aus, dass Auskunftspersonen die Veröffentlichung von einer Genehmigung abhängig machen. Der Deutsche Journalistenverband (DJV) spricht gar von »zunehmender Autorisierungs-Wut« und hat 2010 sogar eigens Richtlinien dazu für die Redaktionen verabschiedet (nicht zu verwechseln mit dem Pressekodex!). Danach sollen Journalisten bei zu dreisten nachträglichen Änderungswünschen lieber auf einen Abdruck völlig verzichten (was natürlich in Krisensituationen völlig illusorisch ist).

Der Bundesverband Deutscher Pressesprecher (BdP) hingegen besteht in einem eigenen Sechs-Thesen-Papier darauf: »An der Autorisierung darf nicht gerüttelt werden – im Interesse von Pressesprechern und Journalisten«. Beide Regel-Sammlungen, sowohl von DJV und BdP sind für Profis lesenswert (siehe Literatur).

Für den speziellen Fall der Krise geben wir unabhängig von irgendwelchen Verbandsmeinungen die folgenden bewährten Empfehlungen.

Checkliste: Umgang mit Medien

- Alle Absprachen und Vereinbarungen müssen vor Beginn des Mediengesprächs gemacht werden, um verbindlich zu sein.
- Klären Sie exakt, nach welchen Regeln Sie mit dem Medium sprechen:
  - voll zitierfähig,
  - nur nach vorheriger Freigabe,
  - »off-the-records« als nicht zitierfähige Hintergrundinformation.
- Wenn Sie Zweifel haben, lieber anstelle eines Gesprächs schriftliche Fragen schriftlich beantworten.
- Sie *müssen* nicht jede Frage (einzeln) beantworten. Insbesondere wenn klar ist, dass im Ergebnis nur wenig Platz oder Sendezeit ist, sind zusammenfassende Statements als Antwort immer sinnvoller.
- Wenn ein Medium (Zeitung, Zeitschrift, Radio, TV) öffentliche oder im Gespräch mit Journalisten gemachte Äußerungen veröffentlichen will, darf es das ohne Ihre Genehmigung tun. Also Vorsicht!
- Zitiert ein Medium nicht für die Öffentlichkeit bestimmte Äußerungen, darf das ohne Genehmigung nur im »öffentlichen Interesse« geschehen. Naturgemäß haben Journalisten und Betroffene höchst unterschiedliche Auffassungen darüber, was »öffentliches Interesse« und was »Geschäftsgeheimnisse« sind.
- Wenn Sie ein normales Gespräch führen und dieses dann in der Darstellungsform Interviews veröffentlicht wird, müssen Sie nicht dulden, dass der unzutreffende Eindruck vermittelt wird, Sie hätten ein Interview gegeben. Beschwerden bleiben allerdings zumeist fruchtlos.
- Ob und welche Auskünfte Sie geben und in welcher Form entscheiden letztlich immer SIE.
- Nur Pressesprecher im Öffentlichen Dienst sind nach den Landespressegesetzen *verpflichtet*, den Medien Auskünfte zu erteilen. Aber auch sie sind frei in der Entscheidung, in welcher Form (schriftlich, mündlich, telefonisch, individuelle oder in einer Pressekonferenz) das geschieht.

Telefoniert wird bei Krisen nicht nur in Führungsetagen und in Pressestellen, sondern auch in wichtigen Stabsabteilungen (z. B. Rechtsabteilung) oder Telefonzentralen und natürlich Auskunftsstellen wie Bürgertelefonen, Hotlines und Call-Centern. Die Agenten professioneller Callcenter werden in der Regel von ihren Arbeitgebern trainiert. Die hauseigenen Kräfte hingegen eher in Ausnahmefällen, was bei Übungen und in Ernstfällen oft in einer verheerenden Außenwirkung endet. Die Telefonzentrale ist die akustische Visitenkarte des Unternehmens und meist die erste Anlaufstelle und in Krisen oft überfordert.

Das Telefon ist naturgemäß ein rein akustisches Dialogmedium, das wesentliche Aspekte der Kommunikation nicht enthält, nämlich alle visuellen. Begleitende Mimik, Gestik, Tonfall bleiben der Interpretation des Zuhörers überlassen. Das hat Vor- und Nachteile gleichzeitig. Für den Auskunft gebenden, beispielsweise den Unternehmenssprecher, ist möglich, sich auf dem Schreibtisch Sprachregelungen, Unterlagen oder Notizen auszubreiten und während des Gesprächs unauffällig darauf zu »spicken«. Die Spickzettel geben inhaltliche und psychologische Sicherheit. Im persönlichen Gespräch wäre das nicht ganz so ungeniert möglich und vor einer laufenden Kamera überhaupt nicht, denn da ist freies Sprechen gefordert. Umgekehrt ist die Wirkung auf die eigenen Worte nicht aus den bekannten nonverbalen Reaktionen des Gegenübers abzulesen: Stirnrunzeln, düstere Mimik, ungläubiger Blick, körpersprachlich eindeutige Gesten.

Umso wichtiger ist es, in der Rolle als Sender das eigene Instrument Stimme zu trainieren und als Empfänger die Sensitivität und Sensibilität zu trainieren. Zwischentöne zu interpretieren und aus dem Gesagten das nicht Gesagte »zwischen den Zeilen« herauszuhören, macht den Profi aus. Neben den schon genannten Medientrainern gibt es reine Telefon-Spezialisten. Allerdings sind hier eher Verkaufs- und Servicetrainer unterwegs, die nicht unbedingt Krisenerfahrung und Kriseneignung mitbringen. Techniken, die Sie für Verkaufsgespräche oder bei Personalern für Mitarbeiter-Gespräche schulen, sind für Mediengespräche sogar ausgesprochen kontraproduktiv.

4.3 Verhaltenstraining

Herkunft, Ausbildung, Beruf, das soziale Umfeld und natürlich die gegenwärtigen äußeren Bedingungen bestimmen grundsätzlich das Verhalten von Menschen. Die nicht steuerbaren psychologischen Hintergründe sind in Teil I, Kap. 4 ausführlich beschrieben. Ein prägender Teil des Verhaltens ist die Einstellung, ein anderer Teil die äußerlich wahrnehmbaren sichtbaren Verhaltensweisen (Ausdruck, Körpersprache).

Für Krisenkommunikatoren, insbesondere die in einer Sprecherrolle, entscheidet das eigene Verhalten zumeist über Ablehnung oder Akzeptanz. Wer glaubt schon einem arrogant wirkenden Schnösel? Der Grat ist schmal zwischen Authentizität und aufgesetzter Schauspielerei.

Die Körpersprache bringt es an den Tag

Das unbewusste Verhalten ist verräterisch. Aus der Körpersprache lassen sich für aufmerksame Beobachter interessante Rückschlüsse ziehen. Nur einige Beispiele aus der Fülle der zu beobachtenden Verhaltensweisen: Brillenträger (alternativ: Bartträger), die nervös an der Brille (am Bart) zupfen, signalisieren »jetzt bin ich unsicher«. Die Hand am Kinn oder am und vor dem Mund bedeuten fast wörtlich »ich will lieber meinen Mund halten«. Die Geste der verschränkten Arme und der im Sitzen verknoteten Beine sind die bekanntesten Abwehrgesten. Unsicherheiten, Angst und Nervosität sind erkennbar, selbst wenn versucht wird, diese Gefühle durch betont forsches Auftreten zu überdecken.

Veränderungen im Verhalten herbeizuführen, ist ein mühsamer und langwieriger Prozess.

Der erste Schritt ist, die verschiedenen körpersprachlichen Deutungen kennen und lesen zu lernen. Dazu gibt es Literatur und Workshops. Ob es ein Persönlichkeitstrainer sein sollte oder ein Schauspieler bzw. Schauspiellehrer ist einerlei.

Ausgestattet mit dem Wissen folgt als zweiter Schritt die Phase des Beobachtens: Welche Signale senden die anderen? Diese Intensiv-Beobachtung ist lehrreich, macht Spaß und hilft zumindest schon den passiven Teil einer Kommunikationssituation zu beherrschen – nämlich den Gesprächspartner zu interpretieren und richtig einzuschätzen.

Im dritten Schritt kommt die Selbstbeobachtung. Welche typischen Verhaltensweisen lege ich selbst in bestimmten Situationen an den Tag? Was wirkt liebenswürdig, sympathisch, was löst Negativ-Reaktionen aus. In dieser Phase kann auch eine andere vertrauenswürdige Person oder ein Trainer hilfreich sein.

Und den krönenden Abschluss bilden als viertes die aktiven Veränderungen. Bestimmte Muster werden ab-konditioniert. Bis das in Fleisch und Blut übergeht, dauert das ziemlich lange, je nach Talent. Die Kunst ist, die neue Verhaltensweise absolut natürlich wirken zu lassen. Keiner will einen smarten Pressesprecher mit aufgesetztem Kunst-Lächeln amerikanischer Fast-Food-Servicekräfte.

Checkliste: Auswahl eines Trainers bzw. Seminaranbieters

- Stimmt die persönliche Chemie (Sympathie, Intuition) zwischen Trainer und Trainee?
- Welche *fachliche* Erfahrung hat der Referent oder Trainer?
- Hat er auch genügend *didaktische* Kenntnisse, um den Stoff zu vermitteln?
- Hat er gegebenenfalls *Branchenkompetenz* (Pharma, Chemie, Tourismus, Mittelstand usw.) oder für Sie nützliches Spezialwissen?
- Bringt er auch eigene praktische Krisenerfahrung mit?
- Gibt es nachweisliche Referenzen, idealerweise aus der gleichen Branche?

- Bestehen offene, verdeckte oder potenzielle Interessenskollisionen (wenn beispielsweise der Trainer und/oder das TV-Team aktiv für aktuelle Fernsehsender oder Medien arbeiten)?
- Ist das Team technisch professionell ausgestattet?
- Stimmt insgesamt das Preis-Leistungs-Verhältnis?
- Ist das Inhouse-Angebot von der Stange oder wird es für den Kunden maßgeschneidert?
- Ist das Angebotsspektrum zeitlich und inhaltlich modular möglich?

Bei offenen Seminaren:

- Wer sind die anderen Teilnehmer? (Anzahl, Alter und Herkunft, Wettbewerber, interessanter Austausch oder Interessenskollissionen)
- Gibt es eine nützliche Bescheinigung für die Personalakte?

4.4 Krisenlabor, Alarmtest und Simulation

Alles, was an Planungen ausgearbeitet wurde, gehört auf den Prüfstand – und zwar regelmäßig. Krisen haben die unschöne Eigenschaft immer dann aufzutauchen, wenn man am wenigsten mit ihnen rechnet und wenn man sie am wenigsten brauchen kann. Und das ist häufig genug außerhalb der regulären Arbeits- und Bürozeiten. Nachts, an Wochenende und Feiertagen, wenn die ganze Mannschaft schläft oder angenehmen Freizeitbeschäftigungen nachgeht, kommt der Alarm. Alle Schritte einer Alarmierung sollten – je nach eingesetztem System – durchgespielt werden.

Checkliste: Alarmierung

- Funktioniert die Technik?
- Werden alle erforderlichen Mitarbeiter erreicht?
- Wie lange dauert es, bis sich der erste Einsatzklar meldet?
- Wie lange, bis alle verfügbar sind?
- Wann ist der Krisenraum startklar?
- Wann kann die erste Krisenmeldung verschickt werden?
- Wann sind wir gegenüber den Medien und Anfragern sprechbereit?

Für Übungen und Simulationen gibt es eine Fülle von Konzepten und Möglichkeiten. Es beginnt bei kleinen Table-Top-Szenarien, die als eigenständige Trockenübung im Raum nicht länger als zwei drei Stunden dauern oder in Workshops eingebettet sind. Es folgen Tagesübungen mit Steigerungen bis hin zur mehrtägigen Großübung. Je nach Budget und Aufwand können dafür umfangreiche Drehbücher geschrieben werden. Mit simulierten Nachrichtensendungen, die in die übenden Stäbe eingespielt werden, kann sogar die Illusion von Realsituationen erzeugt werden.

Als Königsklasse gilt die Vollübung. Hier wird nicht nur ein Szenario in den Stäben theoretisch abgearbeitet. Vielmehr sind Einsatzkräfte real vor Ort: Katastrophenschutzübungen, Flugzeugentführungen, Großschadenslagen. Die Herausforderung aus unserer Sicht ist dabei die Verknüpfung der operativen und der kommunikativen Krisenbewältigung, wo es noch den größten Nachholbedarf gibt.

Neben der professionellen Planung und Durchführung ist eine ebenso kompetente Krisenbeobachtung für den Erfolg nötig. Besonders dafür ausgebildete Psychologen (Spezialisten für »Human Factors«) sind dafür besonders geeignet. Sie beobachten nicht nur, wie die Prozesse abgearbeitet werden, sondern besonders, wie das Team zusammenarbeitet und wie dieser »Krisenorganismus« geführt wird.

Ein Abschlussbericht und ein sorgfältiges De-Briefing mit der Führung und den Übungsteilnehmern sollte auch zum Standard gehören, wird aber oft aus falsch

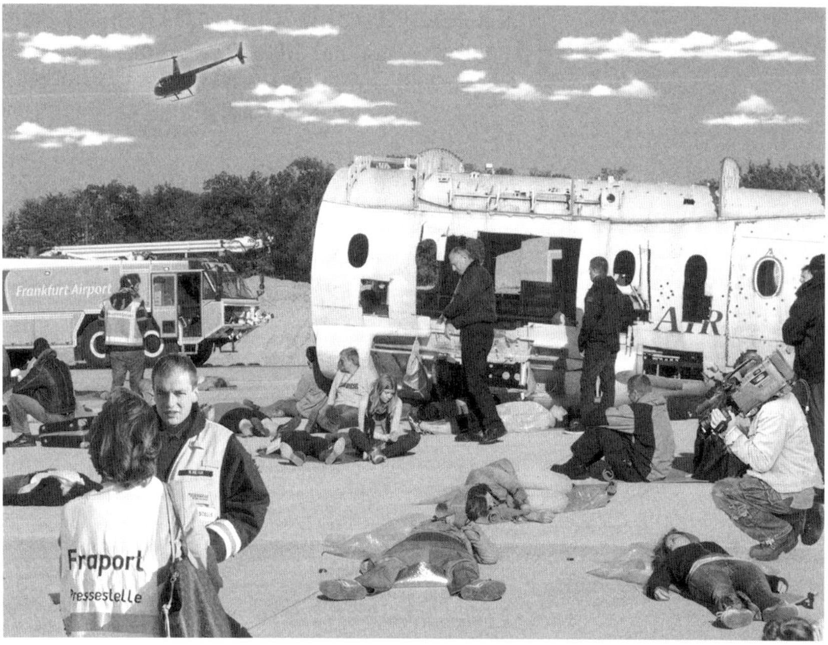

Von der kleinen Stabsübung im Krisenraum bis hin zur Großübung mit hunderten von Beteiligten können Krisensituation durchgespielt werden. Vorbild für zahlreiche Branchen sind die hohen Standards im Luftverkehr, wie hier auf dem Frankfurter Flughafen. (crisadvice)

verstandener Zeitersparnis vernachlässigt. Gerade hier kann für weitere Schulungen und zum Nachsteuern von Prozessen am meisten profitiert werden.

Es ist übrigens empfehlenswert, darauf zu achten, dass sich die übenden Organisationen nicht selbst überfordern. Ziele und Anforderungen sollten schrittweise gesteigert werden. Eine unangekündigte Großübung (»Heiße Übung«) mit komplexen Sachverhalten muss scheitern, wenn nicht zuvor ähnliche Situationen in angekündigten kleineren Häppchen durchgespielt wurden. Fehler gehören zu jeder Übung, denn daraus wird der Lernerfolg generiert. Ein offensichtliches Scheitern aber führt zur Demotivation und zieht alle Beteiligten unnötig herunter.

4.5 Stress- und Selbstmanagement

In Zeiten knapper Kassen, Personaleinsparungen und beinharten Wettbewerbs ist es nicht die Ausnahme, sondern die Regel, dass von der Chefetage abwärts die ganze Mannschaft bis zum Anschlag belastet ist. 2011 ist »Burnout« (Platz 6 als Wort des Jahres) sogar fast zu einem Modebegriff geworden. »Ausgebrannt« mit starker geistiger, körperlicher und seelischer Erschöpfung. Wenn dann kritische Situationen ausbrechen und zusätzlich gestemmt werden müssen, kann es durchaus sein, dass Menschen an die Grenze ihrer physischen und psychischen Belastbarkeit stoßen. Sie funktionieren nicht mehr so, wie sie sollen, und das ausgerechnet in einer Zeit, in der sie ihr Unternehmen am dringendsten bräuchte.

Für viele Manager ist so ein Szenario schwer vorstellbar und noch schwerer zu akzeptieren. Chef-Verdränger. Es ist in der Praxis jedoch keine Ausnahme, dass gerade in der Stunde der Bewährung ein Selbstschutzreflex als Notbremse greift und die Schockstarre einsetzt. Der Manager zieht sich die (virtuelle) Decke über den Kopf und hofft, dass ihn jetzt keiner mehr sieht und behelligt.

Die Grenze der eigenen Belastbarkeit ist schwer voraussagbar und streng genommen lernt man sie erst kennen, wenn man an sie gestoßen ist.

Als Mittel der Prävention gelten bewusstes Stress- und Selbstmanagement. Leichter gesagt als getan. Treffen die folgenden Merkmale auf Sie zu?

- Stress entsteht durch zu vielen Funktionen und Rollen und Überforderung.
- Stress haben Menschen, die nicht »Nein« sagen können.
- Stress haben Menschen mit schlechtem Zeit- und Projektmanagement.
- Stress haben Menschen, die nicht delegieren können.
- Stress haben Menschen, die ihr (Arbeits-)Leben unnötig verkomplizieren.
- Für Taucher, Ballonfahrer, Flieger und Manager gilt: Wer aufsteigen will, muss Ballast abwerfen.

4.6 Interne und externe Seminare

Alle Wege führen nach Rom. Hauptsache, die Reise wird angetreten. Oft versuchen Unternehmen zuerst mit Bordmitteln etwas zu stemmen. Das führt meist zu der Erkenntnis, sich doch auf dem Anbietermarkt umzusehen. Ein, zwei Mitarbeiter werden zu einem offenen Seminar geschickt und nehmen Anregungen auf. Danach folgt meist der Wunsch, intensiver und abteilungsübergreifend in das Thema einzusteigen und es folgen zunächst allgemeine, dann speziellere Inhouse-Seminare. Solche Workshops werden gerne auch als kommunikative Bestandsaufnahme genutzt, denn neben der Hauptaufgabe des Sensibilisierens wird meist auch rasch der Handlungsbedarf festgestellt.

Da Krisenkommunikation als eine Königsdisziplin der Kommunikation gilt bieten nahezu *alle* Dienstleister Leistungen aus dem Krisen-Spektrum einschließlich Schulungen an. Das kann die hauseigene PR- und/oder Werbeagentur sein, mit der man vertrauensvoll alle Aufgaben von der Broschüre bis zur Pressekonferenz gemeinsam stemmt. Das können die klassischen Seminaranbieter sein, die in Themen einsteigen, die gerade im Trend liegen. Es können aber auch Experten oder spezialisierte Unternehmensberatungen sein, die ihr Know-how für Schulungen und Trainings aus der praktischen Einsatzerfahrung saugen.

Keine Referenzen, kein Auftrag

Sie glauben gar nicht, wie viele selbsternannte Krisentrainer noch nie eine Krise aus der Nähe gesehen haben. In der Krisenarbeit ist aber praktische Erfahrung die halbe Miete. Anders als beispielsweise bei Wirtschaftsberatern, wo die »jungdynamischen Fönwellen« mit frischem Uniwissen losdüsen, benötigen Krisenkommunikatoren einen reichhaltigen Wissens- und Erfahrungsschatz. Und wer den tatsächlich hat, der verfügt auch über die dazu gehörigen Referenzen. Persönliche Empfehlung sind übrigens noch immer die besten Referenzen. Die großen Seminaranbieter sind dazu übergegangen ihre offenen Veranstaltungen zu evaluieren und die Noten ihrer Trainer in der Seminarausschreibung zu veröffentlichen. Das ist zumindest ein Anhaltspunkt.

Beide Varianten, Inhouse und extern, haben jeweils Vor- und Nachteile. Bei externen Seminaren ist meist die Teilnehmerschaft bunt gemischt. Es ist zwar für den Referenten eine große Herausforderung, alle unter einen Hut zu bekommen, aber meist sind die Diskussionen spannend, weil sie den Blick über den Tellerrand der Branchen und zu unterschiedlichen Erfahrungshorizonten der Teilnehmer ermöglichen. Natürlich werden sich die Teilnehmer hüten, allzu sehr aus dem Nähkästchen zu plaudern, wenn womöglich ein Wettbewerber im selben Seminar sitzt.

Inhouse-Seminare sind immer dann geeigneter, wenn mehrere Personen aus derselben Organisation oder Firma geschult werden sollen. Da man außerdem unter sich ist, kann natürlich wesentlich lockerer über kritische Interna gesprochen werden.

Ein zielgerichtetes Briefing für den Dozenten, um die zuvor gemeinsam definierten Workshop-Ziele auch tatsächlich umzusetzen, sollte selbstverständlich sein. Seriöse Krisentrainer gehen mit den ihnen anvertrauten internen Dokumenten und Informationen verantwortungsbewusst um und unterschreiben bei Bedarf auch Geheimhaltungsverpflichtungen.

Ökonomische Komponente

Manche Unternehmen schreiben die Dienstleistungen für Schulungen und Trainings aus, schon weil ihre Einkaufsbedingungen und Compliance-Regeln solche Verfahren vorsehen. Das kann ein zweischneidiges Schwert sein, weil die besten und erfolgreichsten Trainer auf dem Markt meist so gut ausgelastet sind, dass sie sich allzu bürokratischen Verfahren gar nicht erst stellen: Zu aufwendig, zu teuer und obendrein mit dem Risiko verbunden, dass sich Einkäufer schlussendlich nicht für den besten, sondern für den billigsten Anbieter entscheiden. Da sich auf dem Markt viele Anfänger und Nebenerwerbstrainer teilweise mit Dumpingpreisen, tummeln sind die Sparfüchse zufrieden. Ob es die zu trainierenden Kommunikatoren und Führungskräfte dann auch sind, bleibt zweifelhaft. Teurer als das bloße Trainer-Honorar ist in jedem Fall die eingesetzte Arbeitszeit von hochqualifizierten Managern.

Ob sich ein TV-Training oder ein Krisenworkshop wirtschaftlich rechnet, ist eine hypothetische Frage, die sich ohnehin erst bei Eintritt der Krise klären würde. »Was wird es uns in einem Ernstfall kosten, wenn wir jetzt auf die Schulung verzichten?«, ist die zielführendere Fragestellung.

Teil III Intervention

»Ein Dementi ist der verzweifelte Versuch, die Zahnpasta wieder in die Tube zurückzubekommen.«
(Lore Lorentz)

1 Das Schadensereignis (Unfall)

»Schadensereignis« ist ein Terminus technicus, der ziemlich sperrig klingt und mit dem Normalbürger nur wenig anfangen können. Im allgemeinen Sprachgebrauch ist je nach Ausmaß, das sich an der Zahl von Opfern oder dem Grad der gezeigten spektakulären Bilder bemisst, eher von »Unfall« oder »Unglück« die Rede. Selten fällt in der Öffentlichkeit in diesem Zusammenhang der Begriff »Krise«. Als Krise werden Schadens- und Großschadensereignisse und deren Folgen in der Regel nur von direkt Betroffenen wahrgenommen.

Im Gegensatz zu den meisten anderen in diesem Buch beschriebenen Krisen wie Imageproblemen, Produkthaftungsfällen, politischen Skandalen, Korruption oder wirtschaftlichen Krisen, die oft auf Samtpfoten daher schleichen, treten Schadensereignisse ohne Ausnahme mit einem medienwirksamen Knalleffekt auf. Nichtvorhersehbar, plötzlich. Sie liefern spektakuläre Bilder und den Stoff, aus dem die Ängste sind:

- Ein Flugzeug fällt vom Himmel.
- Ein Tanklager (wahlweise ein Altersheim oder eine Fabrik) steht in Flammen.
- Ein Schnellzug entgleist.
- Ein Terroranschlag lässt ein Ferienressort zur Hölle werden.
- Ein mit Schulkindern besetzter Bus kollidiert auf der Autobahn mit einem Lastwagen.
- Ein Hallendach stürzt unter einer tonnenschweren Schneelast ein.
- Eine Chemiefabrik hüllt einen Stadtteil in eine gelbe Gaswolke.

Die Auslöser sind unterschiedlich. Die Muster gleichen sich. Menschen kommen zu Schaden. Menschen kommen ums Leben. Menschen erleiden Verluste. Wirtschaftliche Werte werden zerstört. Irgendeiner muss schuld daran sein. Und im Frühstücksfernsehen tritt einer auf, der es immer schon gewusst und (natürlich vergeblich) davor gewarnt hat. So einfach ist das.

Alle können mitreden, denn alle sehen auf den ersten Blick, worum es geht, haben ihre eigene Vorstellung von dem Unglück. Die Komplexität eines Großschadensereignisses ist zu kompliziert für die öffentliche Diskussion. Wahrnehmung und Wirklichkeit unterscheiden sich eklatant.

Die Bewältigung von Schadensereignissen hat jeweils operative und kommunikative Komponenten. Eine Vielzahl von Aufgaben unterschiedlichster Fachgebiete stürzen zeitgleich auf die Organisation ein. Unterschiedliche Aufgabenstellungen führen zu unterschiedlichen Ansätzen. Unterschiedliche Auffassungen und Interessen münden in Zielkonflikte.

Zu den operativen Komponenten gehören beispielsweise Rettung und Bergung, Umweltschutzmaßnahmen, Safety und Security, Business Continuity, Logistik, Betreuung und Abschirmung von Betroffenen, Personalmanagement, forensische Dienste und Litigation. Sachzwänge und Rahmenbedingungen bilden stets ein hochkomplexes und schwer durchschaubares »Nervengeflecht«. Diese operativen Elemente werden als das »klassische Krisenmanagement« begriffen.

Das Kommunikationsmanagement umfasst die interne Kommunikation (Mitarbeiterinformation). Die externe Kommunikation soll in Richtung aller denkbaren Stakeholder agieren (z. B. Medien, Kunden, Lieferanten, Banken, Behörden, Politik, Versicherungen), zu denen natürlich auch unmittelbar und mittelbar die Geschädigten zählen.

Weil aber *jede* operative Maßnahme – durchgeführt, gelungen, missraten oder unterlassen – kommunikative Wirkungen entfaltet, bedingen beide Komponenten einander. Die logische Folge: Krisenkommunikation muss aufgrund dieser Wechselwirkung integrativer Bestandteil des Krisenmanagements sein. Das gilt im Eintrittsfall für die Krisenintervention ebenso wie schon zuvor für die Krisenprävention. Dass die Kommunikation entscheidender Dreh- und Angelpunkt mit und zwischen allen eigenen und fremden Einsatzkräften sein muss, wird heute überwiegend noch nicht gelebt.

Markantes Interventionsmerkmal: »Opferfürsorge«

Um die Bedeutung der kommunikativen Wirkungsmechanismen bei Großschadensereignissen zu begreifen, müssen wir erneut eine kleine Exkursion in die Psychologie unternehmen (vgl. Teil I, Kap. 4). Hinter der reduzierenden Oberflächlichkeit eines Eins-Dreißig-News-Beitrags verbirgt sich das tiefgehende Erleben der Betroffenen. Bemerkenswerterweise wirken die gleichen psychologischen Mechanismen sowohl auf die »Geschädigten« als auch auf die »Schädiger«.

Bei den »Geschädigten«, die üblicherweise als Opfer wahrgenommen und dargestellt werden, handelt es sich um Menschen, die Schlimmes durchlebt und durchlitten haben. Sie haben gerade ihre Partner, Kinder, Eltern verloren. Manche sind durch Verletzungen irreparabel physisch gezeichnet, wieder andere schwer traumatisiert und ein Leben lang psychisch belastet. Wir haben es mit Menschen zu tun, die den Albtraum, dem sie ausgesetzt waren, je nach persönlicher Konstitution vielleicht nie mehr vergessen können. Menschen, die leiden, wenn sich längst keiner mehr für sie interessiert.

Und auf der Schädigerseite? In Organisationen, Behörden und Firmen vom Kleinstbetrieb bis zum Konzern sind ebenfalls Menschen betroffen. Da gibt es Techniker, Geschäftsführer, Piloten, Betriebsleiter, Ingenieure, Fahrer, Vorstände – Manager und Mitarbeiter auf allen Ebenen, die unter der Last eigener oder kollektiver, tatsächlicher oder vermeintlicher Schuld leiden. Zitat eines Mittelständlers, als ihn die Meldung eines schweren Unfalls in seinem Betrieb erreichte: »Ich wurde blass und habe vor meinem geistigen Auge innerhalb von Sekunden mein ganzes Lebenswerk zusammenbrechen sehen.« Angestellte reagieren übrigens nicht anders. Die Angst vor wirtschaftlichen Folgen, die Furcht vor rechtlichen Konsequenzen oder schlicht die Sorge um Job und Karriere sind der Schlüssel für ein Managementhandeln, das in und nach kritischen Lagen die aufgewühlten Gefühle nach außen hin durch übertrieben zur Schau gestellte Professionalität zu kaschieren versucht. »Opfer« also auf beiden Seiten.

Wir alle haben in unserem Leben Tausende von Schreckensbildern gesehen und schleppen sie fest eingebrannt auf der Festplatte unseres Gehirns mit uns herum. Dazu zählen neben realen Dokumentationen (9/11-Anschläge, ICE-Unglück von Eschede, Concorde-Absturz, Bali-Bombe, Fukushima-Super-GAU, Brand in einer Behindertenwerkstätte im baden-württembergischen Titisee usw.) übrigens ganz massiv auch die Szenen aus Filmen made in Hollywood (Titanic, Flug 93, Flammendes Inferno usw.). Beim Eintritt von Unglücksfällen fühlt sich unser Unterbewusstsein auf makabere Weise bestätigt: Schadensereignisse sind Realität gewordene Ängste. Deshalb reagieren sogar persönlich unbeteiligte Menschen hoch emotional, oft überkritisch und bisweilen sogar aggressiv. Sind obendrein Opinion Leader wie Journalisten, Politiker oder Geschäftsleute als Kunden, Verbraucher, Verwandte oder Nachbarn persönlich betroffen oder direkt involviert, kann selbst ein glimpflich verlaufener Zwischenfall zu einer überproportionalen öffentlichen Wahrnehmung führen. Einen übergreifenden Common Sense der Betroffenheit gibt es immer dann, wenn Kinder zu Schaden gekommen sind. Die Leitmedien verstärken durch skandalisierende Berichterstattung die Grundängste. Angst macht Auflage. Schadensereignisse sind unverzichtbarer Bestandteil einer jeden Nachrichtensendung.

Wie Medien schnell und professionell und auf welchen Kanälen bedient werden, ist in Teil II Kap. 2. beschrieben. Jetzt und hier geht es um eine Facette der Öffentlichkeitsarbeit, die in dieser Form nur nach Schadensereignissen typisch ist. Nur wer selbst je dem Medienauftrieb nach einem schweren Unglücksfall ausgesetzt war, kann ermessen, welches mediale Aggressionspotenzial hier auftrifft. Der Umgang mit Boulevard- und Polizeireportern gehört besonders für wirtschaftlich orientierte Kommunikationsabteilungen üblicherweise nicht zum Kerngeschäft. Selbst gestandenen Pressesprechern treibt der Belagerungszustand den Schweiß auf die Stirn.

Noch härter trifft die volle Wucht der Medien die absolut unvorbereiteten und unerfahrenen Opfer. Diejenigen also, die ohnehin unter besonderem Stress stehen und traumatisiert sind, werden gegen ihren Willen bedrängt, Intimes preiszugeben. Unter enormem Zeit- und Leistungsdruck beginnt zwischen den Journalisten ein gnadenloser Kampf um die besten persönlichen Erlebnisse, um Privatfotos und Homestorys. In der Medienbranche heißt das ebenso bezeichnend wie zynisch »Witwen schütteln«. Beim Bergbahnunglück von Kaprun wurde der kleine österreichische Wintersportort von mehr als 700 Journalisten heimgesucht. Für Magazinreporter, deren Geschichte über das Tagesgeschehen hinaus mindestens eine Woche Bestand haben muss, kommt es bei der Bildbeschaffung nicht nur darauf an, überhaupt an Fotos zu kommen, sondern möglichst gleich vor den Konkurrenten den ganzen Markt leer zu fegen.

Selbstverständlich verkauft sich auch eine TV-Geschichte besser, wenn sie exklusiv ist. Entsprechend wird das ganze Repertoire von der seriösen Anfrage bis zum »Dirty Trick« eingesetzt: von finanziellen Angeboten (»Scheckbuch-Journalismus« – durchaus schon mal an Mitarbeiter, Amtsträger oder, wie im Fall der Berliner Rütli-Schule, sogar an Schüler), von Schmeicheleien und Versprechungen bis hin zu Einschüchterungsversuchen. Auch Hausfriedensbruch und sogar Diebstahl (Zitat eines Hamburger Magazin-Reporters: »... schwups – und weg ist das Familienalbum«) sind unter dem Deckmantel »öffentliches Interesse« keineswegs Ausnahmen.

Was haben die Auswüchse der »Intensivrecherche« auf Seiten der Medien mit der Krisenkommunikation zu tun? Für die Betroffenen ist es einerlei, wer letztlich Verursacher ihrer misslichen Lage ist. Sie rechnen aggressives und ungebührliches Auftreten von Reportern sowie die Verletzung ihrer Persönlichkeitsrechte dem Unternehmen als »Generalverursacher« zu. Entsprechend kommt der Abschirmung besondere Bedeutung zu. Da es nur eine Frage der Zeit ist, wann die Medien an Namen und Adressen von Opfern herankommen, empfiehlt es sich, sie an einem geschützten Ort unterzubringen. Für die Beförderung dorthin ist an Fahrzeuge mit getönten Scheiben zu denken. Geschickt agierte ein deutscher Jugendreiseveranstalter, der nach einem schweren Busunglück in Österreich die überlebenden, aber traumatisierten Kinder nach Deutschland zu ihren Eltern zurückbefördern musste. Er handelte mit der Bahn aus, für die Gruppe nicht nur einen eigenen Wagon zu bekommen, sondern man ließ den Zug an einer unüblichen Stelle anhalten. Dort, wo der Fotografenpulk lauerte, waren die traumatisierten Kinder längst von Bord.

Auch mit den Sicherheitsbehörden sollte auf Kommunikationsebene eng kooperiert werden. Nicht nur weil Polizei-Pressesprecher ein traditionell gutes Verhältnis zu Polizeireportern haben, sondern weil auch über die Abwehr konkreter öffentlichkeitswirksamer Gefahren gesprochen werden muss. Während eine Gruppe Hinterbliebener nach einem Flugzeugabsturz bei einer Trauerfeier in Paris versammelt war, wurde in deren Häuser in Deutschland eingebrochen. Die Trauernden zeigten sich mehr verärgert über die Fluggesellschaft, die sie weder vor derlei

Unbill gewarnt, noch einen privaten Schutzdienst organisiert hatte, als über die Einbrecher.

Abschirmen, für sichere Unterkunft sorgen, betreuen – obwohl das alles eindeutig operative Aufgaben sind, ist es der Job des Kommunikationschefs, auch hier die Fäden in der Hand zu halten. Der Grat ist schmal: Der Gefahr, sich negative Schlagzeilen durch vermeintlich unzureichend betreute und dadurch verärgerte Opfer einzuhandeln, steht das Risiko ebenso negativer Berichterstattung durch allzu vergrätzte Journalisten gegenüber.

Eine neue, schnelle und billige Fundgrube für personenbezogene Daten und Fotos ist das Internet. Der Medienjournalist Stefan Niggemeier stellte im Juni 2012 in seinem Blog erzürnt fest: »Im Internet ist jeder Freiwild für BILD«. Der stellvertretende BILD-Chefredakteur räumte in einem Radio-Interview ganz unverblümt ein, warum sein Blatt Opferfotos aus einem Blog kopierte und abdruckte, ohne die Angehörigen um Erlaubnis zu fragen: »Wenn Leute, Menschen – viele, viele Menschen offenkundig – ihr ganzes Privatleben im Internet ausbreiten, und das ist nun mal frei zugänglich, dann sind solche Folgen leider mit einzupreisen. Das heißt, dann müssen sich Menschen auch bewusst sein, dass sie sich öffentlich gemacht haben. Und das kann dann auch dazu führen, dass Zeitungen von diesen öffentlich zugänglichen Recherchefeldern, also etwa Facebook oder sogar Quellen im Internet insgesamt, Gebrauch machen.«

Eine Mediengesetzmäßigkeit ist, dass zufällig aufeinanderfolgende Ereignisse ähnlicher Art zu erhöhter Sensibilität in der Wahrnehmung der Redaktionen führen. Die typischen News-Desk-Textbausteine: »Schon wieder ein …«, »Erneut kam es zu …«, »Die Serie von … reißt nicht ab«. Bereits kleinere Zwischenfälle generieren so überproportionale Berichterstattung. Manches Unternehmen wird kalt erwischt, weil es mit wesentlich geringerer Aufmerksamkeit gerechnet hat.

Wenn nach einem bestimmten Schadensereignis eine Serie von Folgeberichterstattungen losgetreten wird, beschleicht uns das Gefühl, ein spezielles Verkehrsmittel, ein touristisches Zielgebiet, eine bestimmte Anlage sei überaus gefährlich und sollte besser gemieden werden. Eine solche Vermeidens- oder Flucht-Reaktion kann der Beginn einer massiven Sekundär-Krise sein. Sie kann im betroffenen Unternehmen einen größeren wirtschaftlichen Schaden anrichten als das auslösende Ereignis selbst. Mitunter schwappt die Krise auch auf nicht unmittelbar beteiligte Unternehmen derselben Branche über. Das kann sich direkt auswirken, etwa im Ausbleiben von Kunden, aber auch mittelbar, wenn es – z. B. nach Störfällen in der chemischen Industrie – um die Genehmigung einer neuen Anlage geht.

1.1 Fünf typische Fehler und wie man sie vermeidet

Auffällig oft wirken Unternehmen nach Schadensereignissen sprachlos. Oder sie wiegeln ab. Oder suchen die Schuld bei anderen. Dabei sind die befürchteten Kosten *nur ein* begründender Faktor. Journalisten und Kritiker machen es sich zu einfach, wenn sie den Organisationen schlechterdings den Willen zum Vertuschen unterstellen. Angstinduzierte Verdrängungsmechanismen spielen eine ebenso große Rolle wie mangelnde Sensibilität. So werden seit Jahren trotz aller Erfahrungen und publizierter Beispiele immer wieder die gleichen Kernfehler begangen.

Fehler Nummer 1: Spekulation über Schuldfragen

Sich in einem frühen Stadium der Krise auf Diskussionen um die Ursachen einzulassen, ist töricht. Natürlich wird die »Aufklärung« von den Medien hartnäckig vorangetrieben und es ist deren gutes Recht, das zu tun. Für das betroffene Unternehmen aber kann eine aktive Teilnahme daran nur in die Hose gehen – sogar dann, wenn sich die Verantwortlichen absolut nichts vorzuwerfen haben. Unabhängig davon, wie seriös die Diskussion geführt wird und wie klar die Faktenlage scheinen mag – die Schuldfrage überlagert sämtliche eigenen positiven Anstrengungen und Botschaften. Und die lauten:

- Wir beteiligen uns nicht an Spekulationen.
- Wir unterstützen die Aufklärung.
- Wir sind kompetent.
- Wir kooperieren mit allen Beteiligten, aber jetzt steht die Fürsorge für die betroffenen Menschen im Vordergrund.
- Mehr ist im Augenblick nicht zu sagen.

Fehler Nummer 2: erkennbar keine Verantwortung übernehmen

»Wir sind nicht schuld« oder »Wir haben uns nichts vorzuwerfen« sind zwei Standardaussagen, die in aller Regel kontraproduktiv sind, weil sie als fehlendes Verantwortungsbewusstsein, Ausflüchte, mangelndes Unrechtsbewusstsein oder schlicht als eine nicht anders zu erwartende Pro-domo-Floskel gewertet werden. Ein Klassiker: Einer der größten deutschen Energieversorger lässt nach dem großflächigen Blackout im Münsterland infolge heftiger Schneefälle als erste Amtshandlung vollmundig verbreiten: »Das war eindeutig höhere Gewalt, wir übernehmen keine Haftung – noch bevor verängstigte und frierende Bürger überall wieder mit Strom versorgt waren. Zwei Jahre später sprach ein anderer Energieversorger nach einer

Pannenserie in Kernkraftwerken von einem »Null-Ereignis«. Öffentliche Prügel für die – aufgrund der laufenden Monopol- und Preisdiskussion ohnehin unter Druck stehenden – unsensiblen Stromerzeuger waren die wenig schmeichelhafte, aber zu erwartende öffentliche Reaktion.

Aus dem Blickwinkel von Betroffenen kommt es nicht darauf an, wer tatsächlich Verursacher ist, sondern wer als Verursacher empfunden wird. Das musste vor Jahren auch ein deutscher Tourismusunternehmer schmerzlich lernen, dessen 196-köpfige Reisegruppe in einem Charterflugzeug in der Karibik tödlich verunglückt war. Seine allzu ehrliche Antwort an die Moderatorin der Tagesthemen auf deren Frage nach der Flugsicherheit, er könne dazu nichts sagen, weil er als Geschäftsmann die Reisen nur verkaufe, löste einen Sturm der Entrüstung aus.

Fehler Nummer 3: mangelnde Fürsorge

Den Opfern keine, nicht ausreichende oder nicht erkennbare Fürsorge angedeihen zu lassen, rächt sich. Dass es auch anders geht, belegt das nachfolgende positive Beispiel: Nach dem verheerenden Tsunami in Südostasien haben die großen deutschen Reiseveranstalter tausende von Touristen vorbildlich betreut und in einer gewaltigen logistischen Kraftanstrengung mit Sonderflügen vorzeitig nach Hause zurückgeholt. Nun wird wohl kein vernünftig denkender Mensch den Ausbruch einer Naturkatastrophe ernsthaft den Touristikunternehmen anlasten. Eine Schuldfrage der Veranstalter war also zu keinem Zeitpunkt relevant. Trotzdem wird erwartet, dass sich die Dienstleister um ihre Kunden kümmern. Die Regel ist einfach: Nachlässigkeit wird abgestraft, Fürsorge wird belohnt. Für die vom Tsunami betroffenen Firmen hat sich jeder in den teuren Einsatz investierte Cent gelohnt, weil sie die anspruchsvolle operative Leistung durch geschickte begleitende Kommunikation in eine werbewirksame Marketingmaßnahme verwandelt haben.

Dass die Tsunami-Reaktion der Touristik übrigens im Kapitel »Schadensereignis« beschrieben wird und nicht unter »Katastrophe« (vgl. Teil III, Kap. 1 und 2), wie vielleicht zu vermuten wäre, liegt schlichtweg daran, dass es hier um das Verhältnis der Unternehmen zu ihren einzelnen Kunden geht und nicht um den Umgang von Behörden und Katastrophenschutzeinrichtungen mit einer Menschenmasse von Tausenden Betroffenen: Die Regierung in Thailand hatte Katastrophen-Kommunikation zu leisten, die Reiseunternehmer hingegen Krisenkommunikation.

Bestmögliche und vor allem schnellstmögliche Versorgung wird von psychologischen Diensten und besonders geschulten Ersthelfern (»Care Teams« oder KIT – »Krisen-Interventions-Teams«) erbracht. Die Sicht der Traumapsychologie wird von dem Ansatz bestimmt, Spätschäden zu vermeiden. Zur optimalen Opferbetreuung aus psychologischer Sicht zählen übrigens auch »leibliche« Sofortmaßnahmen wie die Versorgung mit Essen und Getränken, Kleidung, möglichst bequeme Unterkunft und Transport. Dann folgen die individuelle bzw. familiäre Betreuung und schließlich die längerfristige psychologische Nachsorge. Die meisten dieser aus psychologischer Sicht unabdingbaren Maßnahmen der »Victim Care« sind teuer. Und ihre Notwendigkeit ist (anders als bei medizinischen Maßnahmen, deren Sinn auch Laien in der Regel sofort einleuchtet) oft nur schwer verständlich. Schließlich wird das aufgewendete Geld dem normalen Geschäftsbetrieb entzogen. Vor allen Dingen aber wird kaum eine dieser Maßnahmen aus rechtlicher Sicht zwingend geboten sein. Und damit kommen wir nahtlos zum nächsten Minenfeld der Krisen-Zielkonflikte.

Fehler Nummer 4: die juristische Auseinandersetzung

Einen Rechtsanspruch auf die von Betreuern und Psychologen geforderten psychologischen Betreuungsmaßnahmen haben die Betroffenen streng genommen nur, wenn sie einen lückenlosen Nachweis der »haftungsbegründenden Kausalität« erbringen können. Freiwillige Leistungen durch den Unternehmer könnten darüber hinaus Rückschlüsse auf sein Verschulden zulassen. Im Zweifel wird der Jurist also von freiwilligen schnellen Leistungen abraten.

Wie weit diese Befürchtung geht, zeigt das folgende Beispiel. Nachdem ein größeres Schiff versehentlich ein Fischerboot versenkt hat, durfte sich der Kapitän auf Weisung seiner Anwälte bei den Fischerfamilien nicht einmal entschuldigen. Diese simpelste Geste menschlichen Miteinanders war den rechtskundigen Herren wegen der vielleicht anstehenden Prozesse zu gefährlich. Die dadurch provozierte Reaktion: ein empörtes »Jetzt erst recht!«

Erfolgreiche Krisenkommunikatoren gehen vehement gegen solch typisches anwaltliches Lagerdenken im eigenen Hause vor. Rechtsabteilungen von Firmen oder deren Versicherungen nähern sich einem Schaden in der Regel von der Anspruchsseite her, sehen aus ihrem tradierten Rollenverständnis heraus in Opfern oder Hinterbliebenen nur die Anspruchsteller. Deren Forderungen gilt es abzuwehren, zumindest mit Misstrauen zu begegnen. Genau dadurch aber leisten sie ihren eigenen Häusern (oder Mandanten) einen Bärendienst, treiben die Menschen so direkt in die Arme der meist selbst ernannten Opferanwälte.

Die Mehrzahl der Prozesse nach Großschadensereignissen ist unnötig und wird von der Opferseite aus reiner Verbitterung geführt. Weil außerdem das »David-gegen-Goliath-Prinzip« gilt, hat das scheinbar mächtige Unternehmen gegenüber dem armen kleinen Kunden in der öffentlichen Gunst grundsätzlich die schlechteren Karten, egal wer gewinnt. Das gleiche Strickmuster gilt übrigens auch in der Beziehung »kleiner Bürger« versus »mächtige Behörde«. Die vom Standesrecht in der Eigenwerbung stark eingeschränkten Anwälte nutzen Medienauftritte mit Vorliebe für ihre Eigen-PR. Die Ankündigung, eine astronomische Summe – möglichst in den USA – einklagen zu wollen, ist Garant für Headlines und Quoten. Die anschließende Tour von Talkshow zu Talkshow, begleitet von einer prozessführenden telegenen Vorzeigefamilie, kann für das Unternehmen einen enormen Imageschaden auslösen.

Schon Anwaltskorrespondenz in der ihr sehr eigenen Sprache zwischen »Geschädigtenseite« und »Verursacherseite« muss zu Vertrauen störenden Maßnahmen gerechnet werden. Mancher Justiziar mag den Wunsch – oder besser noch: die Forderung – als anmaßend empfinden: Jedes potenziell öffentlich wirkende Anwaltsschreiben muss vor Abgang über den Tisch des Pressechefs gehen – wenn es dann überhaupt noch verschickt wird ...

Fehler Nummer 5: Flucht in die Versachlichung

In manchen PR-Ratgebern wird Krisenkommunikatoren immer wieder empfohlen, sich stets an Fakten zu halten und zu versuchen, Sachlichkeit in die Diskussion zu bringen. Wenn das bedeutet, keine Gerüchte zu kommentieren, sich von Spekulationen fernzuhalten, sich nur auf gesicherte Erkenntnisse zu stützen und vor allen Dingen, nicht zu lügen, ist zumindest der erste Teil dieses Rats richtig. Die Forderung nach Sachlichkeit allerdings hat ihre Grenzen, wenn sie beginnt, kalt, emotionslos, technokratisch oder fachlich abstrakt zu wirken. Dann schlägt der gut gemeinte Rat ins Gegenteil um. Gerade technisch-wirtschaftlich orientierte Branchen, deren Repräsentanten ohnehin überwiegend in der Welt von Zahlen, Daten und Fakten zu Hause sind, fällt es traditionell schwer, sich in eine fragile Gefühlswelt hineinzuversetzen. Die technischen Erklärungen eines Sicherheits-Ingenieurs zu den Hintergründen von Bränden in Schweizer Straßentunneln sind kontraproduktiv. Das kann er in epischer Breite im Fachsymposium vortragen oder im Untersuchungsausschuss, nicht aber in einer Pressekonferenz. Es ist essenzielle Aufgabe der Kommunikation, solches Fachchinesisch in vertrauensbildende Botschaften zu verwandeln. Der Kampf um Köpfe und Herzen kann nur mit Empathie und Sympathie gewonnen werden.

1.2 Hitliste der handwerklichen Fehler

Zu den fünf *strategischen* Kernfehlern, die bezeichnenderweise häufig im Paket auftreten, gesellen sich im Eifer des Gefechts oft zahlreiche vermeidbare *handwerkliche* Fehler:

- Untrainierte und überforderte Sprecher geben Interviews und Erklärungen zwischen Tür und Angel.
- Mitarbeiter treten gegenüber Medien aggressiv auf.
- Klare, richtungweisende Botschaften fehlen.
- Es werden langatmige und unverständliche Presseerklärungen formuliert.

Zur Liste der Peinlichkeiten zählen auch TV-Auftritte in nicht angemessener Kleidung. Was geht im Kopf der Juniorchefin einer mittelständischen Firma vor, die sich nach einem schweren Unfall mit mehreren Toten im modischen Sweatshirt mit Playboy-Häschen auf der Brust im Fernsehen präsentiert?

Sicher stecken nicht Absicht und böser Wille hinter einem solchen Fauxpas. Allein der Eindruck bloßer Gedankenlosigkeit reicht aus, um bei Opfern Bitterkeit und damit nicht wiedergutzumachende negative Reaktionen auszulösen. Scheinbare Kleinigkeiten können kommunikativ eskalierend wirken. Was bewirkt ein hervorragend formuliertes Kondolenzschreiben des Vorstandsvorsitzenden eines führenden Verkehrsunternehmens auf feinstem Büttenpapier, wenn dann das Kuvert von der Poststelle seines Hauses durch die Frankiermaschine gejagt und mit einem leuchtend roten, knackigen Werbespruch versehen wird? Wie wirkt die poppige Musik in der Telefonwarteschleife des gerade von einem Betriebsunfall heimgesuchten Unternehmens?

Flyer, Plakate, Anzeigen, TV- und Radiospots, die im Alltag werbewirksam verkaufen, verkehren sich in ihr Gegenteil: Bezogen auf den Krisenfall kann der zündende Slogan plötzlich lächerlich oder zynisch wirken. Was fühlen Verwandte, wenn die Airline nach einem Flugzeugabsturz auf ihrer Website die Passagierliste (= »Todesliste«) veröffentlicht und im Frame darüber noch der Claim »Mit Vergnügen fliegen« steht?

Was ist mit den Heile-Welt-Texten und sexy Werbefotos von Traumstränden auf der Firmenseite, wenn für jedermann sichtbar das Urlaubsparadies in Trümmern liegt? Nach dem Absturz eines französischen Großraumflugzeugs in Kanada konnte die staunende Öffentlichkeit trotz weltweit gesendeter Bilder eines flammenden Infernos auf der Homepage lesen: »Keine Störungen im Flugnetz ...« Es gehört zur Aufgabe von Krisenmanagern und PR-Fachleuten, Verkäufern und Marketingkollegen, frühzeitig auf solche kommunikativen Risiken aufmerksam zu machen.

In einer Zeit, in der jeder ausgegebene Cent auf die Goldwaage gelegt wird, muss allerdings auch die Krisenkommunikation beweisen, dass sie ihren Beitrag zur

Wertschöpfung leistet. Kosten produzieren für fiktive Annahmen, für Fälle, die möglicherweise (oder hoffentlich) nie eintreten? Gerade am Beispiel Großschadensereignisse können Kommunikatoren selbstbewusst aufzeigen, dass sich ihre Arbeit zum Schutz »weicher« Werte rechnet. Auch wenn das für viele Controller noch Neuland ist: Kein vernünftiger Betriebswirt lässt Gebäude und Maschinen unversichert. Völlig selbstverständlich werden zur Absicherung gegen zu erwartende Millionenschäden laufend hohe Prämien gezahlt. Krisenprävention ist eine Art Versicherung für Marke, Image und Reputation. Dennoch wird nicht ein Bruchteil der Versicherungssumme dafür ausgegeben. Krisenmanagement kann es nicht zum Nulltarif geben. Je früher Geld angefasst wird, desto kostengünstiger sind erwiesenermaßen die Krisenverläufe insgesamt.

Neben ethisch-moralischen Komponenten sprechen also klare wirtschaftliche Interessen für ein funktionsfähiges und vernetztes Krisenmanagement. Das heißt, höchste Bedeutung hat die mentale Vorbereitung:

- Stets den Menschen – Kunden wie Mitarbeiter – in den Mittelpunkt aller operativen und kommunikativen Überlegungen stellen.
- Bereit sein, direkt Verantwortung für das Geschehen zu zeigen, auch wenn das tatsächliche Verschulden bei anderen liegen sollte.
- Auf sofortiges Handeln vorbereitet sein, um eine Chance im Wettlauf gegen die Zeit zu haben.
- Alle Geschäftsbereiche in personelle, technische und strategische Vorbereitungen mit einbeziehen.

Besonders Schadensereignisse sind mit massiven Vertrauensverlusten verbunden. Die Frage ist nicht, ob ein Ereignis eintritt, sondern wann.

Gemeinsame Aufgabe von Krisenmanagement und Krisenkommunikation ist es, diesen Verlusten entgegenzuwirken: Vertrauen schaffen, bewahren oder wiederherstellen. Für eine erfolgreiche Schadensbewältigung müssen erstens die Grenzen der verschiedenen Disziplinen überwunden werden und zweitens muss die Kommunikation eine zentrale Rolle einnehmen.

Übrigens: Im Hinblick auf Fehler und Vorbereitung gelten die meisten Erkenntnisse aus diesem Kapitel auch für die in den folgenden Kapiteln beschriebenen Krisentypen.

2 Katastrophe

Orkane, Starkwind, Sturmfluten, Überschwemmungen, Tsunami, Großbrände, Erdbeben, Lawinen – immer wieder machen uns die entfesselten Gewalten der Natur das Leben schwer. Und immer haben wir es dabei mit der fatalen Mischung aus menschlichen Tragödien und enormen wirtschaftlichen und ökologischen Schäden zu tun. Alle Erkenntnisse, die für die Bewältigung von »Schadensereignissen« (vgl. Teil III, Kap. 1) zutreffend sind, gelten auch für den kommunikativen Umgang mit Katastrophen. Die Katastrophe ist die große Schwester des Schadensereignisses. Warum also für diese Gattung ein eigenes Kapitel? Die Hauptunterschiede liegen sowohl in der Dimension als auch in den begrenzteren Möglichkeiten der operativen Bewältigung. Zweifelsohne ist es schlimm, wenn durch einen Unfall oder infolge eines Produktmangels (vgl. Teil III, Kap. 10) einzelne, vielleicht sogar zahlreiche Menschen geschädigt werden. Wenn jedoch Tausende, vielleicht Zehntausende gleichzeitig ihren Besitz, ihr Zuhause, ihre Existenz oder im schlimmsten Fall Gesundheit und Leben verlieren, liegt es auf der Hand, dass sich allein durch die Wucht der großen Zahl die Herausforderung an die Krisenkommunikation potenziert. Eine Herausforderung, die trotz aller Erfahrungen von den Verantwortlichen immer wieder unterschätzt wird.

Apokalypse now?

Wir leben in einer Zeit der trügerischen Sicherheit. Metergenau ist heute jeder Fleck der Erde aus dem Weltall zu beobachten. Meteorologen können mit immer feineren mathematischen Modellen und Großrechnern inzwischen Tage im Voraus präzise Wetterprognosen stellen. Die hohe Leistungsbereitschaft und immer bessere technische Ausstattung unserer Feuerwehren und Rettungsdienste und vor allem ihre schnelle Verfügbarkeit verführen uns zu dem Glauben, dass in jedem Notfall schnelle und effiziente Hilfe für alle Betroffenen zur Verfügung steht.

Doch ab einer bestimmten Größenordnung sieht die Wirklichkeit anders aus. So kommt zum Schock des katastrophalen Ereignisses für die Betroffenen zumeist auch der Schock der überraschenden Erkenntnis hinzu, dass der aus dem Alltag gewohnte Service an seine Grenzen stößt. Dieses »Versagen« erzeugt bei Betroffenen ein Gefühl der Hilflosigkeit und der Ohnmacht. Mitunter auch Wut. Wut auf »die Verantwortlichen«. Diese Erkenntnis zieht sich wie ein roter Faden durch

Berichte und Analysen vergangener Katastrophen. Und zwar unabhängig davon, wie gut oder wie schlecht sie (operativ) tatsächlich bewältigt wurden. Psychologisch ist das einfach erklärbar: Betroffene sehen naturgemäß in erster Linie sich selbst und die eigenen Probleme, die es zu lösen gilt. Erst danach kommen die Sorgen der Gemeinschaft.

Ein Katastrophenstab kann und darf sich aber erst dann dem Einzelschicksal widmen, wenn er das der Masse im Griff hat. Er muss die Gesamtlage beurteilen und das Gesamtwohl im Auge haben. Es gilt, für die verfügbaren Ressourcen Prioritäten zu setzen. Man lässt also ein Haus abbrennen, um woanders vielleicht eine ganze Siedlung retten zu können. Man öffnet das Wehr eines Staudamms, um Druck wegzunehmen und überflutet dabei ein tiefer gelegenes Dorf. Man unterbricht Rettungs- und Bergungsmaßnahmen, um die eingesetzten Helfer nicht einer unzumutbaren Gefahr auszuliefern.

Das wohl am grausamsten anmutende Verfahren, das Katastrophenmediziner bei einem Massenanfall von Verletzten anwenden müssen – die Triage – ist rational zu verstehen, aber emotional kaum zu ertragen. Wer das Verfahren der Öffentlichkeit und Betroffenen erklären muss, braucht selbst Hilfe. Während nämlich bei einem herkömmlichen Schadensereignis, etwa einem Verkehrsunfall, *jedem* Verletzten Hilfe zuteilwerden kann und natürlich die schwersten Fälle als Erste versorgt werden, ist es bei Anwendung der Triage genau umgekehrt: Bei knappen zur Verfügung stehenden Rettungsmitteln werden nur diejenigen versorgt, die die besten Überlebens- und Heilungschancen haben. Für die Todgeweihten stehen dann keine Ressourcen zur Verfügung.

Verständnis für schwierige Entscheidungen zu erlangen, von Einsatzleitern getroffene Prioritäten nachvollziehbar zu machen und Einsicht in die Möglichkeiten, aber auch die Grenzen der Hilfeleistung zu bringen, sind wichtige strategische Kommunikationsziele in Katastrophen. Das wichtigste Kommunikationsziel in der Katastrophe aber ist es, die öffentliche Sicherheit und Ordnung aufrecht zu erhalten und nicht durch Sekundärereignisse wie panikartige Flucht von Menschenmassen oder Plünderungen zusätzlich Menschenleben zu gefährden.

Markantes Interventionsmerkmal: »Führung«

Die Katastrophe braucht ein Gesicht. Mehr noch als jede andere Krisenlage hängt von der kommunikativen Präsenz der Führung auch der Erfolg der operativen Ergebnisse ab. Es liegt mit an der Überzeugungskraft des Einsatzleiters, wie ausgeprägt Motivation und Einsatzwille seiner Kräfte sind. Es ist die Person an der Spitze, die die nötige Balance zwischen den vertrauensbildenden Botschaften und dem Überbringen von Hiobs-Botschaften finden muss. So darf die schnörkellose

Beschreibung einer schwierigen Lage, wenn etwa die erwartete Unterstützung nur sehr spät oder gar nicht kommen kann, die Menschen nicht weiter demoralisieren. Menschen, die müde, verzweifelt und erschöpft sind, brauchen Hoffnung. Menschen in ihrer Verzweiflung moralisch allein zu lassen oder schlimmer noch, durch schlecht formulierte Warnungen Panik oder gar »desperates Verhalten« (psychische Überreaktionen bis hin zu Gewalttätigkeiten, Plünderungen, Überfälle, Angriffe auf Mitbürger und Sicherheitsbehörden) auszulösen – all dies zu vermeiden, ist die hohe Kunst der Katastrophenkommunikation.

Dazu gehört auch der Mut, unpopuläre, vielleicht harte Maßnahmen im Interesse des Gemeinwohls zu verkünden, wenn beispielsweise Gebiete und Häuser evakuiert oder Hilfsmittel requiriert werden müssen.

Die Einsatzleitung geht auf dem schmalen Grat, nach Recht und Gesetz zu arbeiten, aber dennoch so viel Flexibilität und Mut zu zeigen, sich nötigenfalls sogar über Vorschriften hinwegzusetzen, wenn der gesunde Menschenverstand dies erfordert.

Mit anderen Worten: Wir Bürger erwarten in großer Not keinen Perfektionismus, aber klare Führung.

Einer, der in unserem Lande dafür bis heute anerkannte Maßstäbe gesetzt hat, ist Helmut Schmidt. Bei der »Hamburgflut« im Februar 1962 hat er damals als junger Innensenator der Hansestadt durch klare Anweisungen verunsicherten Bürokraten Dampf gemacht. Durch straffe Führung, teilweise weit über seine örtlichen Kompetenzen hinaus, hat er verschiedene teils konkurrierende Hilfsdienste und Militärs auf Linie und damit zu effizientem Handeln gebracht. Durch seine flammenden Appelle hat er Reserven mobilisiert und den paralysierten Hamburgern obendrein den Mut zur Selbsthilfe gegeben. Noch heute, gut 50 Jahre danach, ist diese grandiose Führungsleistung nicht nur bei den Hamburgern unvergessen. Sie gilt noch immer als Vorbild für engagierte Katastrophenmanager und Katastrophenkommunikatoren.

Ganz im Schmidt'schen Sinne handelte denn auch im Sommer 1997 der brandenburgische Umweltminister (und spätere Ministerpräsident) Matthias Platzeck. Auch er machte sich rasch bundesweit einen Namen durch seinen hemdsärmligen Einsatz beim Oderhochwasser. Aufgrund seiner Führungsleistung gaben ihm seine Brandenburger und die Medien respektvoll den Beinamen »Deichgraf« – in Anlehnung an die Novelle »Der Schimmelreiter« von Theodor Storm.

Nur fünf Jahre später forderte wiederum ungezügeltes Wasser persönliche Führungsstärke. Im Sommer 2002 zeigte sich Gerhard Schröder als ebenso mitfühlender wie tatkräftiger Regierungschef: Die Bilder des Kanzlers, der in Regenjacke und Gummistiefeln an vorderster Front durch den Schlamm der Straßen von Grimma stapfte, haben zuerst die Menschen vor Ort und wenig später die Wähler im ganzen Land honoriert.

Katastrophen gelten stets als die Stunde der Regierenden – wenn sie denn ihren Job ernst nehmen und gut machen. Nein, es ist nicht politischer Populismus, wenn ein Landrat, ein Oberbürgermeister, ein Regierungspräsident, ein Innenminister, ein Bundeskanzler medienwirksam in der ersten Reihe steht. Die Botschaft »Ich übernehme Verantwortung und Fürsorge« ist das zentrale Signal nach innen und außen.

Zu Recht löste die tatsächliche oder vermeintliche Untätigkeit der Regierung Bush weltweites Entsetzen aus, als 2005 nach dem Wirbelsturm »Katrina« New Orleans in den Fluten versank. Während die größte Militärmacht der Welt ihre eigenen Bürger offensichtlich hilflos absaufen ließ – jedenfalls wenn man der Berichterstattung der führenden Medien glauben darf – betrachtete der Präsident das Elend aus sicherer Höhe aus seinem Regierungsjet »Airforce One«. Ein Fehler, der seinem medienaffinen Nachfolger Obama vermutlich nie unterlaufen würde.

Nicht weniger schlimm war der Eindruck, den die griechische Regierung hinterließ, als im Sommer 2007 verheerende Waldbrände die Halbinsel Peloponnes verwüsteten. In den Städten reagierten die aufgebrachten Griechen sogar mit Großdemonstrationen. Nicht Politik und Verwaltung als Krisenmanager, sondern verzweifelte, verbitterte und schimpfende Menschen beherrschten die Fernsehbilder.

Vorgehensweise

Im behördlichen Krisenmanagement – das es streng genommen als Terminus überhaupt nicht gibt, obwohl es in der Praxis immer wieder praktiziert werden muss – wird zwischen »Katastrophen« und »Ereignissen unterhalb der Katastrophenschwelle« unterschieden. Nach dem guten alten Verwaltungsmotto »Eine Katastrophe tritt nicht ein – sie wird amtlich festgestellt« entscheiden Beamte darüber, was überhaupt eine Katastrophe ist. Diese verwaltungsrechtliche Differenzierung stellt in der Praxis oft genug ein Problem für die Kommunikation dar. Denn für die öffentliche Wahrnehmung spielt es überhaupt keine Rolle, in welchem juristischen Stadium eine Lage ist. Es mag operativ für die Einsatzleitung eine Rolle spielen. Besonders für die finanzielle Bewältigung von Ereignissen ist es wichtig, ob und wann formal ein Katastrophenfall »ausgerufen« wird, weil dann möglicherweise eine andere Gebietskörperschaft zur Kasse gebeten wird. Für die Kommunikationsinhalte ist dies bedeutungslos.

Die Bevölkerung will und muss schnell und umfassend informiert werden – und zwar sowohl die von dem Ereignis direkt betroffene, als auch die nicht (oder noch nicht) betroffenen Bürger. Besonders bei lokalen Ereignissen mit überregionaler Wirkung haben die Bürger direkt und unmittelbar ein hohes Informationsbedürfnis. Die Mehrzahl dieser Interessierten wird wohl die jeweilige sachliche und örtliche Zuständigkeit der betreffenden Behörden oder Organisationen überhaupt nicht kennen (zumal diese oft selbst nicht genau abgrenzen können, wer wofür konkret zuständig ist). Und den meisten dürfte diese Form der Bürokratie auch völlig egal sein.

Für die Krisenkommunikation der öffentlichen Hand sollte daher künftig nicht mehr zwischen dem »Katastrophenfall« und »Fällen unterhalb der Katastrophenschwelle« unterschieden werden. Sinnvoll ist also eine möglichst einfach zu verstehende und einheitliche Kommunikationslösung. Das Land Baden-Württemberg ist diesen Schritt gegangen. Das wegweisende Konzept wird unter »Maßnahmen und Planungen« später exemplarisch beschrieben.

Information der Bevölkerung

Es liegt in der Natur der Sache, dass die zur Krisenkommunikation nötige technische Infrastruktur teilweise oder ganz ausfällt. Das muss einkalkuliert werden. Und zwar sowohl auf der Senderseite als auch auf der Empfängerseite, weil Kommunikation nun mal keine Einbahnstraße ist. Aber wie?

Die Probleme beginnen bereits bei der Alarmierung. Seit dem Ende des Kalten Krieges sind die Einrichtungen des früheren Zivilschutzes so gut wie nicht mehr existent. Das einst flächendeckende Netz von Sirenen wurde abgeschafft. Ganz abgesehen davon: Wer von den jüngeren Bürgern kennt denn heutzutage die Schallsignale überhaupt noch? Die Behörden bauen darauf, ihre Warnungen an die Bevölkerung durch Rundfunk und Fernsehen zu verbreiten. Auch Alarmierungen per SMS über Mobiltelefone werden als moderne Alternative diskutiert. Geschlossene Gruppen, wie Feuerwehren, Technisches Hilfswerk und teilweise Sanitätseinheiten verfügen über eigene Funk-Meldeempfänger.

Was für die Alarmierung gilt, trifft grundsätzlich auch für laufende Informationen und die Weitergabe von Verhaltensregeln zu. Wenn nicht sehr schnell eine einheitliche Rufnummer (Hotline) bekannt gegeben wird, sprechen die Fragesteller je nach ihrer Fantasie alle möglichen Stellen an, von denen sie sich Aufschluss erhoffen: von Polizeidienststellen, über die Telefon-Auskunft, bis zu nahegelegenen Flughäfen, Bahnhöfen und Kirchen. Oder sie landen zufällig in der Vermittlung irgendeiner unbeteiligten Verwaltung. Die Folge: Keiner der Angesprochenen fühlt sich zuständig, die Anrufer werden von Stelle zu Stelle weiterverwiesen und nicht selten im Kreis herum geschickt. Frust und Ärger sind die logische Folge.

Selbstverständlich ist es im Zeitalter des allgegenwärtigen Internets richtig, dass inzwischen auch die Behörden »Darksites« eingerichtet haben und das Web als Bürgerinformations-Plattform nutzen. Und zweifelsohne ist es richtig, dass das Fernsehen für Menschen außerhalb der unmittelbar betroffenen Zone das Informationsmedium Nummer eins ist und wohl auch bleiben wird. Innerhalb einer Katastrophenregion ist und bleibt jedoch der Hörfunk – gerade wegen des hohen Risikos von Stromausfällen – das primäre Informationsmedium. Auch wenn seit dem Fall der Mauer in Deutschland die Neigung der Bevölkerung kontinuierlich zurückgegangen ist, Vorsorge für den Selbstschutz zu betreiben: In jedem Haushalt sollte wenigstens ein tragbarer Radioempfänger mit ausreichend Reservebatterien für lebenswichtige Durchsagen vorhanden sein. Die Geräte arbeiten noch, wenn Smartphone und iPad längst leere Akkus haben.

Für diejenigen, die noch nicht einmal über solche Minimalausstattung verfügen, bleiben nur noch die »reitenden Boten« von Polizei und Feuerwehr mit Lautsprecherwagen und als allerletztes Mittel – wie es bei einigen sächsischen Hochwasser-Gemeinden der Fall war – »Benachrichtigung von Haustür zu Haustür«.

Interne Kommunikation

Für eine wirkungsvolle und zielgerichtete interne Kommunikation sind vier Schritte nötig: Informationssammlung, Sichtung, Koordination und Weitergabe. Erste Schwachstelle sind erfahrungsgemäß die Meldewege und Meldeketten. Oft hapert es schon an der Quelle bei der Qualität der Erstmeldung. Ob ein Krisenpotenzial in seinem zu erwartenden Ausmaß erkannt wird, hängt davon ab, wie qualifiziert die »Sensoren« am Ereignisort sind. Danach ist ausschlaggebend, wie sensitiv die »Bewertungsstelle« in der Wahrnehmung der Eskalation ist.

Anders als beim »Erstmelder« sind die höheren Glieder in der Meldekette meist erfahrene Mitarbeiter (z. B. Beamte im Lagezentrum oder einer Rettungsleitstelle). Nur: Sie müssen auf Grundlage der »Frontberichte« entscheiden. Das größte Verbesserungspotenzial steckt zweifelsohne in der Beschleunigung der Kommunikationsabläufe. Der behördliche Dienstweg, »Hühnerleiter« genannt, führt mitunter zu fatalen Verzögerungen: Auf dem Weg von unten nach oben (Bottom up), bis die kommunikative Brisanz von der Führung erkannt wird und ebenso von oben nach unten (Top down), bis eine Information oder Weisung die Einsatzkräfte erreicht. Behördeninterne Auswertungen nach verschiedenen Übungen – so auch im Vorfeld der Fußball-WM 2006 in Deutschland – bestätigen, dass der Kommunikationserfolg oft eher von der Entscheidungsfreude und Verantwortungsbereitschaft einzelner Handelnder als von den Verwaltungs-Anweisungen geprägt ist.

Außer inhaltlichen Übermittlungspannen kommt es immer wieder auch zu technischen Ausfällen. Den Verantwortlichen sollte bewusst sein, dass nur mehrfache Redundanz ausreichende technische Sicherheit schafft. Jedes System – besonders die Stromversorgung und Kommunikationsmittel – kann je nach Katastrophenlage ganz oder teilweise ausfallen. Dass dies nicht nur theoretische Überlegungen sind, belegt der »Bericht der unabhängigen Kommission der Sächsischen Staatsregierung zur Flutkatastrophe 2002« (Kirchbach-Bericht). Der Ausbau von Festnetz und vielen Mobilfunknetzen ist bis heute noch nicht auf dem erforderlichen Stand. Die neue Digitalfunktechnik, die alles verbessern sollte, ist noch immer nicht flächendeckend eingeführt. Zudem haben sich neue Probleme herauskristallisiert, diesmal in Ballungsräumen: Digitalfunk ist hinsichtlich der Ausbreitungsbedingungen wesentlich empfindlicher als der alte Analogfunk und verliert sich leicht in den Schluchten der Hochhäuser.

Maßnahmen und Planung

Katastrophenschutz ist Ländersache und die wiederum lassen ihren zuständigen Landkreisen viel Spielraum. Viele machen ihre Hausaufgaben. Viele aber auch nicht. Vorreiter für eine effiziente, einfachere und vor allen Dingen einheitliche Planung der öffentlichen Katastrophen- und Krisenkommunikation ist das Land Baden-Württemberg. Im September 2003 führte das »Musterländle« nach fast zweijähriger Entwicklungszeit sein neues Konzept ein und hat es seither laufend weiterentwickelt und verbessert

Die baden-württemberger Behörden waren »gebrannte Kinder«: Am zweiten Weihnachtsfeiertag 1999 hatte der Orkan »Lothar« weite Teile des Waldes entwurzelt, im Juli 2002 kollidierten bei Überlingen am Bodensee zwei Flugzeuge in der Luft und im Oktober 2002 kam es an einer Waiblinger Schule zu einer Geiselnahme, die aber glücklicherweise unblutig endete. Jedes dieser Ereignisse löste schlagartig eine Flut von Anfragen aus dem In- und Ausland aus – und es hatte in den Medien den Anschein, als würden Dutzende von Sprechern aus Landratsämtern, Gemeinden, Ministerien, Feuerwehren und Rettungsdiensten unkoordiniert daherreden, »gerade wie ihnen der Schnabel gewachsen ist«. Unterschiedliche Opferzahlen und Spekulationen über mögliche Ursachen klangen nicht nach qualifizierter Information.

Aufgrund dieser Erfahrungen und zusätzlich unter dem Eindruck der New Yorker 9/11-Anschläge hat das Kabinett in Stuttgart – ganz unschwäbisch – Geld für eine ressortübergreifende Projektgruppe locker gemacht. Ziel war und ist es, »bei schwer wiegenden Ereignissen den gleichen Informationsstand der Verantwortlichen auf allen Ebenen sicherzustellen (interne Kommunikation) und sowohl Medien als auch die Bevölkerung möglichst umfassend und aktuell zu informieren (externe Kommunikation)«.

Mit Unterstützung externer Berater schnitt das Innenministerium rigoros bürokratische Zöpfe ab. Ein Beispiel: Um das oft zu Pannen führende Kästchendenken einzelner Stäbe und Stabsabteilungen zu vermeiden, wurde die Funktion eines übergreifenden »Informationskoordinators« (genannt IKO) entwickelt. Weitere Kernstücke des Konzepts sind ein Handbuch zur Krisenkommunikation mit organisatorischen und technischen Empfehlungen und ein internetbasierter Sonder-Informationsdienst. Radikale Änderungen rufen stets Bedenkenträger hervor. Um eine möglichst hohe Akzeptanz zu erzielen, wurden daher von Anfang an die späteren Nutzer in den Entstehungsprozess eingebunden: die übrigen Ministerien, die Regierungspräsidien, die Landkreise, Städte und Gemeinden, die Polizei, die Feuerwehren und die Hilfsorganisationen. Und alle wurden dann vom Land kostenlos mit den Handbüchern ausgestattet. Anstelle komplizierter Vorschriften also ein nützliches Werkzeug für den Praxiseinsatz auf der Basis eines gemeinsamen Nenners.

Ein weiterer »Trick«: Das Handbuch enthält nicht nur die für die praktische Arbeit erforderlichen Checklisten und Formulare, Bausteine für Presseinformationen oder eine Personalmatrix für den »Dienst rund um die Uhr« und andere Materialien. Ein zusätzlicher Leitfaden dient gleichzeitig als Unterlage für Schulungen, beispielsweise an der Landesfeuerwehrschule und der Verwaltungsschule des Gemeindetags. Mit anderen Worten: Früher oder später ist jeder Katastrophen-Kommunikator in Baden-Württemberg mit den einheitlichen Verfahren vertraut.

Für den Sonder-Informationsdienst werden vorproduzierte »Darksites« auf sehr leistungsfähigen Servern vorgehalten. Ausgehend von Gefahrenpotenzialanalysen werden von den jeweils zuständigen Ministerien vorsorglich für denkbare Katastrophenszenarien Informationen erstellt und laufend aktualisiert. Im Ernstfall können diese Informationen ergänzt um aktuelle Meldungen innerhalb weniger Minuten lage- und bedarfsorientiert freigeschaltet werden. Das reicht von Warnungen, öffentlichen Helfer- oder Spendenaufrufen, Fahndungs- und Vermisstenmeldungen bis zu Verhaltensempfehlungen und speziellen Hintergrundinformationen.

Seinen Test hat das Konzept im direkten Vergleich von vier der 16 Bundesländer (Bayern, Baden-Württemberg, Berlin und Schleswig-Holstein) in einer Großübung der »Lükex«-Reihe mit Bravour bestanden. Die amtliche Vorgabe des Bundesamtes für Bevölkerungsschutz und Katastrophenhilfe (BBK): »Einen flächendeckenden, lang anhaltenden Stromausfall infolge von Naturgewalten bewältigen und realitätsnah mehrtägig durchspielen«. Also exakt jenes Szenario, das das an dieser Übung nicht beteiligte Land Nordrhein-Westfalen in der Realität, als »Schneekatastrophe Münsterland«, mit voller Wucht traf – unvorbereitet und mit bekannt prekären Folgen.

Dass die ausgefeilten baden-württembergischen Pläne nicht für die Schublade sind, hat sich in den vergangenen Jahren mit tragischer Regelmäßigkeit gezeigt, wenngleich nicht in Katastrophen, so doch in verheerenden Großereignissen: Im März 2009, als ein 17-jähriger Schüler in dem Städtchen Winnenden bei einem Amoklauf ein Blutbad anrichtete. Mit der Sportpistole seines Vaters hatte er 15 Menschen getötet und anschließend sich selbst erschossen.

Im November 2012 kamen bei einem Brand nach der Explosion eines Heizofens in einer Behindertenwerkstatt in Titisee-Neustadt 14 Menschen ums Leben. Auch hier haben sowohl die betroffene kirchliche Einrichtung, sämtliche beteiligten Hilfs- und Rettungsdienste und die Behörden auf allen Verwaltungsebenen vorbildlich kommuniziert.

Lektion gelernt?

Es ist fast schon festes Ritual, dass nach *jeder* Katastrophe ein Sündenbock gesucht wird. Zynisch, aber wahr: Das hilft den betroffenen Menschen den eigenen Schmerz zu überwinden, eigene Verluste zu verkraften.

Deshalb darf die Kommunikation am und zum Ende der Einsätze nicht einfach auslaufen, sondern muss mit einem geordneten Abschluss »heruntergefahren« werden. Das heißt, zum Abschluss muss eine kritische Bilanz mit allen Facetten gezogen werden – mit Erkenntnissen und konkreten Vorschlägen. Auch das wollen die Bürger: Sie verlangen Einsicht, Besserung und Konsequenzen. Im ersten Kapitel dieses Buches ist als mahnendes Beispiel beschrieben, was geschieht, wenn diese Grundregeln nicht respektiert werden. Die Menschen in Duisburg mussten nach dem Desaster bei der Loveparade diese Lektion schmerzhaft lernen.

Eine zentrale Forderung ist auch, dass für wichtige öffentlichen Einrichtungen und alle (auch privatrechtlich betriebenen) Anbieter »kritischer Infrastrukturen« individuelle Krisen- und Katastrophenpläne ausgearbeitet werden. Vom Wasserwerk bis zum Stromversorger, von Schulen über Universitäten und Krankenhäuser bis zu Altenheimen, vom öffentlichen Personennahverkehr bis zu Flughafenbetreibern. Und alle diese Einzelpläne sollen idealerweise vernetzbar sein.

Es gibt nach wie vor nicht nur enormen Nachholbedarf in Technik, Organisation und Prozessen, sondern auch einen permanenten Aus-, Weiterbildungs- und Übungsbedarf. Die Mehrzahl der Akteure in der Katastrophenbewältigung sind nun mal Amateure. Freiwillige und ehrenamtliche Helfer werden von gewählten Politikern und Verwaltungsbeamten gesteuert, deren Kerngeschäft jedenfalls nicht Krisen und Katastrophen sind. Nur eine kleine Schicht im Mittelbau – Berufsfeuerwehren, Rettungsdienste, Leitstellen und je nach Lage gelegentlich Bundeswehr-Offiziere – besteht aus Profis.

Vor diesem Hintergrund hat das Bundesamt für Bevölkerungs- und Katastrophenschutz (BBK) ein umfangreiches Aus- und Weiterbildungsangebot an der bundeseigenen Akademie für Bevölkerungsschutz und Katastrophenhilfe (AKNZ) in Bad Neuenahr aufgelegt. Der Besuch dort ist allerdings freiwillig.

Jeder, der sich zum Bürgermeister, Landrat oder Regierungspräsident wählen lässt, ist gut beraten, sich frühzeitig und intensiv auch mit diesen extremen Facetten seiner Dienstpflichten vertraut zu machen.

3 Bedrohung des Ansehens

»Audacter calumniare, semper aliquid haeret« – »Verleumde nur dreist, etwas bleibt immer hängen.« Dieses Zitat von Francis Bacon, fußend auf den Schriften des antiken Philosophen Plutarch, bringt das Wesen des Gerüchtes nicht nur auf den Punkt, sondern es belegt, dass das Gerücht als Macht- und Manipulationsinstrument spätestens seit der Antike eingesetzt wird. Gerüchte wecken stets reges Interesse in der Öffentlichkeit. Sie manipulieren die öffentliche Wahrnehmung und können somit die Entwicklung von Unternehmen maßgeblich beeinflussen, ihr Ansehen und ihren Erfolg bedrohen. Sie gehören deshalb zu den größten Herausforderung für die Krisenkommunikation.

Bei der Verbreitung von Gerüchten sind die Massenmedien, speziell das Internet, der entscheidende Faktor. Der rasante Fortschritt im Bereich der Nachrichtenübermittlung hat die Welt nicht nur kleiner gemacht. Die Informationswege haben sich nicht nur verkürzt, sie führen auch zu immer mehr Menschen. Kurz gesagt: Was früher nur für den »Flurfunk« in einem Unternehmen getaugt hätte, kann heute schon zu einem weltweiten Gesprächsthema werden.

Das Internet als Kommunikationsmedium ist dabei ein zweischneidiges Schwert. Einerseits kann es Dienstleistungen und Botschaften kommunizieren und vermarkten sowie das Image eines Unternehmens verbessern. Andererseits werden gerade in kritischen Situationen Unternehmensnachrichten weltweit und »in Echtzeit« verbreitet. Das Internet ist wie ein fruchtbarer Nährboden, auf dem alle Arten von Gruppierungen gedeihen, die sich kritisch mit einem Unternehmen auseinandersetzen oder ihm gar in böswilliger Absicht schaden wollen. Das Internet bietet unbegrenzt Raum für Botschaften und Nachrichten jeglicher Art, da im Netz der Netze jeder und doch keiner zu regieren scheint, sich jeder zu jedem Zeitpunkt und Thema zu Wort melden kann.

Als modernes Kommunikationsmedium hat das Internet dafür gesorgt, dass Gerüchte eine nie gekannte Reichweite erlangen. Doch gehören zu deren erfolgreicher Platzierung noch eine Reihe weiterer Einflussfaktoren.

Die Bedeutung von Gerüchten

Durch die Entwicklung der Massenmedien und die rasante Ausbildung der weltweiten Datennetze wird die Welt zunehmend transparenter. Das betrifft die Entscheidungen und das Handeln von Unternehmen, Regierungen und anderen Akteuren. Gleichzeitig finden Gerüchte in der Vielzahl der zu füllenden TV-Kanäle, Newsticker und Internetseiten einen dankbaren Abnehmer. Der Druck auf Unternehmen, den gewachsenen Informationsbedürfnissen der Öffentlichkeit gerecht zu werden, wird immer stärker. An den Finanzmärkten gehören Gerüchte zum Tagesgeschäft, in der Politik sind sie allgegenwärtig und Personen des öffentlichen Lebens sehen sich einer Flut von Gerüchten ausgesetzt, die ihren Ruf auf Dauer schädigen können (beispielsweise Ex-Bundeskanzler Schröder wegen seiner angeblich gefärbten Haare).

Nicht zuletzt können auch Unternehmen (»Hypobank ist pleite«) und einzelne Produkte (»Katzenfutter in Frühlingsrollen«) zum Opfer von Gerüchten werden. Gerüchte können verleugnen, Unternehmen zerstören, Politiker zum Rücktritt zwingen, Personen um ihre Reputation bringen, Produkte vernichten – dauerhaft und allen Dementis zum Trotz unwiderruflich. Nicht selten ist das Phänomen zu beobachten, dass zu eindringliches Dementieren von den Adressaten eher als Bestätigung eines Gerüchtes empfunden wird, nach dem Motto: »Wenn der so laut und heftig dementiert, wird schon was dran sein.«

Die Auseinandersetzung mit dem Medium Gerücht ist für Unternehmen aufgrund der wachsenden Bedeutung der Kommunikationsbeziehung zu den verschiedenen Anspruchsgruppen überlebenswichtig. Denn Gerüchte als Form der informellen Kommunikation können nicht nur das Image, sondern auch die finanzielle Situation eines Unternehmens nachhaltig beeinflussen. Deshalb ist ein strukturiertes Wissen um das Phänomen Gerücht und dessen Wirkung sowie um Handlungsstrategien unentbehrlich für die Unternehmenskommunikation der Zukunft. Wer Gerüchte ignoriert oder falsch mit ihnen umgeht, dem drohen fatale Folgen, die sogar zum Zusammenbruch einer Unternehmensexistenz führen können.

Merkmale eines Gerüchts

Gerüchte haben unterschiedliche Schweregrade. Sie lassen sich grob einteilen in ungefährliche, tendenziell eher schädliche oder eher positive Gerüchte. Das Gewicht wird bestimmt von der Aussage des Gerüchts, dem Verbreitungsgrad und der Verbreitungsgeschwindigkeit. Die Aussage eines Gerüchts (der Kommunikationsinhalt) bestimmt, ob es weiterverbreitet wird oder nicht. Die Wahrscheinlichkeit, dass ein Gerücht weiterverbreitet wird, steigt mit zunehmender Glaubwürdigkeit desjenigen, der es verbreitet (des Kommunikators). Doch nicht allein das »Wer sagt es?« und das »Worum geht es?« spielen eine Rolle. Dazu kommt folgende Gleichung: Je stärker die Übereinstimmung der dargebotenen Informationen mit den vorhandenen Einstellungen der Empfänger ist, desto höher ist die Übernahmewahrscheinlichkeit einer Nachricht.

Die Relevanz der Verbreitungsgeschwindigkeit zeigt sich am Beispiel der globalen Finanzmärkte. Hier werden Gerüchte aufgrund der kurzen Reaktionszeit an den Weltbörsen besonders in nachrichtenarmen Zeiten wie harte Fakten gehandelt. Mit der Folge, dass ein Wispern einen Orkan auslösen kann. Aktienkurse reagieren sensibel auf aufkommende Gerüchte, die oft nur einen einzigen Zweck haben: den Kurswert einer Aktie hochzutreiben oder in den Keller zu schicken, kurz: ihn zu manipulieren. Übernahmefantasien, finanzielle Unregelmäßigkeiten, Wechselmanagement, Klageandrohung oder der bevorstehende Gang zum Konkursrichter sind die Stoffe, aus denen Börsengerüchte gemacht werden. Da wird von Fusionen gemunkelt, werden Gewinnwarnungen gestreut, Zukäufe angedeutet oder vor Liquiditätsschwierigkeiten gewarnt; alles auf Grundlage nicht nachprüfbarer Fakten und scheinbarer Wahrheiten.

Der Prozess der Verbreitung und Übertragung von Gerüchten gleicht dem Prinzip der stillen Post, d. h. Informationen werden meist nicht unverändert weitergegeben. Bestimmte Details werden beispielsweise vernachlässigt (Leveling), andere Aspekte übertrieben (Sharpening) oder mit Stimmungen, Meinungen oder Vorurteilen des Überträgers eingefärbt (Assimilation). Ein Gerücht kann sich demnach innerhalb eines Lebenszyklus verändern. Es kann sich sogar zu einer völlig anderen Aussage entwickeln.

Der Lebenszyklus eines Gerüchtes gliedert sich in die klassischen Phasen Entstehung, Verbreitung und Beendung. Wobei die Beendung in der heutigen Zeit auch eher eine Verstetigung im Internet entspricht. Das Verlaufsmuster besitzt keine Gesetzmäßigkeit, denn der Lebenszyklus eines Gerüchtes ist ein Prozess mit offenem Ausgang. Ungewiss bleibt insbesondere, in welcher Zeit das Gerücht die einzelnen Phasen durchläuft. Ebenso unvorhersehbar ist, ob das Gerücht alle Stufen des Lebenszyklus bis zum Ende absolviert oder ob es zwischenzeitlich gestoppt wird. Offen ist auch, ob sich das Gerücht nach einem einmaligen Zyklusdurchlauf endgültig in nichts auflöst oder ob es erneut zutage tritt – eventuell in einer veränderten Form.

Schon seit den 1970er Jahren kursiert ein Flugblatt aus dem »Krankenhaus von Villejuif«, das zum Boykott beliebter Getränke- und Lebensmittelmarken (Coca Cola, Schweppes, Martini) aufruft, da sie gefährliche Zusatzstoffe (E 330) enthielten. Mit dem Krankenhaus ist das bekannte Krebsforschungsinstitut in Villejuif bei Paris gemeint. Obwohl das Krebsforschungszentrum sich von dem Flugblatt schon mehrfach distanzierte und Spezialisten nicht aufhörten, seine mangelnde Fundierung zu betonen, hat es inzwischen eine Neuauflage erfahren – im Internet. Wie sagte Francis Bacon: »Etwas bleibt immer hängen.«

Diesen sogenannten merkantilen Sagen, das heißt Gerüchten und Geschichten, deren Zielscheibe bekannte Unternehmen und ihre Produkte sind, liegt dem amerikanischen Sozialpsychologen Gary Allan Fine zufolge ein tief verwurzeltes Misstrauen dem Big Business gegenüber zugrunde – ein Erbe des politisch kritischen Denkens und des Enthüllungsjournalismus.

Das Gerücht im Netz

Heute spiegeln sich diese teils archaischen Ängste und das Misstrauen in den öffentlichen Räumen des Internets wider. Paradebeispiele für das Entstehen unkontrollierter Gerüchte sind sogenannte Hatesites und Cripesites. Diese teilweise professionell organisierten »Gerüchteküchen« sind quasi eine ständige latente Krise, die wie ein ruhender Vulkan jederzeit und urplötzlich ausbrechen kann.

Der Archetyp einer Hatesite ist die Seite mcspotlight.org. Hier versammeln sich seit Jahren die McDonalds-Hasser, um ihrem Verdruss über die Fastfoodkette organisierten Ausdruck zu verleihen. Hatesites sind meist gezielt gegen ein Unternehmen, eine Organisation oder auch gegen konkrete Personen gerichtet. Eine der bekanntesten Hatesites trägt ihr Programm schon im Namen: ihatemicrosoft.com. Vor Jahren erwischte es auch den Mobilfunkanbieter Viag Interkom. Nachdem das Unternehmen zwar die Minutenpreise für Handygespräche gesenkt, jedoch vergleichsweise hohe Preise für die SMS-Nachrichten beibehalten hatte, organisierte sich der Zorn der zunehmend größer werdenden SMS-Gemeinde auf einer eigens eingerichteten Website gegen Viag Interkom.

Der Charakter von Cripesites ist ein anderer. Sie bezeichnen die steigende Zahl von Webplattformen, die sich entweder dem Schutz der Verbraucher oder der Auswahl besonders guter und günstiger Produkt- und Dienstleistungsangebote verschrieben haben. Im Bereich des Verbraucheraustausches spielen auch Blogger eine zunehmende Rolle.

Bei dem Launch eines neuen Waschmittelproduktes speziell für Babys meldete sich beispielsweise in einem Verbraucherportal junger Mütter eine Frau zu Wort, die nach Nutzung des Produktes Hautrötungen bei ihrem Kind feststellte. Dies führte zu einer regen Diskussion, an der sich auch das Unternehmen beteiligte. Mehr noch: Es intervenierte schnell, indem es sich in dem Blog direkt an die geschädigte Teilnehmerin wandte und Hilfe anbot. Im Fortgang der thematischen Auseinandersetzung wurde ein Allergietest durchgeführt und das Umfeld der betroffenen Bloggerin näher beleuchtet. Unterstützt von einem externen Krisenteam intensivierte das Unternehmen die Kontakte und führte weitere Maßnahmen durch, bei denen Verblüffendes zutage trat: Nicht das Waschmittel und auch kein gefälschtes Waschmittelprodukt waren Auslöser der Allergie, sondern die neue Katze der Nachbarin. Das Baby litt an einer Katzenallergie. Dieses Paradebeispiel für eine professionelle Krisenreaktion zeigt, wie unerlässlich es ist, auch in Bezug auf das Internet ein Frühwarnsystem aufzubauen und es auch zu nutzen.

Gerüchte über Firmen mit den größten Marktanteilen bzw. mit dem größten Renommee erfahren eine weitere Verbreitung als entsprechende Berichte über Konkurrenzunternehmen. Parallel dazu besteht die Tendenz, Erzählungen über kleinere Firmen auf die größten, prototypischen Unternehmen zu übertragen.

Diese Beobachtungen fasste Gary Alan Fine in der Formel »Goliatheffekt« zusammen. Für die Glaubwürdigkeit und die Verbreitung eines Gerüchts spielt das Involvement von Meinungsführern eine wesentliche Rolle. Ob die Entstehung eines Gerüchts intendiert oder unbeabsichtigt ist und ob das Gerücht der Wahrheit entspricht oder nicht, ist für den Diffusionsprozess und die Auswirkungen auf Unternehmen irrelevant. Entscheidend ist, dass das Gerücht geglaubt und somit weiterverbreitet wird. Hier spielen Meinungsführer eine zentrale Rolle. Während die Massenmedien Aufmerksamkeit und Interesse für Themen wecken (»Hast du das in der BILD gelesen?«), tragen Meinungsführer eher zur Beurteilung und Einstellungsbildung bei (»Sogar die FAZ schreibt das!« / »Professor X hat das bestätigt!«). Denn deren Meinung ist gefragt und akzeptiert, weil sie auf ihrem Gebiet als besonders kompetent und sehr gut informiert gelten. Werden Aussagen oder Informationen durch einen Wissenschaftler oder eine wissenschaftliche Expertise gestützt, so ist die Wahrscheinlichkeit ihrer Weiterverbreitung deutlich höher.

Die Wirkung eines Gerüchts

Die Auswirkungen von Gerüchten sind vielfältig. Grundsätzlich kann von psychologischen und ökonomischen Wirkungen gesprochen werden. Denkbare psychologische Wirkungen betreffen beispielsweise das Image, die Motivation der Mitarbeiter oder das Vertrauen der Kunden und Partner in das Unternehmen. Ökonomische Wirkungen lassen sich beispielsweise am Umsatz oder dem Aktienkurs ablesen. Allerdings sind psychologische und ökonomische Wirkungen eng miteinander verknüpft und dürfen nie getrennt voneinander gesehen werden. Denn was psychologisch wirkt, wird langfristig gesehen auch ökonomischen Einfluss auf ein Unternehmen haben.

Gerade im Bereich der Finanzmärkte kommt es immer wieder zu Gerüchten, die Auswirkungen auf Aktienkurse haben können. In Zeiten des Börsenbooms im Jahre 2001 waren gerade die Internetchatrooms Fundgruben für Gerüchte. Hier konnte jeder ungeprüft und ungestraft Nachrichten jedweder Art streuen. Ein besonders negatives Beispiel für Gerüchte aus dem Kreise eines Privatanlegers ist der Emolex-Fall. Im Sommer 2000 befand sich der 23-jährige Amerikaner Mark Jacob in einer »Notlage«. Er hatte am 17. August Put-Optionen auf Aktien der Emolex Corp. gekauft, die durch anhaltende Aktienkurssteigerungen wertlos zu werden drohten. Jacob beschloss, dem entgegenzuwirken und entwarf eine frei erfundene Presseerklärung der Emolex Corp. Sie enthielt eine Gewinnwarnung des Unternehmens. Zudem machte das Unternehmen in der Meldung auf Untersuchungen wegen Bilanzfälschungen aufmerksam und gab den Rücktritt ihres CEO bekannt. Diese Nachricht schleuste der junge Mann am Morgen des 25.08.2000 bei seinem früheren Arbeitgeber ein, der Internet Wire Inc., einem kleinen Dienstleister für die Verteilung von Pressemitteilungen. Um 9.46 Uhr wurde die Meldung von Yahoo Finance übernommen und erschien im Internet. Binnen weniger Minuten begann der Kurs zu sinken. Um 10.13 Uhr veröffentlichte Bloomberg die Meldung über professionelle Informationssysteme. Um 10.17 Uhr schrieb ein nervöser Händler in ein anderes Informationssystem, er versuche zu verkaufen, aber der Markt sei schneller. Um 10.29 Uhr wurde der Handel ausgesetzt. Die Aktie fiel in 45 Minuten um 60 Prozent. Abgesehen davon, dass das FBI Jacob wenige Tage später festnahm, verklagte ein Rentner aus Florida die Nachrichtenagentur Bloomberg, weil sie die Meldung ohne sorgfältige Prüfung veröffentlicht habe. Der Rentner hatte in der Hysterie des Vormittags die Aktie bei fallenden Kursen verkauft und 15 000 Dollar Verlust gemacht.

Prävention

Schafft ein Gerücht erst einmal den Sprung aus den Sphären des Internets in die Massenmedien, ist es für eine frühzeitige Gegenoffensive zu spät. Das Gerücht kann zum Selbstläufer werden und ist kaum noch zu beeinflussen. Es hat das Szenario einer Krisensituation erreicht.

Wer eine durch Gerüchte ausgelöste Krise verhindern will, muss ein geeignetes Frühwarnsystem entwickeln und auch einsetzen. Eine bessere Waffe gibt es nicht. Alles, was die Gerüchte auslösen kann, muss im Vorfeld erkannt und gebannt werden. Ihnen wird mit einer umfassenden Informationspolitik und einem entsprechenden Imageaufbau begegnet. Ein starkes positives Image dient der Gerüchteprävention. Denn: Wen man mag, dem vertraut und dem verzeiht man eher. Je mehr die Aussage des Gerüchts mit dem öffentlichen Image eines Unternehmens übereinstimmt, desto glaubwürdiger wird es für das Publikum. Das heißt, wer ein schlechtes Image hat, dem traut die Öffentlichkeit auch den Wahrheitsgehalt eines negativen Gerüchtes zu, während ein positives Image Ungläubigkeit auslöst und somit helfen kann, das schädigende Gerücht auszubremsen.

Gleiches gilt umgekehrt für positive Gerüchte. Außerdem lässt sich mit einer offenen und transparenten Informationspolitik der Gerüchteküche am leichtesten das Gas abdrehen. Dabei kommt es entscheidend darauf an, auch unangenehme Themen, beispielsweise die Entdeckung von Schadstoffen in einem Produkt, selbständig anzusprechen. Je früher sich das Unternehmen mit einem Thema und dessen Kommunikation auseinandersetzt, desto aktiver kann es das Geschehnis beeinflussen, und desto größer ist die Wahrscheinlichkeit, dass das Gerücht sich zugunsten des Unternehmens entwickelt.

Neben dem Aufbau eines Systems zur Früherkennung und Gerüchtesuche im Internet (vgl. Teil I, Kap. 6) ist es von existenzieller Bedeutung, langfristig ein positives Image, öffentliches Vertrauen und Glaubwürdigkeit in das Unternehmen und seine Produkte herzustellen. Der wichtigste Aspekt im Umgang mit Gerüchten ist die Einsicht, dass sie nicht einfach so entstehen, sondern dass sie auf einer Informationslücke beruhen.

Gerüchte lassen sich nie komplett kontrollieren. Aber es gibt Strategien und Maßnahmen für den Fall, dass ein Gerücht bereits im Umlauf ist und sich in Eigendynamik verselbständigt hat. Die nachfolgenden Handlungsoptionen sind nicht als Blaupause, sondern als Empfehlungen zu betrachten, die jeweils situations- und unternehmensabhängig zu bewerten sind. Wie in anderen Krisenfällen auch, existiert keine allgemein gültige Systematik nach dem Schema F. Jede Gerüchtesituation und die damit verbundenen Handlungsalternativen bedürfen einer gründlichen Abwägung der Chancen und Risiken.

Dementierungskampagne

Bei einer Dementierungskampagne existieren zwei Kommunikationsprozesse. Durch ein Dementi wird das Gerücht erst richtig breitgetreten, so dass es auch diejenigen erreicht, die es vorher noch nicht kannten. Auf der anderen Seite soll das Dementi diejenigen beeinflussen, denen das Gerücht schon bekannt ist. Dementis können Gerüchte entkräften. Häufig tragen sie aber auch zum Gegenteil bei: Dann bewirken sie die (verneinende) Bestätigung eines Sachverhalts, der bislang nur ein Gerücht war. Wenige, im kollektiven Gedächtnis verankerte Negativbeispiele werden sofort mit der neuen Situation assoziiert, auch wenn sie außer der Tatsache, dass ein Dementi erfolgt ist, nichts mit ihr gemein haben (»Niemand hat die Absicht, eine Mauer zu errichten!« / »Ich gebe Ihnen mein Ehrenwort«). Schweigen ist daher oft weniger verdächtig als ein nur vage formuliertes Dementi.

Fällt die Entscheidung für ein Dementi, ist ein planvolles Vorgehen maßgeblich für den Erfolg. Die Glaubwürdigkeit eines Dementis beispielsweise steigt, wenn es von besonders vertrauenswürdigen und verlässlichen Personen unterstützt wird.

Grundsätzlich haben Dementis aber nur eine unvollkommene Wirksamkeit. Sie dienen niemals der Beseitigung eines Gerüchtes, sondern können nur als zusätzliche Information angesehen werden. Etwas bleibt immer hängen – und oftmals mehr, als den Betroffenen lieb ist.

Rechtliche Mittel

Bricht ein Gerücht über eine Person oder ein Unternehmen herein, löst dies zumeist als Erstes den Impuls aus, vor Gericht zu ziehen. Doch den juristischen Weg bei Gerüchten einzuschlagen, ist meist ebenfalls wenig erfolgreich. Erfolg setzt voraus, Urheber oder Verbreiter (Personen, Medien) sowie schädliche Folgen des Gerüchts benennen zu können, denn nur dann kann der Tatbestand der üblen Nachrede (§ 186 StGB) und der vorsätzlichen Verleumdung (§ 187 StGB) erfüllt sein. Ist die Quelle gänzlich unbekannt, besteht die Option, Anzeige gegen Unbekannt zu erstatten. Dies kann dann sinnvoll sein, wenn die Anzeige als taktisches Vehikel für die begleitenden Kommunikationsmaßnahmen dient: Zwar wird in aller Regel ein Ermittlungsverfahren sang- und klanglos wieder eingestellt werden, schlichtweg, weil der Staatsanwalt keinen Täter ermitteln kann. Aber mit der Anzeigenerstattung kann der Betroffene seine Botschaft öffentlichkeitswirksam platzieren, unschuldiges Opfer einer schändlichen Böswilligkeit geworden zu sein. Die Wirkkette: Gibt es ein Opfer, existiert auch ein Täter. Existiert ein Täter, dann wird die Öffentlichkeit in ihrem Glauben an den Wahrheitsgehalt des Gerüchts verunsichert. Strategisches Ziel ist es, die Wahrnehmung des Gerüchts zu destabilisieren und das Unternehmen als Geschädigten zu positionieren.

Die Nichtreaktion

Das Aussitzen, also die Nichtreaktion, ist im Allgemeinen ein durchaus probates Mittel, ein Gerücht zum Verstummen zu bringen. Schließlich ist das beständige Weitergetragenwerden das Lebenselixier eines Gerüchtes. Dazu muss es immer wieder neu mit Gesprächsstoff angefüttert werden. Wer diese Variante wählt, setzt auf die so genannte »Selbstlöseautomatik« einer Krise. Hier gilt es aber zu bedenken: Wer aussitzen will, muss zumindest eine Zeit lang den Druck aushalten können. Eine solche Entscheidung sollte daher nicht vorschnell getroffen werden. Zuvor sind ganz besonders der Kommunikationsinhalt, das Involvement der Teilnehmer, der Kommunikationsgrad und die Verbreitungsgeschwindigkeit des Gerüchtes zu bewerten.

Zudem fällt die Bagatellisierung nach dem Motto »Bloß kein Öl ins Feuer gießen«, »Nicht reagieren, Ruhe bewahren« besonders schwer, wenn das Ehrenmoment angegriffen ist. Beispielsweise, wenn ein grundsolides und nach festen Wertgrundsätzen handelndes Unternehmen der Betrügerei beschuldigt wird und fürchtet, sein Schweigen könnte als Schuldeingeständnis ausgelegt werden. Doch gerade dann, wenn sie sich zu Unrecht angegriffen fühlen, lassen sich Unternehmen in vielen Fällen zu unbedachten Äußerungen hinreißen, durch die das Gerücht im Zweifelsfall eher angeheizt wird.

Das Spindoctoring

Ein Begriff, der aus den amerikanischen Wahlkämpfen auch nach Deutschland geschwappt ist, ist das Spindoctoring. Hier wird versucht, das Gerücht umzudrehen, d. h. das Thema aufzugreifen, ihm aber nach und nach einen anderen Sinn zu geben. Die Geschichte zu »drehen« funktioniert jedoch nur, wenn der Betroffene in der Lage ist, das Gerücht mit ständig neuem Gesprächsstoff anzureichern. Er befriedigt damit zugleich die Erwartungen des Publikums und der Öffentlichkeit. Ziel ist es, immer mehr Unklarheit in das Gerücht zu bringen. Dies ist besonders dann der Fall, wenn die Vermischung von richtigen und unrichtigen Zusammenhängen mit neu eingebrachten Informationssegmenten zunimmt – übrigens ein probates Mittel der Kremlpolitik zu Zeiten des Kalten Krieges. Das ständige Hinzufügen neuer, teils verwirrender Informationen in die Gerüchteerzählung gerät in Konflikt mit dem »Prinzip der Originalität«. Der Vorteil dieser Variante ist: Zum Schluss weiß keiner mehr so recht, worum es ursprünglich ging. Das Thema ist verwässert, Überdruss wird erzeugt und das Interesse erlischt und ist somit für die Allgemeinheit erledigt.

Die Stigmatisierung

Wie bei allen hier gezeigten Reaktionsmechanismen ist auch das Gelingen des Stigmatisierens vom konkreten Fall abhängig. Die Methode selbst ist aus der Propaganda- und Agitationsforschung bekannt. Man sucht sich eine Gruppe heraus, in diesem Fall diejenige, in der das Gerücht kursiert, und versucht, diese als unglaubwürdig hinzustellen. Dem Gerüchteverursacher werden hinterhältige Motive vorgeworfen und unterstellt, er strebe nach eigenem Vorteil. Im Extrem führt dieses Vorgehen zur Stigmatisierung ganzer Bevölkerungsgruppen. Da niemand ein Interesse daran hat, mit derlei üblen Leuten in Verbindung gebracht zu werden, lässt man lieber davon ab, das Gerücht aufzugreifen oder es zu verbreiten. Im Wettbewerbsumfeld von Unternehmen geht es meist glimpflicher aus, obwohl es auch einige bekannte Fälle gibt, in denen der »böse Verdacht« Unternehmen in den Ruin geführt hat. Gelegentlich soll es auch vorgekommen sein, dass ein Gegner erfunden wurde, wo keiner war, nur um von den eigenen Schwierigkeiten abzulenken.

Zusätzlich zu den dargestellten Reaktionsstrategien kann auch das Internet als Plattform der aktiven Krisenintervention genutzt werden, z. B. mit eigenen Diskussionsforen, aktiver Meinungsbildung in Onlinediskussionszirkeln oder direkt über meinungsbildende Kampagnensites.

Fazit

Gerüchte gehören zu einem von Ethnologen seit langem analysierten Brauch und bedienen sich aller denkbaren Wege, um sich zu verbreiten. Es ist also kein Zufall, dass gerade im Internet die Gerüchteküche brodelt. Im Zeitalter der Informationsüberflutung, in dem es Botschaften und Nachrichten oftmals schwer haben, ihre Empfänger zu erreichen, gelingt dies vor allem den Gerüchten. Sie schließen Verständnislücken, indem sie simplifizieren, vermitteln Neuigkeiten und können sich dadurch der öffentlichen Aufmerksamkeit sicher sein. Gegenüber erwartbaren, offiziellen Meldungen genießen Gerüchte Exklusivität (»Hast du schon gehört?«) und können dadurch eine erhebliche Bedrohung für das Ansehen eines Unternehmens darstellen.

Doch obwohl böswillige Behauptungen sogar zu den betrieblichen Risiken zählen, die durch das im Gesetz zur Kontrolle und Transparenz im Unternehmensbereich (KontraG) vorgeschriebene Risikomanagement mit erfasst werden sollten, ist eine Frühwarnung und ein Vorbereiten auf solche Szenarien in den Unternehmen so gut wie nie vorhanden. Und das ist kein Gerücht …

4 Personenkrise

Nichts ist mehr, wie es war. Jedenfalls für einen Menschen, der eine Krise öffentlich durchlebt und durchlitten hat. Solche persönlichen Krisen sind so einschneidend, so tiefgehend und vor allen Dingen so häufig, dass wir ihnen unter dem Stichwort »Personenkrise« ein eigenes Kapitel widmen.

Warum ist das so? Sind denn nicht bei jeder Krise in irgendeiner Weise Personen involviert? Gibt es nicht bei jeder Krise Opfer, Täter, Mitwirkende, Betroffene – mithin also Personen? Beispielsweise der betroffene Konsument einer Produktkrise, der Verletzte in einem Schadens- oder Katastrophenfall oder der Mitarbeiter in einem von feindlicher Übernahme gebeutelten Betrieb?

Der gravierende Unterschied und das Alleinstellungsmerkmal der Personenkrise ist, dass die einzelne Person oder deren persönliches Umfeld, beispielsweise die Familie, das *unmittelbare* Objekt der kritischen Lage ist und zwar sowohl operativ als auch kommunikativ.

Dabei spielt es zunächst auch keine Rolle, ob die kritische Situation selbstverschuldet ist oder ob sie dem Betroffenen beispielsweise von Gegnern, Neidern, Feinden oder den Medien »angehängt« wird. Für ihn ist es bitter, dass es dabei weniger auf die Fakten oder die Schwere der vorgeworfenen Verfehlung ankommt, als auf den Grad der Empörung und der damit verbundenen Skandalisierung.

Theoretisch kann jeder jederzeit in eine solche Bredouille kommen. Allerdings gibt es Personengruppen, die gegenüber der Allgemeinheit für dieses Risiko deutlich exponierter als etwa »Lieschen Müller« sind, wie

- Politiker,
- hohe Amts- und Würdenträger,
- Unternehmer,
- hochrangige Wirtschaftsführer,
- Künstler aller Art,
- Sportler,
- bekannte Medienschaffende und grundsätzlich
- Prominente.

Sie alle sind die ideale Projektionsfläche für Skandale, Enthüllungen und Empörungswellen. Das war immer so und das wird wohl auch immer so bleiben. Grund genug für jeden, der einer solchen Risikogruppe angehört, sich vorsorglich Gedanken zu machen und zumindest mental darauf vorzubereiten.

Markantes Interventionsmerkmal: »Menschlichkeit und Sympathie«

Das Schöne bei Personenkrisen (zumindest für die nicht Betroffenen) ist: komplexe Sachverhalte lassen sich auf holzschnittartige Schlagzeilen herunter boulevardisieren. Jeder glaubt mitreden zu können. Jeder hat eine Meinung dazu. Es ist die Stunde der moralischen Scharfrichter. Für die im Mittelpunkt der Personenkrise stehenden Menschen ist dies dagegen eine psychologisch fatale Situation. Unabhängig von einer vielleicht tatsächlich vorliegenden objektiven Schuld oder Verfehlung fühlt sich die Person bloßgestellt, bedrängt, an den medialen Pranger gestellt. Oftmals wird sie zu Unrecht vorverurteilt, in jedem Falle schwer angegriffen. In dieser psychologischen Ausnahmelage fällt es *jedem* schwer, sich angemessen zu verteidigen. Die Grenzen zwischen Tatsachen und Meinungen verschwimmen, die Sachebene und die Gefühlsebene vermischen sich.

Allen Personenkrisen gemein ist der Umstand, dass die Medien praktisch immer auf unzulässige Weise mit vertraulichen Informationen gefüttert werden. Schon deshalb sollte sich keiner der Betroffenen der Illusion hingeben, er könne auch nur irgendeine Verfehlung langfristig unter der Decke halten. Bedenklich, aber anscheinend nicht zu ändern, ist, dass immer öfter zur Verschwiegenheit verpflichtete Amtsträger mit ihrem Wissen und ihren Akten in den Redaktionen hausieren gehen. Die Akten von Staatsanwaltschaften sind löchrig wie Schweizer Käse. Die von beteiligten Rechtsanwälten sowieso. Und selbst auf das Steuergeheimnis ist kein Verlass.

Deshalb kommt es bei der Krisenkommunikation in solchen Fällen deutlich weniger auf die bloße Offenlegung von Fakten an, als vielmehr darum, verlorenes Vertrauen und Sympathie zurückzugewinnen. Das funktioniert aber nur, wenn durch schnelle Reaktion der mediale Schaden noch nicht zu groß anwachsen konnte.

Vorgehensweise

In eigener Sache ist man meist betriebsblind und sich selbst ein schlechter Ratgeber. Deshalb ist es überlebensnotwendig, sich sehr schnell einen erfahrenen Sparringspartner an Bord zu nehmen. Zu diesem muss einerseits ein unbedingtes Vertrauensverhältnis bestehen, er muss aber in der Lage sein, genügend kritische Distanz zu wahren, um die nötigen – manchmal schmerzhaften – Empfehlungen geben zu können. Das kann ein Freund oder Kollege sein, das kann aber auch ein Krisen-Profi sein.

Unverzichtbar sind

- kommunikativer Sachverstand gepaart mit
- juristischer Expertise.

Je nach Sachverhalt ist es auch nützlich, Experten weiterer Disziplinen an Bord zu holen: etwa Steuerberater, forensische Ermittler, Marketingexperten oder auch mal Psychologen. Je früher das persönliche Team steht und beratend unterstützen kann, desto günstiger stehen die Chancen auf eine rasche Bewältigung der Krise.

Unabhängig von der später tatsächlich eingeschlagenen taktischen und strategischen Richtung steht als erste Maßnahme immer eine schonungslose Bestandsaufnahme auf der Agenda. Als Worst-Case-Szenario muss immer der Fall angenommen werden, wie bekannt werdende Umstände bei *böswilligster* Interpretation gesehen werden *können*. Das ist erfahrungsgemäß bereits die erste und die schwierigste Hürde. Es ist nur zu menschlich, dass Betroffene das genaue Gegenteil versuchen. Sie wollen sich rechtfertigen, Umstände beschönigen und plausible Begründungen und Erklärungen für ihr eigenes Handeln finden. Sie suchen in erster Linie Verständnis. Es hilf aber nicht, wenn sich der Delinquent in die eigene Tasche lügt – und womöglich sogar gegenüber seinen eigenen Beratern die Dinge schönredet.

Im nächsten Schritt werden dann die *operativen* Optionen ausgelotet. Es müssen Antworten und Lösungen gefunden werden:

- Was ist wirklich dran an den Vorwürfen?
- Habe ich gegen das Recht und Vorschriften oder gegen andere Normen verstoßen?
- Ist mein Verhalten, wenn auch rechtlich in Ordnung, womöglich moralisch zweifelhaft?
- Lässt sich etwas reparieren oder wiedergutmachen?
- Kann mein tatsächlich oder vermeintlich schlechtes Verhalten durch andere gute Taten kompensiert werden?
- Lohnt es sich, in eine Schlacht zu ziehen?
- Gibt es notfalls juristische Optionen für den einen oder anderen Entlastungsangriff?

Parallel dazu werden zu jeder operativen Handlungsoption die *kommunikativen* Optionen beleuchtet. Auch hier sind selbstkritische Fragen zu beantworten:

- Welches Skandalisierungspotenzial steckt in der Story?
- Gibt es Dokumente oder Informationen, die durchsickern könnten?
- Wer treibt die Geschichte voran und mit welcher Motivation?
- Welche Medien sind bereits an der Geschichte dran, welche steigen ein?
- Aktiv versus passiv: Ist es besser, wegzutauchen und zu versuchen, den Vorgang auszusitzen?
- Was zeigt das »Freund-Feind-Radar«? Haben wir überhaupt noch Freunde?
- Gibt es womöglich Feinde im eigenen Lager, die als Kronzeugen auftreten könnten?

- Wer hat noch »alte Rechnungen« offen, die erfahrungsgemäß in Krisen beglichen werden?
- Haben wir womöglich noch andere Leichen im Keller?
- Gibt es unvorteilhafte Aussagen, an denen wir gemessen werden und die uns in der Krise um die Ohren fliegen können?
- Gibt es Menschen oder Institutionen, die als Testimonial für uns sprechen? Und können wir sie für uns mobilisieren?
- Kann man durch ein umfassendes Geständnis mit Milde rechnen?
- Gibt es uns wohlgesonnene Medien, um eine Gegenöffentlichkeit herzustellen?

Die Entwicklung der öffentlichen Meinung enthält viele Unbekannte. Auch unter Zeitdruck sind eine gründliche Analyse und das Durchspielen verschiedener Was-wäre-wenn-Szenarien hilfreich. Unüberlegtes Vorgehen rächt sich spätestens dann, wenn im Verlaufe der Krise von anderer Seite die Themen bestimmt werden und die eigene Strategie dadurch hinfällig wird. Außerdem wird so häufig der fatale Eindruck der »Salamitaktik« hervorgerufen: es sieht nicht nur so aus als wolle man scheibchenweise kommunizieren. Damit wird unfreiwillig das öffentliche Gefühl bestärkt, die Krise oder der Skandal sei wesentlich größer als zunächst angenommen und weite sich ständig aus.

Häufige Fehler

Kommunikationspsychologisch sind die meisten der typischen Fehler verständlich und nachvollziehbar. Allein, das ändert nichts daran, dass sie sich regelmäßig fatal auswirken.

- Betroffene wollen oft lange nicht wahrhaben, dass sie überhaupt ein Problem haben und versäumen so wertvolle Reaktionszeit.
- Betroffene unterschätzen die Wucht und die Dynamik der Angriffe und werden so zu Getriebenen.
- Das Schwarmverhalten der Medien wird unterschätzt – »die Meute« (von der Fotografin Herlinde Koelbl geprägter Begriff) folgt den Parolen der Leitmedien. Ist erst eine kritische Masse erreicht, ist die Lawine kaum noch zu stoppen.
- Betroffene realisieren verblüfft und entsetzt, wie die Angst vor der Ansteckung sie zu Aussätzigen macht: Vermeintliche Freunde wenden sich sehr schnell ab, um nicht von der Krise infiziert zu werden.
- Panik! Anstatt einer klaren Strategie zu folgen, wird gewurstelt.
- Professionelle Hilfe wird zu spät und zu zögerlich eingesetzt.
- Es besteht »Beiß-Hemmungen«, zum eigenen Schutz auch die Hilfe von Anwälten und Gerichten in Anspruch zu nehmen und selbst offensiv zu werden.

- Auch das übertriebene Gegenteil davon kann in die Hosen gehen – wenn die *gesamte* Verteidigung (einschließlich Kommunikation) ausschließlich Anwälten überlassen wird.
- Durch die »Salamitaktik« (nur schon Bekanntes scheibchenweise zuzugeben) wird zusätzlich Vertrauen verspielt und der Vorgang länger als nötig auf der medialen Agenda gehalten.

Kein Wunder, dass bei der Fülle möglicher Fehler keine Woche vergeht, ohne dass irgendeine kleinere oder größere Personenkrise abläuft.

Mit Beispielen zu Personenkrisen ließe sich locker ein ganzes Lexikon der verkrachten Existenzen füllen. Von »A« wie Ackermann (Schon vergessen? Das war der Deutsche-Bank-Chef mit dem Victory-Zeichen vor Gericht beim Düsseldorfer Untreue-Prozess) bis »Z« wie Zumwinkel (Schon vergessen? Das war der Post-Chef mit den hinterzogenen Steuer-Millionen der vor laufenden Fernsehkameras abgeführt wurde). In der ersten Auflage dieses Buches haben wir intensiv den Fall des gescheiterten Bundesbankpräsidenten Ernst Welteke analysiert. Der ist über eine private Einladung der Dresdner Bank für seine damalige Ehefrau in das Berliner Nobel-Hotel Adlon gestolpert. Das Ganze liegt rund zehn Jahre zurück und weil sich heute praktisch kaum noch einer an den einst so mächtigen Bundesbanker erinnert, lohnt es sich nicht mehr, in die Details der damaligen Affäre einzusteigen. Allerdings lohnt es sich, nach Parallelen zu neueren Vorkommnissen zu suchen, denn die sind geradezu verblüffend. Streiche Welteke, schreibe Wulff. Die Rollen sind neu besetzt, das Trauerspiel bleibt das Gleiche:

Vorspiel: Mit Fleiß und Glück aus kleinen Verhältnissen eine steile Karriere aufgebaut.
1. Akt: Mit öffentlichem Ansehen und großer Machtfülle ausgestattet, wird der Präsident von der Wirtschaft umgarnt.
2. Akt: Kleiner Geldbeutel und große Auftritte, Glamour mit Ehefrau, Einladungen.
3. Akt: Enthüllungen, mediale Skandalisierung, der Vorwurf: Gier und Korruption, ständig neue Enthüllungen, die politischen Freunde gehen auf Tauchstation, das eigene Umfeld intrigiert, der Stuhl wackelt.
4. Akt: Uneinsichtigkeit, Larmoyanz, Beratungsresistenz, Kleben am Stuhl, Schuldzuweisungen (alle anderen sind schuld!).
5. Akt: Erzwungener Rücktritt.
Pause: Schulterklopfen und Schampus bei den erfolgreichen Jägern.
6. Akt: Image ramponiert, finanziell – na ja, zumindest angeschlagen, erst Job weg, dann Ehefrau weg.
7. Akt: Der Staatsanwalt ist jetzt Hausgast, man sieht sich hier und da vor Gericht.

Nachspiel: Beim Absinken in die Tiefen der Bedeutungslosigkeit verbittertes Nachdenken über die Regisseure des Dramas – leider ohne Einsicht.

Übrigens: Es ist reiner Zufall, dass auch noch die entschwundenen Ehefrauen, die des Ex-Bundespräsidenten und die des Ex-Bundesbankpräsidenten, beide Bettina heißen. Niederlagen sind nicht sexy.

Dass die Personenkrise nicht unbedingt ganz so desaströs enden muss, zeigt das Beispiel der Margot Käßmann.

Kurz und schmerzvoll: der Fall von Margot Käßmann

Margot Käßmann war eine Karriere-Theologin mit steilem Aufstieg in höchste Kirchenämter: Landesbischöfin in Hannover und Ratsvorsitzende der Evangelischen Kirche von Deutschland (EKD). Die Gottes-Frau genoss hohes Ansehen in Kirche, Politik und Öffentlichkeit. Bis zu ihrem Sündenfall im Februar 2010: Da hatte Frau Bischöfin etwas zu tief ins Glas geschaut, fuhr nächtens mit dem Auto bei Rot über eine Kreuzung und wurde von der Polizei mit 1,54 Promille Alkohol im Blut erwischt.

Drei Tage später stand das Ganze in den Zeitungen. In *allen* Zeitungen. Offensichtlich hatte ein Staatsbediensteter mit Zugang zu dem Vorgang das nächtliche Geschehen der Presse gesteckt. Erwartungsgemäß lief die übliche mediale Moral- und Empörungsmaschinerie an. Weniger erwartungsgemäß trat bereits am Tag darauf Frau Käßmann vom Bischofsamt und vom Ratsvorsitz zurück, obwohl ihr der Rat der EKD ausdrücklich das Vertrauen ausgesprochen hatte. Dieselben Medien, die sie kurz zuvor noch angeprangert und ihr Doppelmoral vorgeworfen hatten (weil Kirchenleute gefälligst in jeder Lebenslage ohne Fehl und Tadel zu sein haben), überschlugen sich jetzt mit Lobeshymnen ob des konsequenten und vorbildlichen Verhaltens.

Einerseits hat Margot Käßmann über Nacht ihre Ämter verloren. Andererseits hat sie durch diesen Schritt den Kritikern schlagartig die Nahrung entzogen und ihre Würde behalten. Gleichzeitig hat sie damit auch den Grundstein für den späteren Wiederaufbau ihrer Reputation gelegt, die ihr nach einer Schamfrist die Rückkehr in (vielleicht andere) wichtige Funktionen ermöglicht.

Aus Sicht der Krisenkommunikation stellt sich die spannende Frage: Hat sie vorschnell gehandelt? Hätte sie nicht doch ihre Ämter retten können? Oder hat sie nüchtern antizipiert, dass bei steigendem Druck ein Rücktritt früher oder später ohnehin unvermeidlich geworden wäre. Anzunehmen ist, dass ihr nach einer Schlammschlacht mit erzwungenem Rücktritt, wie bei dem weggemobbten Bundespräsidenten Christian Wulff, mit hoher Wahrscheinlichkeit kaum Rehabilitations-Chancen offenstünden. So gesehen hat sie, die Protestantin, die Jahrhunderte alte Erfolgsstrategie der Katholiken angewandt: bereuen, beichten, büßen, bereit für neue Taten.

Einer, der das volle Programm einer Personenkrise durchlaufen hat und mit Brief und Siegel als amtlich unschuldig daraus hervorging, ist Jörg Kachelmann. Doch seine verlorene Ehre hat er bis heute nicht zurück.

Karriereknick im Knast: die verlorene Ehre des Jörg Kachelmann

Jörg Kachelmann war ein bekanntes Mediengesicht. Nicht jeder mochte die flotten, gelegentlich auch derben Sprüche des Schweizers, aber jeder kannte den ARD-Wettermann. Seine persönliche Krise begann im März 2010, als er nach Rückkehr von einer Dienstreise auf dem Frankfurter Flughafen verhaftet wurde. Weil eine Ex-Geliebte ihn der Vergewaltigung bezichtigte, wanderte der Moderator für viereinhalb Monate in Mannheim in Untersuchungshaft. Wie bei einem derart prominenten Mitbürger zu erwarten war, sickerte auch hier der Vorgang sehr schnell aus den Amtsstuben in die Medien. Für einen Untersuchungshäftling ist der kommunikative Gestaltungsspielraum naturgemäß deutlich geringer als für Polizei, Staatsanwaltschaft und Nebenklage. Entsprechend negativ war das Bild, das in diesen Tagen von ihm öffentlich gezeichnet wurde. Eine beispiellose Vorverurteilungswelle rollte an.

Es folgte ein wochenlanger aufsehenerregender Prozess, dessen juristische Merkwürdigkeiten hier nicht näher erläutert werden. Mindestens so interessant und lehrreich wie die prozessualen Besonderheiten ist aber die bemerkenswerte Medienkonstellation: polarisierte und polarisierende Berichterstattung. Bild und Bunte als erbitterte Kachelmann-Gegner (und damit mediale Co-Ankläger) auf der einen Seite und auf der anderen Seite Spiegel und Zeit als mediale Co-Verteidiger außerhalb des Gerichtssaales. Dazwischen der übliche Schwarm an Radio-, Fernseh- und Printjournalisten, die mehr oder weniger jeweils den beiden Leitmedien- folgten.

Bei üblichen Kriseneinsätzen wird medienrechtlich eher zurückhaltend agiert. Sogar bei fehlerhaften Berichten wird meist nur ungern gegen die Blätter und Sender vorgegangen, denn man möchte es sich trotz alledem nicht völlig mit den Journalisten verscherzen. Anders im Fall Kachelmann. Zu verlieren hatte er bei jenen Presseorganen, die sich für die Gegenseite positioniert hatten, ohnehin nichts mehr. Also konnte er sich parallel zu seiner Strafverteidigung im Gericht mit einem massiven anwaltlichen Einsatz gegen Falschberichterstattung zur Wehr setzen. Kachelmanns Medienanwalt Ralf Höcker hat Redaktionen, Verlage und Sender mit einstweiligen Verfügungen, Abmahnungen und Klagen regelrecht geflutet: rund 100 einstweilige Verfügungen, überwiegend gegen die Häuser Springer und Burda, und mehrere hundert außergerichtliche Abmahnungen verhinderten eine Vielzahl für Kachelmann schädlicher Artikel. Langfristig noch wichtiger für ihn ist, dass außerdem persönlichkeitsverletzende Artikel aus den Archiven und dem Internet gelöscht oder dauerhaft gesperrt wurden.

Emma-Herausgeberin Alice Schwarzer hatte Kachelmann während des Prozesses wenig zimperlich in der Bild-Zeitung immer wieder heruntergeputzt und sich ebenso prompt und regelmäßig juristischen Ärger von der Kölner Kanzlei eingefangen. Selbst die als streitlustig bekannte Feministin streckte irgendwann entnervt die Waffen. So soll sie gesagt haben, die ständigen anwaltlichen Interventionen seinen »zermürbend«. Ihr mehrfach angekündigtes (für Jörg Kachelmann vermutlich wenig schmeichelhaftes) Buch ist nie erschienen.

Die harte juristische Linie war also erfolgreich, um zumindest die übelsten Auswüchse einer vorverurteilenden und lüstern skandalisierenden Berichterstattung einzudämmen. Aber hat sich der Aufwand im Ergebnis auch gelohnt? Für Jörg Kachelmann bleibt trotz der teuer erkauften medienrechtlichen Siege und natürlich der Tatsache, dass das Landgericht Mannheim ihn freigesprochen hat, dennoch die eingangs postulierte bittere Erkenntnis: Nichts ist mehr wie es war. Sein Ruf ist dauerhaft beschädigt und der Karriereknick scheint ebenfalls nicht vollständig reparabel. Ja, er ist frei. Ja, er hat seine Firma retten können. Nein, die ARD hat den strafrechtlich rehabilitierten Wetterfrosch nicht wieder zurück auf den Bildschirm gelassen.

Einer, bei dem Presse und Öffentlichkeit ebenfalls die Unschuldsvermutung außer Kraft gesetzt haben, ist Uli Hoeneß, Wurstfabrikant und Bundesliga-Boss.

Platzverweis: Bayern-Boss Uli Hoeneß im Netz der Steuerfahnder

Uli Hoeneß, der Mann mit der Lizenz zum Moralapostel, hat praktisch über Nacht seinen Heiligenschein eingebüßt. Jahrelang war er von Erfolg zu Erfolg geeilt. Als Fußballer hat er alle Titel geholt, die man in diesem Mannschaftssport erlangen kann. Als Manager hat er den FC Bayern zum erfolgreichsten Bundesligaverein Deutschlands und zu einem der erfolgreichsten in Europa gemacht. Bekannt für deutliche Worte und über alle Zweifel erhaben, war er gerne gesehener Gast in Talk-Shows und geschätzter Ratgeber der Bundeskanzlerin Merkel. Und dieser Mann wurde nun als gemeiner Steuerhinterzieher geoutet.

Der Focus, im Zeitschriftengeschäft sonst eher zweite Liga, hatte den Scoop: eine Selbstanzeige der Fußball-Legende bei den Steuerbehörden. Hoeneß soll Millionen an Zinsgewinnen auf Schweizer Konten am Finanzamt vorbei eingesteckt haben. Das brachte dem Blatt eine der bestverkauften Auflagen des Jahres und dem

Chefredakteur etliche Fernsehauftritte ein: »Diese Geschichte hat maximale Aufmerksamkeit für den Focus gebracht«, freute sich Jörg Quoos im Branchenklatschdienst »meedia« über den Werbeeffekt der Enthüllung. An dem Auflagenwunder wollten natürlich all die anderen Blätter teilhaben und überschlugen sich in der Folge in ihren Schlagzeilen mit phantasievollen Sport-Metaphern: Der »Super-Star a. D.« (Handelsblatt) der »im Abseits« (Stern) wegen seiner »ganz primitiven Gier« (Kurier) die »Hosen runter lässt« (Morgenpost).

Tatsächliche, vermeintliche und vor allem selbsternannte Experten stellten in den Interviews und Talkshows wilde Ferndiagnosen auf und selbst für Hinterbänkler schlug die eine oder andere empörungsreiche parlamentarische Stunde.

Das Politische ist privat und das Private ist politisch. Erbittert wurde die Frage diskutiert, ob eine so exponierte Persönlichkeit ihr Amt als entlarvter Krimineller noch länger behalten kann.

Die zahlreichen Orden und Auszeichnungen für Hoeneß' sportliche und soziale Verdienste? Vergessen. Die wirtschaftlichen Leistungen als Unternehmer? Uninteressant. Die Millionen an *gezahlten* Steuern? Die wiegen doch die hinterzogenen Millionen nicht auf. Der Mann muss ins Gefängnis! So rapide kann ein Lebenswerk den Bach runtergehen. Das Lager der Empörten wurde von keinem Geringe-

Fantasievolle Abrechnung mit dem Bayern-Boss quer durch das Medienspektrum (Collage: crisadvice)

ren angeführt als von Bundespräsident Joachim Gauck. Der gab die Parole aus: »Steuerhinterzieher sind asozial«. Das rief auch die Kanzlerin auf den Plan.

Schon spöttelten Kabarettisten, wie der »Heute-Show«-Moderator Oliver Welke, wenn Kanzlerin Merkel einem ins Gerede Gekommenen »das volle Vertrauen« ausspricht, sei das ein fast sicheres Zeichen für dessen schnelles Ende. Das war bei ihrem früheren Bundesverteidigungsminister zu Guttenberg so, nachdem der Freiherr des Plagiats beim Erstellen seiner Doktorarbeit überführt worden war. Einige Monate später im selben Jahr zeigte die Kanzlerin mit dem angeschlagenen Bundespräsidenten Christian Wulff Solidarität – und ließ ihn kurz darauf fallen. Nicht anders erging es der Wissenschaftsministerin Annette Schavan, der ebenfalls ihre Universität wegen erwiesener Schummeleien den Doktortitel aberkannt hat. Auch sie bekam erst eine Merkelsche Ehrenerklärung und war kurz danach weg vom Fenster.

Wenigstens dieses Risiko bestand in der Causa Hoeneß nicht: Weder hat er einen Doktortitel noch hat ihm die Kanzlerin das Vertrauen ausgesprochen. Im Gegenteil. Ungewöhnlich schnell hat sich die auf populistische Strömungen sensibel reagierende Politikerin von ihrem einstigen Ratgeber Hoeneß distanziert: »Viele Menschen sind jetzt enttäuscht von Uli Hoeneß, die Bundeskanzlerin zählt auch zu diesen Menschen«, ließ sie ihren Regierungssprecher ausrichten. Volkszorn durch falsch verstandene Solidarität kann man im Wahljahr eben nicht gebrauchen. Es sollte sich zeigen, dass sie mit ihrer Einschätzung diesmal falsch lag.

Wer kämpft kann verlieren, wer nicht kämpft, hat schon verloren. Hoeneß war sein Leben lang ein Kämpfer. In der Sportarena ebenso wie in den Konferenzräumen. So einer gibt nicht sang und klanglos bei ungünstigem Spielstand auf.

Befreiungschlag mit Reue-Interview

Der Befreiungsschlag erfolgte in Form eines großen Exklusiv-Interviews in der Zeit. Darin räumte er schwere Fehler ein, gab den reuigen Sünder. Wohlgemerkt in der Zeit nicht in Bild. Das sicherte ihm nicht nur die maximale Aufmerksamkeit, sondern auch die so dringend erforderliche Seriosität. Gleichzeitig fuhren seine Anwälte schweres Geschütz gegen »die Exzesse in der Berichterstattung« auf. Einer Münchner Boulevardzeitung drohte er: »Für die wird das richtig teuer«. Gegen den unbekannten Beamten, der seine Akten unter Bruch des Steuergeheimnisses an die Medien gespielt hat, erstattete er Strafanzeige. Mit der rechtlichen Offensive demonstrierte der Manager trotz aller Zerknirschtheit und Einsichtsfähigkeit seine verbliebene Handlungsfähigkeit.

Die öffentliche Diskussion entwickelte sich für ihn ohnehin günstig, weil sich zwei etwa gleich starke Lager bildeten. Anders als etwa bei Groß-Steuerhinterzieher Zumwinkel, dem seinerzeit ausschließlich offene Verachtung entgegenschlug, machten sich für den angeschlagenen Fußballmanager sogar zahlreiche Fürsprecher stark.

Ex-Bundestrainer Rudi Völler brach eine Lanze für den Bayern. Fußballtrainer Christoph Daum, den immerhin eine böse Attacke des Widersachers Hoeneß' vor Jahr und Tag mit der Kokainaffäre den zugesagten Job als Bundestrainer gekostet hat, wünschte ihm Glück. Und »Kaiser« Franz Beckenbauer distanzierte sich nicht etwa vom Vereinskameraden, sondern freute sich für ihn, dass er seinen Posten als Aufsichtsratsvorsitzender der FC Bayern AG vorerst behalten konnte.

Die Auguren waren sich zuvor ausnahmslos sicher, die Aufsichtsräte, allesamt hochrangige Vertreter der Sponsoren des Fußballclubs von VW über Audi, Adidas bis Telekom, würden ihn in der anberaumten Sitzung in die Wüste schicken. Fassungslos mussten sie zur Kenntnis nehmen, dass die Konzern-Bosse mit acht zu null Stimmen Hoeneß im Amt beließen.

Für die endgültige kommunikative Wende war er nur indirekt verantwortlich. Es war schlichtweg der sportliche Erfolg der Fußballer, der die steuerliche Privatangelegenheit des Vereinspräsidenten in den Hintergrund rückte. Der Mannschaft gelang im Mai 2013 als erster deutschen Mannschaft das »Triple«, also der Gewinn der drei Titel Deutscher Meister, Gewinner der Champions League und DFB-Pokalsieger. Spieler und Trainer hatten zwar den Sieg eingefahren, organisatorisch darauf hingearbeitet und vorbereitet hatte ihn aber der Präsident. Wer wollte in dem Siegesrausch mit »Uli-Uli«-Sprechchören im Stadion noch ernsthaft seinen Kopf fordern.

Damit war für ihn natürlich weder die Steuerfahndung noch der Staatsanwalt aus der Welt. Schon aus Gründen der Staatsräson musste Anklage erhoben werden. Aber er wurde eben nicht zum Teufel gejagt, sondern hat sich die Souveränität zurückerobert, selbst darüber zu entscheiden, wann und wie er seine Ämter an den Nagel hängen will.

Fazit

Wenn eine Person in das Fadenkreuz der Presse geraten ist und wenn zum medialen Halali geblasen wird, muss stets mit dem Worst Case gerechnet werden. Unter dem Schutz der Pressefreiheit und mit der allfälligen Begründung »öffentliches Interesse« werden bewusst oder unbewusst Rechte missachtet (Kachelmann) oder wird auf einen, der bereits am Boden liegt, weiter eingetreten (Wulff).

Wir lernen:

- Die moralische Messlatte wird in der Neidgesellschaft ziemlich hoch gelegt.
- Die Medien interpretieren die Regeln der »Verdachtsberichterstattung« sehr großzügig, die garantierte Unschuldsvermutung bleibt zunehmend auf der Strecke.

- Privat- und Intimleben werden nicht respektiert.
- Das Steuergeheimnis interessiert eh keinen.
- Auf die gesetzliche Verschwiegenheitspflicht von Amtsträgern ist kein Verlass – alles sickert früher oder später durch.
- Es wird nicht fair und ergebnisoffen recherchiert.
- Besonders Boulevardmedien und sogenannte investigative Journalisten lassen sich im Kampf um Exklusivinformationen instrumentalisieren.
- Gedruckt und gesendet wird, was Auflage und Quote bringt.
- Der ertappte (prominente) Sünder muss notfalls stellvertretend büßen, denn die Gesellschaft will Köpfe rollen sehen.

Bei diesem Gemengelage dürfte jedem klar sein: So einen Sturm kann niemand gänzlich unbeschadet überstehen. Es kann bei der Personenkrise also nur um Schadensbegrenzung und das mentale Überleben gehen. Durch zielgerichtete operative Maßnahmen, durchdachte Kommunikation und einen offensiven Rechtsbeistand gibt es dafür Chancen. Es sollte nur keiner der Illusion anhängen, in der Personenkrise seien Krisenmanagement und Krisenkommunikation eine Art Reset-Taste, mit der das alte Leben automatisch und garantiert wieder auf null gestellt werden kann.

Käßmann oder Kachelmann, Welteke oder Wulff: Die Wunden heilen, die Narben bleiben.

5 Change Management und Übernahmen

Kaum ein Tag vergeht, an dem die Medien nicht über Firmenverkäufe, Fusionspläne, Arbeitsplatzabbau oder Maßnahmen zur Restrukturierung berichten. Was früher die Ausnahme war, gehört insbesondere in wirtschaftlich angespannten Zeiten zum Alltag: Change, also Veränderung, hat sich inzwischen zu einem Dauerprozess entwickelt. Change ist vielfältig, erstreckt sich auf fast alle Unternehmensbereiche und kann jeden betreffen. Schließlich ist die Bereitschaft und Fähigkeit zum Wandel heutzutage für Unternehmen ein wesentlicher Punkt des Erfolgs. Das Change Management, die planvolle und zielorientierte Steuerung und Gestaltung von Veränderungen, spielt dabei eine zentrale Rolle. Mitarbeiter und Führungskräfte sollten vorbereitet sein, denn sie müssen die Veränderungsprozesse tragen.

Wie diese Entwicklungen von den unterschiedlichen Anspruchsgruppen – Mitarbeitern, Aktionäre, Kunden & Co – auch wirklich wahrgenommen werden, das hängt maßgeblich vom Kommunikationsmanagement ab. Besonders deutlich zeigte dies 2008 die Insolvenz des Postdienstleisters PIN, auf die sich die Medien geradezu stürzten. Die PIN-Gruppe hatte zuletzt mehr als 11 000 Mitarbeiter. Die Medien griffen Einzelschicksale auf, das Thema »Mindestlohn« wurde breit diskutiert. Die Folgen: Die breite Öffentlichkeit sah die Ursache für die PIN-Insolvenz im »Mindestlohn«. Und die politische Debatte rund um eines der Flaggschiff-Themen der großen Koalition entfachte sich erneut. Als besonders brisant stellte sich dabei heraus, dass der Hauptaktionär, der Axel Springer Verlag, im Zuge der Insolvenz 600 Millionen Euro verlor. Sein Vorstandsvorsitzender Matthias Döpfner geriet ins Kreuzfeuer der Kritik. Und die Medien – von regional bis international – beobachteten mit Argusaugen den Prozess der Käufersuche.

Markantes Interventionsmerkmal: »Um Verständnis werben«

Der Mensch ist nun einmal ein »Gewohnheitstier«. So steht er in der Regel allen Veränderungen erst einmal skeptisch gegenüber. Der Grund, der sich dahinter verbirgt, liegt darin, dass Veränderungen auch immer mit Unsicherheiten im Hinblick auf die Zukunft verbunden sind. Die Menschen werden ihres gewohnten Koordinatensystems beraubt. Die Folgen, die sich daran anschließen: Veränderungen werden vor allem als Gefahren oder Risiken wahrgenommen. Insbesondere werden nur die negativen Faktoren gesehen. Und das sind diejenigen Faktoren, die auch Angst erzeugen. So sträuben sich Mitarbeiter häufig vehement gegen Veränderungen oder es fehlt ganz einfach die Motivation, die Neuerungen zu tragen.

Mit welcher Haltung Mitarbeiter im Unternehmen und die Öffentlichkeit den Veränderungsprozessen aber gegenüberstehen und ob sie sich für das Unternehmen letztendlich als erfolgreich herausstellen, das hängt im Wesentlichen von einer professionellen kommunikativen Begleitung des Change Management ab, in deren Mittelpunkt eine professionelle Vermittlung der Veränderungen steht. Vereinfacht gesagt ist es das Ziel der Kommunikation, bei den Anspruchsgruppen um Verständnis für die neue Situation zu werben. Einfache Patentrezepte gibt es hierfür natürlich keine. Denn so komplex und individuell jeder Change für sich ist, so individuell ist auch das Kommunikationsmanagement. Jedoch gibt es auch in diesem Fall einige grundlegende Aspekte, die zu den wichtigsten Erfolgsfaktoren für einen gelungenen Change-Prozess gehören.

Vorgehensweise

Was zeichnet also ein modernes Kommunikationsmanagement in einem so sensiblen Prozess wie dem der Veränderung aus? Vor allen Dingen berücksichtigt es nicht nur die harten operativen Maßnahmen, sondern es bezieht auch die *weichen kommunikativen* Faktoren mit ein. Es trägt dadurch den unterschiedlichen Einstellungen der Menschen Rechnung: Die Betroffenen werden auf die anstehenden Entwicklungen vorbereitet, und zwar transparent und frühzeitig durch umfassende und angemessene Information – durch die Change Communication.

Verzahnung der Veränderungsabläufe mit der Kommunikation

Für einen erfolgreichen Change-Prozess und seine kommunikative Begleitung innerhalb eines Unternehmens nehmen drei Aspekte eine zentrale Rolle ein: die Strategie, die jeweilige Kultur und die Struktur der Organisation. Sie bedingen sich gegenseitig – sowohl positiv als auch negativ. So trafen bei der »Bus-Fusion« von Mercedes mit dem angeschlagenen Ulmer Bushersteller Kässbohrer zwei Unternehmenswelten aufeinander. Mercedes fuhr eine offene und konsequente Kommunikations-Strategie, die sich durch hohe Professionalität und emotionales Engagement auszeichnete. Sie gipfelte in einer Großdemonstration in Ulm. Eine ganze Stadt machte schließlich mobil gegen Brüssels Kartellwächter, die Bedenken gegen die Fusion geäußert hatten. Beeindruckende Szenen spielten sich ab. Kässbohrer-Mitarbeiter gingen auf die Straße und kämpften für das wirtschaftliche Überleben ihrer

Region – und die Übernahme durch Mercedes. Und diese TV-Bilder dominierten die Nachrichten.

Bereits zu Beginn des Projektes sollte deshalb die Führungsebene in strategischer Hinsicht klären: Was sind meine Ziele für das Unternehmen? Was ist meine Vision? Wie soll das Unternehmen nach dem Veränderungsprozess aussehen? Dazu gehören auch Fragen, die die Kultur einer Firma betreffen: Welche Mitarbeiter möchte ich haben? Welche Unternehmenskultur entspricht diesen? Die gesammelten Antworten und Ergebnisse münden in der operativen und kommunikativen Fragestellung: Welche Prozesse und welche Strukturen benötige ich hierfür? Welche Kommunikationsinstrumente setze ich zu welchem Zeitpunkt ein? Welche Kernbotschaften eignen sich für welche Zielgruppe?

Der Erfolg von Change-Prozessen ist maßgeblich mit der operativen Umsetzung auf der kommunikativen Ebene verzahnt. Um ein optimales Zusammenspiel zu gewährleisten, ist es ebenso wichtig, die gewünschten Veränderungsabläufe eng mit der Change Communication zu verknüpfen.

Verschiedene Phasen der Kommunikation

Alle Veränderungsprozesse durchlaufen nach Kurt Lewin, dem Pionier der Organisationsforschung, mindestens drei Phasen. Sie sind generell anwendbar und kehren immer wieder. Diese drei Phasen bilden zugleich auch die Grundlage und Leitlinie der gesamten kommunikativen Unterstützung. Das heißt: Die Kommunikation muss klar auf diese einzelnen Zeiträume abgestimmt sein. Es ist sinnvoll, die verfassten Botschaften und ihre Kommunikationszielgruppen immer wieder neu an den jeweiligen Anforderungen auszurichten. Auch muss sich der zeitliche Ablauf der Kommunikation an der Geschwindigkeit der Prozesse orientieren. Im Zeitalter von Internet & Co. lässt sich nicht nur eine umgehende Information gewährleisten, sondern sie ist auch wesentlich für eine gelungene Change Communication.
Folgende drei Hauptphasen lassen sich unterscheiden:

1. Phase: Auftauphase (unfreezing). Die erste Phase ist nach Kurt Lewin die sogenannte Auftauphase (unfreezing): Ihr Ausgangspunkt ist die Einsicht, dass die Erwartungen nicht mehr der Realität entsprechen. Die Notwendigkeit einer Veränderung tritt langsam als Möglichkeit ins Bewusstsein. Altes Verhalten wird jetzt in Frage gestellt. Kommt nun noch ein gewisser Grad an nötiger Flexibilität dazu, kann die Bereitschaft für Veränderungen entstehen.

Das grundsätzliche Ziel besteht darin, die nach Veränderung strebenden Kräfte zu stärken und zu unterstützen und so ein Veränderungsbewusstsein hervorzurufen.

Unfreezing steht dabei bildlich für das Auftauen des bestehenden (= eingefrorenen) Gleichgewichtes.

Was bedeutet das für die Kommunikation? Im Mittelpunkt stehen hier die Verdeutlichung des Veränderungsbedarfs (Sense of Urgency) und die Risiken für das Unternehmen bei Nichtveränderung. Erklärtes Ziel hierbei ist es, einen Veränderungsdruck aufzubauen.

Die Basis hierfür bildet eine Kommunikationsstrategie, die für den gesamten Prozess spätestens an diesem Zeitpunkt entworfen werden muss. Diese Strategie wird im gesamten Change-Prozess immer wieder überprüft und gegebenenfalls auf die jeweiligen Situationen hin angepasst.

In dieser Phase müssen Informationen in einer für die unterschiedlichen Zielgruppen maßgeschneiderten Weise aufbereitet werden. Die enthaltenen Informationen und Kernbotschaften dienen zugleich dazu, verbündete Schlüsselpersonen aus dem Unternehmen für das Transformationsteam zu gewinnen und mittels eines gemeinsamen »Commitments« auf die Herausforderungen einzuschwören.

Für die Mitarbeiter ist es empfehlenswert, kommunikative Räume zu schaffen. Dort erhalten sie die Möglichkeit, ihre Ängste und Erwartungen auszudrücken. Konkret bedeutet dies, die Diskussionen und den Austausch für die Auseinandersetzung der Betroffenen mit Vision, Strategie und Zielen zu fördern und zu moderieren. Zusätzlich hat sich die interaktive Kommunikation, beispielsweise das Implementieren von Foren als Kommunikationsplattformen, bewährt. Eine weitere Möglichkeit bieten Firmen-Blogs. Dort erhalten Mitarbeiter Raum, Gedanken, Sorgen und Vorschläge frei zu äußern. Und für die Veränderungsverantwortlichen besteht die Möglichkeit, schnell auf die Beiträge und Kommentare zu reagieren und erheblich auf die Stimmung und Akzeptanz der Veränderung einzuwirken. Zudem können bloggende Führungskräfte mit weniger Zeitaufwand einen viel engeren Kontakt zu ihren Mitarbeitern pflegen, als es einseitige Kommunikation erlauben würde.

2. Phase: Bewegungsphase (moving). In der zweiten Phase, der sogenannten »Moving- oder Veränderungsphase«, werden Lösungen generiert. Neue Verhaltensweisen werden ausprobiert und das Problem in Teilprojekten gelöst. Der Status quo wird verlassen und eine verändernde Bewegung hin zu einem neuen Gleichgewicht vollzogen.

Die Kommunikation informiert zu diesem Zeitpunkt ausführlich und detailliert alle Zielgruppen über die Vision und geplante Strategie. Abhängig vom Veränderungsprozess bietet es sich an, diese Informationen zu »emotionalisieren«. Sprich: Auch und gerade die Gefühlsebene der Zielgruppe sollte hier miteinbezogen werden. Nun ist auch der Zeitpunkt gekommen Personalentwicklungskonzepte zu kommunizieren und die Beziehung zwischen neuem Verhalten und Unternehmenserfolg herauszustellen.

Veränderung bedeutet auch immer eine Chance. Deshalb ist es gerade in dieser Phase relevant, auch das Positive des Prozesses zu zeigen und erste Erfolge zu betonen.

3. Phase: Einfrierphase (refreezing). Ziel der dritten Phase – dem refreezing, also dem Wieder-Einfrieren – ist die Implementierung der gefundenen Problemlösungen. Und damit bildet sie den zumindest vorläufigen Abschluss des Veränderungsprozesses. Zur dauerhaften Integration müssen die durchgeführten Veränderungen stabilisiert und in das Gesamtsystem erneut »eingefroren« werden. Der neue Gleichgewichtszustand soll so vor der Macht der Gewohnheit geschützt und stabilisiert werden. Aus »Neu« mach »Alt«, im positiven Sinne des Bekannten, Vertrauten und Funktionierenden. In der letzten Phase ist es die Aufgabe der Kommunikation, die Aufmerksamkeit gegenüber der Veränderung »wach« zu halten, die ehemalige Vision zu konkretisieren und den erreichten Erfolg darzustellen sowie den weiteren Weg aufzuzeigen.

Social Media etablieren sich

Auch in der Change Communication hat sich der Einsatz der Social Media etabliert. Besonders beliebt sind bei Change-Prozessen der Einsatz von Online-Befragungen, virtuellen Communities und Wikis, den »Klassikern« innerhalb der Web-2.0-Anwendungen.

Die Web 2.0-Instrumente der ersten Stunde sind also im Veränderungsprozess angekommen. Ihre Vorteile sind eindeutig: Eine hohe Aktualität der Informationen sowie eine bessere Vernetzung aller Beteiligten. Die Inhalte sind nutzergeneriert, dialogorientiert, schnell und zeitgemäß. Die Betroffenen des Veränderungsvorhabens können mit ihrer Hilfe zu aktiven Mitgestaltern werden. Auch erlauben die Neuen Medien eine hohe Flexibilität: Ihre zeit- und ortsunabhängige Nutzung ist nicht nur für internationale Unternehmen, sondern auch für Organisationen mit Außendienst von Vorteil.

Doch die neuen Möglichkeiten bergen gleichzeitig auch neue Herausforderungen. Der Einsatz von Web 2.0-Tools ist mit speziellen Kommunikationsspielregeln verknüpft. Nur wer diese neuen Regeln berücksichtigt und auch wirklich umsetzt, kann das Potenzial der Social Media für den Veränderungsprozess gezielt nutzen, sie langfristig entwickeln und als authentisches Dialogformat im Unternehmen verankern.

Bei aller derzeitig herrschenden Begeisterung für Social Media ist es wichtig, zugleich auch zu beachten, dass nicht jeder Mitarbeiter ein »Digital Native« ist, also ein junger Mensch, der bereits mit den Neuen Medien aufgewachsen ist und ohne zu zögern in die neue Web 2.0-Welt eintaucht. Deshalb darf die Kommunikation mittels der Neuen Medien nicht losgelöst von der klassischen Unternehmenskommunikation gesehen werden. Auch bekannte Instrumente wie beispielsweise Newsletter sollten im Kommunikationsmix weiterhin berücksichtigt werden. Und ohnehin gilt: Auch die neue Welt des Web 2.0 bietet keinen vollständigen Ersatz für das unmittelbare persönliche Gespräch.

Häufige Fehler

Welchen großen Anteil die Change-Kommunikation im gesamten Veränderungsverlauf einnimmt, verdeutlicht auch eine Emnid-Umfrage: Der Erfolg von über 80 Prozent der Change-Projekte wird durch schlechte, fehlerhafte und unvollständige Informationsvermittlung bedroht. Das Ergebnis verwundert nicht, wenn man die Gefahren näher betrachtet: Häufig existiert kein gemeinsames Problembewusstsein, kein gemeinsames Wertesystem und somit auch keine gemeinsame Kommunikationsbasis im Unternehmen. Zu den weiteren Auslösern für das Scheitern gehört, dass die zeitlichen Komponenten zu wenig bedacht wurden. Veränderungen werden zu früh, zu spät oder zu schnell in Angriff genommen. Als Vertrauensbruch werten es Mitarbeiter, wenn sie erst aus der Zeitung erfahren, warum es in ihrem Unternehmen wirklich zu Veränderungen kommen musste. Werden die Entscheidungen des Managements nicht wirklich transparent gemacht, entsteht bei Mitarbeitern leicht der Eindruck, für unmündig gehalten zu werden. Durch Unsicherheit und Gerüchte entwickelt sich schnell eine Lawine von Halbwahrheiten und Fehlinformationen, die nur mit viel Aufwand wieder zu stoppen ist.

Häufig liegt der Schwerpunkt bei der Kommunikation von Veränderungsprozessen auf der internen Kommunikation. Die Mitarbeiter stellen auf den ersten Blick die entscheidende Zielgruppe dar. Oft vergessen wird dabei, dass von wesentlichen Veränderungen wie Firmenfusionen alle Anspruchsgruppen des Unternehmens betroffen sind. Dazu gehören Kunden und Lieferanten, Behörden und Politik, ebenso wie die Anteilseigner, die Mitarbeiter und ihre Familien.

Die Folgen dieser Kommunikationsfehler zeigen sich schnell: Die vielfältigen Verunsicherungen hinsichtlich der Veränderung sind nicht mehr tragbar. Und das Vertrauen zu den Initiatoren des Vorganges, den Agenten des Wandels, schwindet.

Grundsätzliche Faktoren, um Fehler zu vermeiden

Blickt man im Gegenzug auf die grundsätzlichen Erfolgsfaktoren für die Kommunikation in Veränderungsprozessen, so kristallisieren sich schnell die drei folgenden Punkte heraus: Motivation, kompetentes Info- und Kommunikationsmanagement durch verständliche Sachinformation und eine klare Führung.

Faktor 1: Motivation. Die Bedeutung von Motivation wird von Führungskräften häufig unterschätzt. Mitarbeiter bekommen ein Gehalt, das muss generell als Motivation ausreichen. Doch weit gefehlt. Mit Hilfe von Motivation gilt es, Energie zu wecken, Vertrauen zu schaffen und die emotionale Beteiligung der Mitarbeiter in positives Verhalten zu überführen. Wenn Mitarbeiter das Gefühl haben, dass vom Management nur leere Versprechen kommen, können schnell Widerstände entstehen.

Grundlegend dafür ist eine offene und klare Informationspolitik, die ein Problembewusstsein herstellt und auf diese Weise auch die Glaubwürdigkeit des Vorhabens sicherstellt.

Faktor 2: Management der Information. »Ich bin doch niemandem Rechenschaft schuldig«, entgegnete eine Verbandsfunktionärin einem engen Mitarbeiter, der ihr den Tipp gab, den Hintergrund für anstehende Entscheidungen zu erläutern. Das grundsätzliche Missverständnis: Es geht nicht um Rechenschaft, sondern um Information. Wer versteht, zieht mit. Deshalb ist Informationsmanagement immens wichtig. Hier setzt die breite Vermittlung von Know-how und auch von Know-why an. Z. B. mittels moderierter Diskussionen oder Workshops. Ein reines, einseitiges »Senden« allein genügt nicht. Prinzipiell sollte die Kommunikation vor allem auf Dialog ausgerichtet sein.

Faktor 3: Führung. Last but not least ist eine klare Führung ausschlaggebend. Fehlt sie, droht der Change-Prozess zum Desaster zu werden. Die Veränderungsprozesse müssen von allen Beteiligten ernst genommen werden. Der Wille zur Durchsetzung der Veränderungen muss erkennbar vom gesamten Management getragen werden. Insbesondere der Vorstand muss dies klar, eindeutig und vor allem auch sichtbar zeigen: durch eigenes, auch emotional sichtbares Engagement, die hohe Priorität, die er dem Projekt einräumt und schlicht und ergreifend: durch sein Vorleben. Denn mitentscheidend für den Erfolg eines Veränderungsprozesses ist und bleibt die direkte Kommunikation der Führungskräfte mit ihren Mitarbeitern. Nur wenn das Top-Management den bevorstehenden Wandel sichtbar und nachvollziehbar vorlebt und argumentativ vertritt, können Change-Projekte gelingen. Hier helfen manchmal auch symbolische Handlungen: Wie z. B. der Vorstand, der den verordneten neuen Sparkurs ernst nimmt und als Vorbild einen kleineren Dienstwagen fährt.

Mergers und Acquisitions

Unternehmensfusionen oder Mergers & Acquisitions (M&A) machen mittlerweile einen Großteil der Change-Prozesse aus. Damit einher geht häufig großes Medieninteresse. Auf Schritt und Tritt begleiteten die Medien etwa die 18-monatige erbitterte Übernahmeschlacht von PeopleSoft durch Oracle 2003. Geschürt wurde diese durch Rabattaktionen von PeopleSoft. Das Unternehmen versprach den Kunden, die sich nach der Oracle-Offerte zum Aktienerwerb dennoch für PeopleSoft-Produkte entschieden, eine drastische Preisrückerstattung, sollte der Hersteller binnen absehbarer Zeit von Oracle übernommen werden.

Zu dem enormen Medieninteresse gesellt sich oft die spontane Ablehnung bei den direkt betroffenen Belegschaften. Mit gravierenden Folgen: Nahezu jeder zweite Merger gilt heute als nicht von Erfolg gekrönt. Umso mehr ist eine rechtzeitig und gut geplante, immer wieder an die jeweilige Lage angepasste Kommunikation nach innen und außen gefragt.

Die Change-Kommunikation bei Fusionen und Übernahmen weist jedoch einige Besonderheiten auf. Das betrifft bereits die ersten Wochen und Monate nach der Ankündigung des Mergers. Also eine Zeit, in der der Informationsbedarf von Mitarbeitern, Medien und den weiteren Stakeholdern naturgemäß am größten ist, Gerüchte sich schnell entwickeln. Gerade in diesen Wochen muss jeder Satz auch der juristischen Prüfung unterzogen werden. Besonders betrifft dies natürlich börsennotierte Unternehmen. Die strengen Regeln zum Insider Trading schreiben vor, dass potenziell börsenkursrelevante Informationen zeitgleich an den Kapitalmarkt, das heißt an die Medien, gehen müssen. An Mitarbeiter dürfen also keine Informationen im Vorfeld gegeben werden. Und da bei einer Übernahme möglicherweise jede Information »potenziell börsenkursrelevant« ist, ist die Mitarbeiterkommunikation dem strengen Abgleich mit den Juristen unterworfen. Wird von juristischer Seite ein »besser Schweigen« empfohlen, so kann dies fatale Folgen für die interne Kommunikation nach sich ziehen. In dieser Phase gehören Kompromisse und Verzögerungen oft zur Tagesordnung, eine möglichst offene und schnelle Kommunikation ist meist nicht im gewünschten, optimalen Umfang möglich.

Erst ab dem Closing, also dem Termin, an dem die Verträge unter Dach und Fach sind, die Zustimmung der Aufsichtsgremien bzw. der Kartellbehörden vorliegt und das neue Unternehmen auch juristisch »existiert«, wird es etwas lockerer. Zumindest von juristischer Seite. Börsenkursrelevante Informationen kann es natürlich prinzipiell immer geben. Doch zeigt die Erfahrung, dass ab dem Zeit-

Stakeholder in der Krisenkommunikation
(Advice Partners)

punkt, an dem die Entscheidung, ob die Fusion oder Übernahme zustandekommt oder ob sie im letzten Moment doch noch platzt, gefallen ist, sich der Spielraum für die Kommunikation wieder erweitert.

Beispiel: Adidas' perfekte Begleitmusik zur Reebok-Übernahme
Adidas hatte im August 2005 seinen Konkurrenten Reebok für 3,1 Milliarden Euro übernommen. Das Zusammenwachsen der beiden Organisationen begleitete ein Integrationsgremium. Die Kommunikation war klar dialogorientiert aufgestellt. Es gab regelmäßige Informationen im Intranet, per Video und Brief an alle Mitarbeiter der ehemals getrennten Unternehmen. Zusätzlich setzte man auch einen sogenannten Puls-Check ein. In regelmäßigen Abständen erhielten alle Mitarbeiter eine E-Mail, in der sie nach ihrer Meinung befragt wurden. Ganz konkret wollte man in Erfahrung bringen, wo es ihrer Meinung nach bei der Zusammenführung Probleme gibt und wo es eben nicht ganz rund läuft. So lieferte Adidas nach innen die perfekte Begleitmusik für die Übernahme von Reebok.

Beispiel: Sanofi Synthelabo gegen Aventis SA
Einen Wettstreit der unterschiedlichen PR-Herangehensweisen spiegelte der Übernahmestreit zwischen Sanofi-Synthelabo und Aventis SA wider. Sanofi wollte die doppelt so große Aventis erwerben – und deren Aktionäre mit allen PR- und IR-Mitteln zum Aktientausch überreden. Ende Januar 2004 lancierte der Pariser Pharmakonzern Sanofi-Sythelabo sein Angebot zur Übernahme. Und zwar mit ungeheurem Druck mittels Zeitungsanzeigen und Pressemitteilungen. Am Montag wurde das Angebot kommuniziert, einen Tag später fand schon das erste Journalisten-Meeting statt. Im Gegenzug dazu wurde das Straßburger Unternehmen Aventis als langsam und unflexibel von der Öffentlichkeit wahrgenommen: Erst Mitte März erschien eine mehrseitige Anzeigenkampagne. Sanofi platzierte sich damit klar als das dynamischere Unternehmen bei den globalen Anlegern.

Fazit

Bei allen Strategien und Informationsprozessen darf jedoch eines nicht vergessen werden: In einem so sensiblen Prozess, wie dem des Change, ist eine auf die Bedürfnisse aller Beteiligten abgestimmte Kommunikation von großer Bedeutung. Denn es sind die Werte und Ängste, die dem Handeln von Menschen – bewusst oder unbewusst – zugrunde liegen. Menschen setzen ihre Fähigkeiten nur dann ein, wenn diese ihnen helfen, ihre Werte zu erfüllen und sie von ihren Ängsten fernzuhalten. Eine professionelle Kommunikation kann hier ansetzen und einen schnellen, reibungslosen und effektiven Veränderungsprozess ermöglichen.

Checkliste: Erfolgreiche Change-Kommunikation

- *Zeitnahe, offene und klare Informationspolitik:* Verantwortliche und Mitarbeiter müssen umfassend und zeitnah informiert werden. Auf diese Weise wird ein Problembewusstsein hergestellt und auch die Glaubwürdigkeit des Vorhabens gesichert.
- *Emotionalisieren:* Gute Kommunikation spricht sowohl die Sachebene als auch die Gefühlsebene an. Fakten allein richten gegen Angst nichts aus.
- *Maßgeschneiderte Botschaften:* Wer im »Gießkannen-Prinzip« kommuniziert, verschenkt viel Potenzial. Maßgeschneiderte Botschaften erreichen die jeweiligen, unterschiedlichen Zielgruppen innerhalb und außerhalb eines Unternehmens.
- *Plattformen schaffen:* Jede Zielgruppe braucht den notwendigen Kanal und unterschiedliche Plattformen, auf denen sie erreichbar ist. Vom Vier-Augen-Gespräch, World-Cafe, der Großgruppenmoderation, der transformationa-

len **Führung** bis zum Einsatz von Firmen-Blogs und Wikis kommen unterschiedliche Methoden zum Einsatz.

- *Dialogorientierte Kommunikation:* Dialog steht im Mittelpunkt: Ein reines, einseitiges »Senden« allein genügt nicht.
- *Kommunikation als Führungsaufgabe:* Der Wille zur Durchsetzung der Veränderungen muss erkennbar vom gesamten Management getragen werden: durch eigenes, auch emotional sichtbares Engagement, hohe Priorität des Projektes und durch Vorleben.

6 Entführung und Erpressung

Bei kaum einer Krise kann sich ein Unternehmen durch falsches Krisenmanagement und durch falsche Krisenkommunikation in einem schlechteren Bild der Öffentlichkeit präsentieren als bei Krisen durch kriminelle Akte. Obwohl das Unternehmen hier auch in die Rolle des Opfers gezwungen wird, kann es durch falsches unsensibles Verhalten einen erheblichen Imageschaden davontragen. Gott sei Dank bleiben die meisten Unternehmen von diesen besonders harten Krisenfällen verschont. Entführungen und Erpressungen sowie Vorfälle durch Terrorismus sind Krisenarten, bei denen man sich nur wünschen kann, dass sie dem Einzelnen erspart bleiben.

6.1 Entführung

Anders als beispielsweise Italien ist Deutschland kein Land mit einer ausgeprägten Entführungstradition. Seit dem Jahre 1990 verzeichnet die Kriminalstatistik des Bundeskriminalamts jährlich circa 120 Fälle von Entführungsversuchen, doch seit mehr als 30 Jahren gab es nicht mehr als 20 bekannte Entführungen. Hierzu gehören neben den terroristischen Verbrechen an Hanns Martin Schleyer und Peter Lorenz u. a. die Entführungen von Theo Albrecht, einem der ALDI-Brüder, im Jahre 1971, die Entführung von Richard Oetker 1976, der Kinder des Fernsehjournalisten Dieter Kronzucker 1980, des Multimillionärs Jakub Fiszman 1996 oder – der bekannteste Fall in Deutschland mit der höchsten Lösegeldzahlung – von Jan Philipp Reemtsma im Jahre 1996. Die statistische Wahrscheinlichkeit, entführt zu werden, ist somit in Deutschland äußerst gering.

Geiselnahmen und Entführungen sind so alt wie die Menschheit selbst. Geiseln dienten traditionell als Bürgen, um Kriegsschulden einzutreiben. Nichtsdestoweniger ist gerade seit den beiden Kriegen in Afghanistan und im Irak die Anzahl der Geiselverschleppungen weltweit exponentiell angestiegen. Auch wenn es in Italien eine jahrhundertlange Tradition des Kidnapping gibt oder Entführungen in Lateinamerika die Finanzierung von Guerillatruppen sichern, so haben Entführungen in den heutigen Kriegsländern ein deutlich höheres Stadium erreicht. Generell kann man sagen, dass eine Geiselnahme zur Durchsetzung materieller, gelegentlich auch immaterieller Ziele wie der Durchsetzung sozialer, politischer oder religiöser Forderungen dient. Teilweise ergibt sich auch bei vorgeschobenen immateriellen Zielen im Rahmen der Verhandlungen mit den Entführern sehr schnell, dass trotzdem materielle Forderungen im Vordergrund stehen und immaterielle Ziele nur vorgeschoben werden. Im polizeilichen Sinne spricht man von einer Entführung, wenn Täter Personen zur Durchsetzung ihrer Ziele an einen unbekannten Ort bringen (§ 239a StGB »erpresserischer Menschenraub«, und § 239b StGB »Geiselnahme«). Der Unterschied ist hier, dass man von einer Geiselnahme spricht, wenn der Aufenthaltsort vom Entführten bekannt ist.

Gefährdungspotenzial

Generell kann man sagen, dass die statistische Wahrscheinlichkeit, entführt zu werden, mit der Popularität der eigenen Person in der Öffentlichkeit steigt. Somit ist das Gefährdungsrisiko eines Vorstands eines großen Konzerns deutlich höher als das eines nur leitenden Angestellten. Popularität ist jedoch auch abhängig vom Kontext, in dem sich Menschen bewegen. Diese Erfahrungen müssen mittlerweile viele Helfer in den Kriegsländern wie Irak und Afghanistan machen. Obwohl es sich hier nicht um klassische VIPs handelt, sind sie jedoch allein auf Grundlage ihrer ethnischen Merkmale leicht als Ausländer zu identifizieren. Ist für die Täter dann auch die Sprache festzustellen, ist man als potenzielle Geisel leichter zu klassifizieren. Die Entführung der deutschen Archäologin und Aufbauhelferin Susanne Osthoff und die daraus resultierende Medienberichterstattung, dass angeblich Lösegeld bezahlt wurde, hatte unmittelbare Folgen für Deutsche im Irak. Für Entführer ist das Merkmal des gezahlten Lösegeldes ein Qualitätssignal. Jedes Entführungsopfer, das aus demselben Land kommt, hat in den Augen der Entführer einen hohen Marktwert.

Wichtiges Merkmal bei der Entführung ist, dass die wenigsten Entführungen am Wochenende erfolgen. Hintergrund ist, dass das eigentliche Opferverhalten, das von den Tätern im Vorfeld ausgespäht wird, am Wochenende weniger gut eingeschätzt werden kann. Statistisch gesehen sind bevorzugte Entführungstage: Donnerstag, Freitag, Montag. Da Entführungen meist keine Impulstaten sind, sondern mit einer längeren Planungsphase verbunden sind, spähen die Täter das potenzielle Opfer über einen bestimmten Zeitraum hinweg aus. Hieraus resultiert auch der Entführungsort. Die meisten Entführungen finden statt, wenn das Opfer die Wohnung oder das Büro verlässt oder betritt bzw. sich auf dem Weg zum Büro oder zur Wohnung befindet. Die Entführungen finden bevorzugt auf offener Straße statt.

Die meisten Entführungen – gerade auch in den Kriegsgebieten – werden von professionell vorgehenden Tätern verübt. Diese sehen in der Entführung ein Projekt, das lange vorbereitet sein muss, des organisatorischen Geschicks und der Kreativität bedarf. Der klassische Ablauf einer Entführung hat ein System und beinhaltet in der Regel neun Phasen:

1. Zielauswahl
2. Observierung des Ziels und Entscheidung für oder gegen das Ziel
3. Überfall
4. Transport in das Versteck
5. Verwahren in einem oder in mehreren Verstecken
6. Verhandlung bis zur Einigung
7. Lösegeldübergabe
8. Freilassung
9. Versorgung danach (Repatriierung)

In den letzten Jahren kann man eine deutliche qualitative »Verbesserung« von Tatplanung, Tatsteuerung und Tatorganisation weltweit feststellen. Das Kommunikationsverhalten von Tätern durch Verwendung von Tonkonserven, Funk, SMS, MMS, Mobiltelefon oder Datensystemen hat sich weiter anonymisiert und erschwert die Ermittlungsansätze. Abgesehen von den bereits erwähnten Kriegsgebieten Irak und Afghanistan gibt es noch weitere Länder, in denen Westeuropäer besonders gefährdet sind:

- Südamerika: Kolumbien, Brasilien, Venezuela,
- Mittelamerika: Mexiko,
- Westeuropa: Italien,
- Osteuropa: Russland, Tschetschenien,
- darüber hinaus: Pakistan, Algerien, Jemen.

In Ländern wie Kolumbien und auch mittlerweile auf den Philippinen hat sich über die Jahre hinweg eine regelmäßige Entführungsindustrie entwickelt. In Deutschland hat besonders der Entführungsfall Wallert für Aufsehen gesorgt. Die niedersächsische Familie war von muslimischen Separatisten gefangen gehalten und gegen Lösegeld wieder freigelassen worden.

Firmenangehörige, die in unterschiedlichen Ländern weltweit entführt werden, sind mit unterschiedlichen Zielsetzungen konfrontiert. Auf der einen Seite handelt es sich um klassische Geldforderungen, die direkt an das Unternehmen oder an die Familie des Betroffenen und damit indirekt an das Unternehmen gerichtet werden. Auf der anderen Seite, gerade in den Kriegsgebieten Irak und Afghanistan, handelt es sich jedoch um Fälle, bei denen lediglich die Nationalität des Opfers Grund der Entführung ist. Hier ist das Unternehmen nicht Ziel der Entführung, sondern der Staat, aus dem das entführte Opfer stammt. Das heißt jedoch nicht, dass die Entführer lediglich immaterielle Werte fordern. Auch ganz normale materielle Forderungen an Staaten sind gang und gäbe. Im Fall des Hoechst-Managers Cordes und des Siemens-Technikers Schmidt hatte die Hisbollah das Ziel verfolgt, den wegen Entführung einer TWA-Maschine verhafteten Mohamed Hamadi freizupressen. Gleichzeitig flossen seitens der Unternehmen, bei denen die beiden Entführten angestellt waren, Millionen in die Taschen der Hisbollah, um die Opfer freizubekommen.

Eine Entführung ist nie eine Sache des Opfers, der Familie und der Entführer allein. Ein Unternehmen, dessen Mitarbeiter Opfer einer Entführung geworden ist, muss sich auch auf weitere Akteure einstellen:

- Freunde,
- erweiterte Familie,
- Nachbarn,
- Medien und Öffentlichkeit,
- Staatsanwaltschaft, örtliche Polizei, Landeskriminalamt, Bundeskriminalamt,
- Auswärtiges Amt,
- Psychologen,
- Verhandlungsführer,
- Banken,
- bei Bedarf weitere Institutionen, Einrichtungen und Personen.

Allen Beteiligten gemein ist, dass sie unter beträchtlichem emotionalen Druck stehen.

Die Rolle der Familie

Für das Unternehmen spielt die Familie des Opfers eine der wichtigsten Rollen im gesamten Fall. Die Entführung eines Familienmitglieds bedeutet für alle Beteiligten eine extreme Ausnahmesituation. Die Normalität des Daseins ist verschwunden, die Existenz der Familie in ihren Grundfesten bedroht. Der erhebliche psychische Druck ist gewaltig. Man ist auseinandergerissen worden, ohne sich zu verabschieden. Man fürchtet um das Leben des Entführten, man fürchtet, nun falsche Dinge zu tun, die das Leben des Entführten weiter gefährden. Die psychologische Situation lässt sich nur schwer beschreiben. Während der Entführung können sich Phasen der Apathie, Lethargie und Panik ablösen. Stress kann zu verstärkter Solidarität führen. Es entwickelt sich bei den Betroffenen ein Bedürfnis nach Sicherheit, Stabilität, Geborgenheit und Ordnung. Der Stress in der Entführungssituation kann aber auch zum Ausbruch bisher verdeckter Familienkonflikte führen.

Vom Unternehmen wird hier eine äußerst intensive Zusammenarbeit mit den zuständigen Behörden – von der Polizei über Bundeswehr bis zum Auswärtigen

Amt – gefordert. Gleichzeitig muss es sich intensiv um die Angehörigen der Entführungsopfer kümmern.

Diese Verbindung zu den Angehörigen ist umso wichtiger, da diese auch von Medienseite angesprochen werden. Ein zu starker Druck durch Journalisten auf die Angehörigen kann von deren Seite schnell dem Unternehmen und der mangelnden Fürsorge durch das Unternehmen zugerechnet werden. Es ist deshalb – nicht nur von der rein menschlichen Seite her – immens wichtig, diese Angehörigen zu versorgen, ihnen psychologische Betreuung zukommen zu lassen und sie vor den Medien zu schützen.

Die Behörden, gerade das Auswärtige Amt, übernehmen bei Entführungsfällen im Ausland schwerpunktmäßig die Kommunikation mit der Öffentlichkeit. Hier kann durchaus der operative mediale Einsatz der Familienangehörigen geplant werden, um über die Medien ein emotionales Bild des Entführungsopfers zu erzeugen. Dieser Auftritt muss jedoch strategisch ausreichend geplant und inhaltlich vorbereitet sein. Ein solcher Auftritt ist u. a. abhängig von der emotionalen Stärke der Angehörigen. Auch muss man sich klar vor Augen führen, welches Ziel der Auftritt bewirken, welches mediale Bild über das Opfer erzeugt werden soll. Eine Nichtbetreuung der Angehörigen führt schnell dazu, dass sich das Unternehmen als kalt, herzlos und uninteressiert an seinen Mitarbeitern in der Öffentlichkeit darstellt. Die generelle Kommunikation des Unternehmens selbst sollte eng mit den Behörden abgestimmt sein.

Doch nicht nur die Außensicht ist in einem solchen Ernstfall für ein Unternehmen wichtig. Auch und vor allem der internen Kommunikation kommt an dieser Stelle große Bedeutung zu. Hier muss die Fürsorge in das Unternehmen hineingetragen werden und der Informationsfluss auch außerhalb der klassischen Medien muss gewährleistet sein. Nur so ist ein vertrauensvolles und weiteres produktives Arbeiten der Mitarbeiter des Unternehmens zu gewährleisten. Auf die Ängste, die durch die Entführung eines Kollegen, zu dem eine emotionale Bindung besteht, bei den anderen Mitarbeitern aufkommen, muss mit einer internen Kommunikation, die vertrauensvoll, informationshaltig und auch betroffen ist, reagiert werden. Die kommunikatorische Gratwanderung besteht darin, auf der einen Seite Ängste zu nehmen und Informationen zu liefern und auf der anderen Seite keine Ermittlungs- oder Verhandlungsinterna zu verraten. Denn auch in einer Krisensituation gilt, dass alles, was intern kommuniziert wird, auch nach außen gelangt. Langes Schweigen und empathielose Verlautbarungen können zu massiven innerbetrieblichen Irritationen führen. So hatte beispielsweise die Leitung der Deutschen Welle im April 2007 zu lange gezögert, bis die eigenen Mitarbeiter über den bereits in den Medien verbreiteten Tod zweier frei schaffender Kollegen informiert wurden. Die ersten offiziellen Statements betonten vor allem, dass die beiden Journalisten nicht im Auftrag des Senders in Afghanistan gewesen seien. Dieses Verhalten hat in den

Reihen der Redakteure Proteste und Empörung hervorgerufen. Gerade die freien Mitarbeiter sprachen von einem herben Vertrauensverlust.

6.2 Erpressung

Wesentlich häufiger als zu Entführungen kommt es in Deutschland zu Erpressungen. Möglich sind zum einen Erpressungen, die mit der persönlichen Reputation eines prominenten Unternehmers zusammenhängen, zum anderen die Drohung, Produkte zu manipulieren. Auch diese Verbrechen bergen ein hohes Krisenpotenzial, auch hier kommt es auf geschickte Kommunikation und Außendarstellung an. Der zu beschreitende Grat ist schmal: Man muss die Sorgen der Verbraucher ernst nehmen, darf aber keine Panik erzeugen. Unternehmen sind in der Regel von Produkterpressung betroffen.

Produkterpressung

Produkte können ohne und mit kriminellem Hintergrund manipuliert werden. Die Auswirkungen beider Fälle erfordern krisengerechtes Handeln. Die vorsätzliche Kontamination z. B. von Lebensmitteln wird inzwischen landläufig als Produkterpressung bezeichnet. Es gibt weder einen eigenen Straftatparagrafen für Produkterpressung noch eine allgemein gültige Definition. Wir verstehen Produkterpressung als angedrohte oder erfolgte vorsätzliche Vergiftung eines Produkts, um damit eine erpresserische Forderung zum Nachteil eines anderen zu erheben. Das Delikt zählt zu einem Straftatbereich, der in Deutschland allgemein als Erpressung gemäß § 253 StGB bzw. als räuberische Erpressung gemäß § 255 StGB geahndet wird. Für die Unternehmen ist dieses Delikt äußerst gefährlich. Zum einen ist die Wahrscheinlichkeit des Schadenseintritts schwer einzuschätzen, wenngleich die meisten Täter in der Erpressungsphase abspringen. Es droht jedoch regelmäßig ein beträchtlicher wirtschaftlicher und imagemäßiger Schaden durch die Geldforderung an sich oder durch das gezeigte Krisenmanagement in der Öffentlichkeit. Dieser hohe Schaden durch die öffentlichkeitswirksamen Begleitumstände können z. B. Umsatzrückgänge durch verloren gegangenes Verbrauchervertrauen als auch der wirtschaftliche Schaden durch Kosten für einen Warenrückruf sein.

Im Regelfall hat man es mit männlichen Einzeltätern und Ersttätertypen zu tun, die kreativ und überlegt handelnd vorgehen, oft strategisch denkend, jedoch häufig auch irrational handelnd. Manchmal liegt dies auch daran, dass Täter aus dem unmittelbaren Umfeld des Unternehmens stammen. Obwohl es gelegentliche Fälle von begleitender Gewaltandrohung oder Brandanschlägen gibt, ist der Produkterpresser in der Regel kein gewalttätiger Typ. Für ihn ist dieser Vorgang ein Geschäft, er will primär Geld und den Verbraucher meist nicht lebensgefährlich verletzen oder gar töten. Der erste spektakuläre Fall von Produkterpressung trat in katastrophaler Form 1982 in den USA auf. Sieben Menschen starben nach der Einnahme von Kopfschmerztabletten der Marke Tylenol von Johnson und Johnson. Seitdem ist diese Erpressungsart in allen westlichen Ländern zu beobachten. Das Delikt ist in Deutschland seit dem Jahr 2000 insgesamt rückläufig, geschieht aber jede Woche circa ein- bis zweimal. Die Dunkelziffer hierbei ist jedoch erheblich, da nicht jedes Unternehmen Vorfälle von Produkterpressung auch der Polizei meldet. In der Regel werden etwa 50 Prozent aller Fälle nach der ersten oder zweiten Kontaktaufnahme durch den Täter abgebrochen. Drei Viertel aller Erstkontakte kommen durch Briefe zustande. Die Kommunikation erfolgt über alle existierenden Medien, verstärkt jedoch über elektronische sowie Anzeigenschaltung. Spätestens bei der Geldübergabe kommt es zu einer hohen Abbrecherquote, da der Täter Angst hat, aus seiner Anonymität herauszukommen. Seit 1990 wurde bei der Geldübergabe jeder ermittelte Täter festgenommen.

Die Medien spielen bei dieser Krisenform eine gesonderte Rolle. Meist entnimmt der Täter die Ideen für sein Vorgehen schon Presseberichten, öffentlichen Darstellungen eines Unternehmens oder er orientiert sich an seinen eigenen Konsumgewohnheiten. Die Gefahr für ein Unternehmen, Opfer einer Produkterpressung zu werden, steigt mit der Unternehmensgröße, der Bekanntheit und Popularität von Produkten und der Möglichkeit einer Zuordnung von Marken zu Unternehmen. Jedoch sind mittlerweile auch kleinere oder mittelständische Unternehmen Ziele vorsätzlicher Produktkontaminationen. Meist geht es dem Täter auch nicht primär um das Gift bzw. nicht darum, einen Verbraucher zu schädigen, sondern sein Ziel ist meist das Unternehmen. Der Verbraucher ist nur das makabre »Transportmittel« des Erpressers für seine kriminelle Handlung.

Das Spektakel ist für ihn dann interessant, wenn das Unternehmen öffentlichkeitswirksam vorgeführt wird und damit verbunden klar kalkulierte Folgen zu Tage treten:

- dass das Sicherheitsgefühl der Bevölkerung stark beeinträchtigt wird,
- dass ein erheblicher wirtschaftlicher Schaden durch Imageverlust, zurückgehende Nachfrage, Rückrufaktionen, Produktersatz, Schadensersatzleistungen, direkte Sachschäden und Wiederholungsmaßnahmen droht,
- dass Handelsketten zum Auslisten der Ware animiert werden;
- dass auch bei Festnahme das Unternehmen Schaden und Makel bei unglücklicher Krisen-PR selbst zu tragen bzw. zu ertragen hat.

Gefährdet sind hier alle Produkte, deren Einnahme oder Auftragen zu Körperverletzung führen kann. Also Nahrungs- und Genussmittel, insbesondere:

- Säuglings- und Kleinkindernahrung,
- Ketchup,
- Getränke,
- Kosmetika,
- pharmazeutische Produkte,
- Zigaretten,
- Süßwaren,
- Kaffee,
- Molkereiprodukte.

Bei der Art der Manipulation kann man von der Eingabe oder Vermengung von Toxiden und Fremdstoffen flüssiger Art oder auch festen Teilen ausgehen. Meist werden Stoffe genommen, die dem Täter leicht zugänglich sind, wie Insektengift, Rattengift, Glassplitter, Pflanzenschutzmittel, Öle, Quecksilber, Zigarettenkippen, Haushaltsreiniger. Gedroht wird zunehmend auch mit AIDS-verseuchtem Blut oder BSE-Erregern. Allerdings ist bis heute kein Fall bekannt, bei dem diese Drohung realisiert wurde.

Phasen der Erpressung

Generell kann man den Erpressungszyklus in drei Phasen unterteilen:

Phase 1. Der Täter nimmt mit dem Unternehmen Kontakt auf und erhebt seine erpresserischen Forderungen. Er droht mit Sanktionen (Manipulation am Produkt) bei Nichterfüllung. Nahezu die Hälfte aller Täter bricht nach dieser Erstandrohung den Kontakt ab, insbesondere wenn kein vergiftetes Produkt als Beweis vorgelegt wurde.

Phase 2. Der Täter unternimmt mehrere Kontakte. Die Kommunikation erfolgt über Brief, Telefon, Zeitungsannoncen, Radio, Videotext. Ziel hierbei ist es, die Zahlungsbereitschaft des Unternehmens zu erhalten, die Drohung zu untermauern und in der Regel die Nichteinschaltung der Polizei zu fordern. Im nächsten Schritt kommt dann die Bekanntgabe der Modalitäten für die Geldübergabe.

Phase 3. In dieser Phase findet die eigentliche Geldübergabe statt. Sie ist für den Täter die kritischste, weil er spätestens jetzt aus seiner Anonymität heraustreten muss, will er das Geld in Besitz nehmen. Oft missglücken Geldübergaben. Meist, weil die Übergabeanweisungen des Erpressers zu komplex sind, um das Entdeckungsrisiko zu minimieren. In der Regel kommt es in dieser Phase zu den meisten Festnahmen. Der gesamte Tatablauf wird oft in wenigen Tagen oder Wochen realisiert. Es gibt aber auch Einzelfälle, die über Monate und Jahre hinweg dauern.

6.3 Krisenmanagement

Von Unternehmen wird hier aufgrund der rechtlichen Maßnahmen ein besonderes betriebliches Krisenmanagement gefordert. Die Komplexität des Falles – sei es eine Entführung, sei es eine Erpressung – und die damit verbundenen Implikationen machen es in der Regel nötig, sich externen Beistand zu holen.

Die Rolle des externen Krisenberaters

Im Ausland ist externe Krisenberatung im Fall von Entführungen schon lange selbstverständlich. In Deutschland wird sie wegen der wenigen Fälle nur selten zum Einsatz kommen. Der Spezialberater ist keine Konkurrenz zur Polizei, sondern eher Vertrauter und Interessenvertreter der Familie oder des Unternehmens in dieser spezifischen Angelegenheit. Von der Polizei wird ein Berater eher als Störfaktor denn als akzeptierter Experte verstanden. Das kann anfangs zu Friktionen führen. Die Polizei wird jedoch in aller Regel den Berater dann akzeptieren, wenn dieser durch die Familie oder das Unternehmen ein entsprechendes Mandat erhalten hat und sich als professioneller Experte erweist.
Von einem guten Berater kann gefordert werden, dass er

- mit der Führungsthematik professionell vertraut ist,
- die Krisenorganisation des Unternehmens aufbaut und Erstmaßnahmen ergreift,
- die Taktik und Strategie der Entführung unabhängig von der polizeilichen Sicht für die Familie und das Unternehmen beurteilt,
- internationale Unterstützung bei einer Auslandsentführung hat,
- in der gesamten Entführungszeit präsent ist,
- bei Differenzen zwischen Familie, Unternehmen und Polizei lösungsfähig arbeitet
- und das Vertrauen der Familie und des Unternehmens hat.

Deswegen ist auch zu empfehlen, dass der Berater schon vor dem Eintrittsfall persönlich bekannt ist und er vorzugsweise durch Krisenprävention das Unternehmen auf etwaige Fälle vorbereitet hat.

Sicherheitsvorkehrung bei Auslandsentsendungen

Zunehmend wird Personal auch aus mittleren und kleinen Unternehmen in risikoreiche Gebiete entsandt. Oft steht das Geschäftsinteresse im Vordergrund, die Auslandstauglichkeit im Hintergrund.

Solange keine Sicherheitsvorkommnisse auftreten, geht dies meist gut. Doch oftmals provoziert ein Entsandter erst einen Entführungsfall, weil er die Risiken nicht oder nicht genügend kannte. Zusätzlich verschärft eine Medienberichterstattung über Lösegeldzahlungen aus dem Entsendeland die Gefährdungssituation. Je nachdem, ob bekannt wurde, dass das Unternehmen bzw. die Nation in einem der Vorfälle Lösegeld gezahlt hat, wird die Situation für den Betroffenen aus dem Entsendeland brisant. Eine intensive Vorbereitung kann also nur zum Nutzen des Unternehmens und des zu Entsendenden sein. Dieser hat zudem das Recht, über eventuelle Risiken umfassend aufgeklärt zu werden.

Durch intensive Einweisung wächst zudem das Vertrauen, dass im Ereignisfall das Unternehmen hilft. Der Einzuweisende sollte keine Kenntnis über eine eventuelle Lösegeldversicherung haben. Die mitreisende Familie sollte grundsätzlich in das Briefing einbezogen werden. Bleibt die Familie zu Hause, so sollte sie zumindest informiert werden, dass das Briefing stattgefunden hat. Dies ist auch im Fall einer Entführung ein wichtiger Faktor, da die Stellungnahme der Familie immer eine positive sein wird. Zumindest werden Äußerungen des Tenors ausgeschlossen, niemand habe über die drohenden Gefahren gesprochen. Täuschungsvorwürfe können in so einem Fall nicht erhoben werden. Zum Briefing sollten Personen aus den Reihen der Mitarbeiter hinzugezogen werden, die Landes- bzw. Ortserfahrung haben. Ist dies nicht der Fall, sollten externe Experten eingeschaltet werden. Vor der Entscheidung über die Entsendung empfiehlt es sich, Sicherheitsauskünfte über die konkreten und aktuellen Risiken einzuholen.
Briefingpunkte sollten sein:

- Aktualisierung aller wichtigen Personaldaten,
- Anlegen eines Personaldatenblattes,
- Feststellen der gesundheitlichen Auslandstauglichkeit,
- Feststellen der Fremdsprachenkenntnisse,
- Information über länderspezifische Einzelheiten (Sicherheitsrisiken),
- Verhaltensmuster bei Überfall, Erpressung, Entführung usw.,
- Erreichbarkeit des Unternehmens,
- Kontaktadressen (politische, andere Unternehmen usw.),
- Sicherheitsdienst vor Ort,
- Meldeverfahren,
- Evakuierungsplan.

Die Einweisung sollte schriftlich bestätigt werden. Als zusätzlicher Briefingpunkt sollte eine Einführung über folgende Interessenbereiche stattfinden:

- politische Situation,
- Sicherheitslage allgemein,
- regionale Gefährdung,
- kriminelle Organisationen,
- spezifische Gefährdung,
- Verkehrsinformationen,
- Reisewarnungen (z. B. durch das Auswärtige Amt),
- Hygiene, medizinische Versorgung.

Mit diesem allgemeinen Rüstzeug sollte der Auslandsentsendete gut vorbereitet sein. Diese Empfehlungen bieten jedoch keine Absicherung gegen kriminelle Akte oder Entführungsfälle.

Die Rolle der Medien

Die Medien sind neben den Tätern die zweite Front. Eine Veröffentlichung des Tatbestands zum falschen Zeitpunkt kann fatale Folgen haben. Eine Darstellung des Umfelds der entführten Person kann z. B. zu einer noch stärkeren emotionalen Abkoppelung der Entführer führen.

Problematisch ist, dass die durch Art. 5 des Grundgesetzes garantierte Pressefreiheit auch durch eine Entführung nicht beeinträchtigt werden darf. Zwar gibt es seit dem Geiseldrama von Gladbeck, bei dem die Täter vor laufenden Fernsehkameras ihren Geiseln Revolver an die Schläfen hielten, eine Empfehlung des Deutschen Presserats zur Zurückhaltung in der Berichterstattung in Fällen wie Entführung, Geiselnahmen usw. Ein positives Beispiel hierfür ist die mediale Zurückhaltung im Entführungsfall Reemtsma. Letztlich kann aber jeder Journalist frei entscheiden, ob er eine Information der Öffentlichkeit für geboten hält. Freie Mitarbeiter von Presse, Rundfunk und Fernsehen, die wirtschaftliche Erwägungen oftmals über den Pressekodex stellen, sind die gefährlichen Multiplikatoren in diesem Prozess. Hier ist jedoch auch zu bedenken, dass sie nicht nur während des Prozesses, sondern auch nach dem Prozess ein für potenzielle Entführungsopfer negatives Bild zeichnen können. Beispiel Susanne Osthoff: Die Irakgeisel wurde frühzeitig nach der Freilassung zu TV-Auftritten genötigt, die sie zum Teil auch deshalb annahm, weil sie Äußerungen und Berichterstattung aus ihrem familiären Umfeld zurechtrücken wollte. Diese Auftritte waren nicht wirklich gelungen. Seither haftet Frau Osthoff ein zweifelhaftes Image an.

Grundsätzlich wird die Medienpolitik in Entführungslagen restriktiv sein. Keiner der Betroffenen kann ein Interesse an der Veröffentlichung haben. Hat die Presse Kenntnis, kann man ein Stillhalteabkommen vereinbaren, das oft nur wenige Tage hält und insgesamt sofort bricht, wenn ein anderes Organ berichtet. Eine weitere Möglichkeit ist die polizeiinterne Nachrichtensperre, das heißt, es werden polizeilich keine Informationen zum Stand des Verfahrens, zu Inhalt und Umfang der Ermittlungen gegeben.

Das eigentliche Medienproblem für die Familie beginnt allerdings erst mit Beendigung der Entführung, wenn die Medien noch tiefer in das Privatleben der Betroffenen einsteigen und die Informationen veröffentlichen, die bis dahin fieberhaft recherchiert wurden. Hier ist dem Unternehmen eine besondere Verantwortung zuzurechnen. Hier entscheidet es sich, ob im Nachhinein die Rolle des Unternehmens einer neuen Deutungshoheit untergeordnet wird. Umso wichtiger ist es, nicht nur während der Krise/Entführung die Familie abzuschirmen, sondern dies auch über einen längeren Zeitraum nach Beendigung der Entführung durchzuführen. Das Anregen bzw. das Einsetzen von Geheimnummern, das Verbringen an einen geheimen Ort, an dem sich die Familie erst wiederfinden kann, sind hier geeignete Maßnahmen. Alles Weitere sollte jedoch auch einem Profi überlassen werden.

Fazit

Kriminelle Akte, auch wenn sie in Deutschland glücklicherweise nicht allzu häufig vorkommen, stellen eine massive Bedrohung für Unternehmen dar. Die Gratwanderung, die ein Unternehmen zu bewältigen hat, ist ungleich schwerer als in anderen Fällen. Zum einen kann ein Unternehmen schnell in die Rolle des Schuldigen gedrängt werden und zum anderen ist kaum eine Situation emotional belastender, als wenn Menschenleben auf dem Spiel stehen. Es ist deshalb notwendig, frühzeitig alles zu unternehmen, um Risiken zu minimieren, sich diese Risiken bewusst zu machen und sich letztendlich im Ernstfall professioneller Hilfe zu bedienen.

7 Vertrauenskrise (Compliance-Krise)

»Kleine Geschenke erhalten die Freundschaft« oder auch der Einsatz von »Vitamin B« – früher waren das gesellschaftlich akzeptierte gängige Praktiken. Schmiergeldzahlungen zur Geschäftsanbahnung waren steuerlich absetzbar, großzügige Einladungen zu als Fachveranstaltungen getarnten Luxusreisen, aufwendige Weihnachtsgeschenke oder teure Werbeartikel an der Tagesordnung. Damit ist seit einigen Jahren Schluss, die gesellschaftliche Toleranz gegenüber derartig korrupten Praktiken ist gen null gesunken. Die Liste derjenigen Unternehmen, die in den letzten Jahren höchst negative Schlagzeilen gemacht haben, weil sie gegen Gesetze oder gesellschaftlich akzeptierte Werte verstoßen haben, ist recht lang: Das System der »schwarzen Kassen« bei Siemens, die Mitarbeiterüberwachung bei Lidl, die Bespitzelungsaffäre bei der Deutschen Telekom, der Veruntreuungsvorwurf gegen die deutsche Sektion von UNICEF – all diese Beispiele haben gezeigt, wie sensibel die Öffentlichkeit heute auf unethisches Verhalten reagiert.

Aus Vorwürfen unethischen Verhaltens entstehen oft recht dynamische Krisensituationen, die die Reputation eines Akteurs nachhaltig schädigen und einem Unternehmen auch wirtschaftliche Verluste von erheblichem Ausmaß einbringen können.

Markantes Interventionsmerkmal: aufklären und kooperieren

Die übliche Reaktion von Unternehmen auf derartige Vorwürfe ist abwiegeln, dementieren, schließlich »bedingungslose Aufklärung« versprechen. Abgesehen davon, dass diese Reihenfolge die Glaubwürdigkeit einer jeden Verlautbarung untergräbt, ist die Zusage der »schonungslosen Aufklärung« ein hehres Versprechen, an dem das Unternehmen im Folgenden gemessen werden wird. Und allzu oft sind diese gut gemeinten Ankündigungen Quelle weiteren Imageschadens, wenn ihnen nach Meinung der Öffentlichkeit nicht ausreichend Folge geleistet wird. Um Missverständnissen vorzubeugen: Natürlich ist es wichtig, im Fall von Compliance-Krisen die justiziablen und ethisch nicht tolerierbaren Vorgänge aufzuklären und die Verantwortlichen zur Rechenschaft zu ziehen. Begriffe wie »schonungslos«, »bedingungslos« oder »ohne Vorbehalt« allerdings wecken – wenn sie in der Öffentlichkeit genannt werden – Ansprüche, die ggf. aus verschiedenen Gründen nicht einzuhalten sind.

Es stellt sich also die Frage, wie man mit einer Compliance-Krise professionell umgeht und wie man sie möglichst unbeschadet übersteht. Dies ist umso mehr die Frage, da Compliance-Krisen oft zu nachhaltigem wirtschaftlichen Schaden für das Image des Gesamtunternehmens und zu allgemeinen Vertrauenskrisen führen können.

Wie bei den meisten Krisen ist die wirkungsvollste Bekämpfung einer Compliance-Krise eine effektive Prävention: Unternehmen brauchen also ein System zur Sicherstellung rechtskonformen Handelns als Teil ihrer Corporate Governance. Gerade weil Compliance-Krisen dramatisch sein können, ist Compliance absolute Chefsache.

7.1 Aufbau eines Compliance Managements

Um im Fall einer Compliance-Krise optimal vorbereitet zu sein und möglichst wenig Reputationsschaden zu erleiden, gilt es, in »guten Zeiten« eine effektive Organisationsstruktur und wirkungsvolle Instrumente zur Krisenbekämpfung zu etablieren. Ein solches System bezeichnet man in seiner Gesamtheit als »Compliance Management« – ein einheitliches Kontrollsystem für alle Compliance-relevanten Sachverhalte. Dazu gehört die konsequente Ausbildung und Schulung aller Verantwortlichen, die Installation von Hinweisgebersystemen und Vertrauensbereichen genauso wie die Etablierung eines Chief Compliance Officers (CCO), dem die Management-Verantwortung über diesen ganzen Bereich obliegt.

Ein solches System muss die Quadratur des Kreises schaffen: Zum einen muss es lückenlos sein und keine Schlupflöcher für Regelverstöße lassen. Auf der anderen Seite aber darf es die unternehmerische Tätigkeit, die Kreativität der Mitarbeiter und letztlich auch die Freude an eigener Verantwortung, auf denen letztlich auch der wirtschaftliche Erfolg des Unternehmens beruhen, nicht behindern. Spielräume müssen bleiben, um Innovationen nicht im Keim zu ersticken. Compliance Management muss eine sinnvolle Balance halten zwischen unternehmerischem Erfolg und Regelkonformität. Überregulierung würde zu Stillstand führen. Die Compliance-Organisation muss intern als Helfer, nicht als Inquisitor oder gar als bürokratisches Ärgernis wahrgenommen werden, wenn sie effektiv arbeiten können will.

Um der Organisationsstruktur Glaubwürdigkeit zu verschaffen, ist es sinnvoll, das System extern auditieren bzw. zertifizieren zu lassen. Es muss klar sein, dass Compliance ein Bottom-up-Prozess ist und nicht Top-Down funktioniert: Vor allem die Mitarbeiter selbst sowie das untere Management erleben Non-Compliance in ihrem Berufsalltag – sie müssen ermutigt werden, ihr Wissen preiszugeben.

Die Etablierung eines Compliance Managements mag zunächst aufwendig und kostenintensiv erscheinen – man muss sich aber vor Augen halten, dass es auch sehr gut als Kommunikationsinstrument eingesetzt werden kann. Wer bei Compliance punktet, kann das auch offensiv platzieren. Und schließlich ist die Verhinderung von reputationsschädigenden Vorkommnissen nichts anderes als eine Versicherung für die immateriellen Unternehmenswerte: Ruf, Attraktivität als Arbeitgeber, Marke(11).

Erster Schritt – Risikoanalyse: Wo bin ich verwundbar?

An erster Stelle bei der Etablierung eines Compliance Management-Systems steht die Risikoanalyse. In der Produktion ist dies ein gängiges Vorgehen. Die Einsicht, dass auch Vertriebsabteilungen oder Controlling-Einheiten reputationsschädigende Handlungen vornehmen können, setzt sich erst seit den letzten Jahren langsam durch.

Vor der Einführung eines Compliance Managements steht also zwangsläufig die Analyse, in welchen Unternehmensbereichen Compliance-Verstöße drohen. Klassisch gehören dazu

- Einkauf
- Unternehmenssteuerung
- Controlling
- Vertriebseinheiten

Es kann sich aber auch um bestimmte Mitarbeitergruppen handeln, die z. B. durch ihren Arbeitsort (Grenznähe, unmittelbares Arbeitsumfeld usw.) oder durch die Art ihrer Aufgaben (große Handlungsspielräume, wenig Führung o. ä.) gefährdet sein können. Ebenfalls zu den gefährdeten Gruppen gehören Mitarbeiter mit sehr großen Anteilen an variablem Gehalt und hohen Zielvorgaben: Wenn hier die Ziele nicht realistisch erreichbar scheinen, ist die Versuchung groß »nachzuhelfen«.

Zweiter Schritt – Maßnahmenplanung: was wäre, wenn?

- Im nächsten Schritt, nach der Analyse der Risiken, sollte damit begonnen werden, für die verschiedenen möglichen Krisenszenarien Maßnahmenpläne zu entwickeln: Wenn eine Compliance-Krise im Vertrieb aufträte, wo wäre sie am wahrscheinlichsten?
- wie könnte man mit ihr umgehen?
- wer wäre betroffen?

- welche juristischen Konsequenzen hätte sie?
- wer wären die Stakeholder?

Für die jeweiligen Antworten müssten dann im Rahmen des Compliance Managements Aktionsszenarien entwickelt und in einem Krisenhandbuch zusammengefasst werden:

- Wen würde man wie und zu welchem Zeitpunkt involvieren?
- Wer wäre die richtige juristische Begleitung?
- Welche Kontakte bei der Staatsanwaltschaft wären vonnöten?
- Wie würde man kommunikativ damit umgehen?
- Wer würde auf welchen Kanälen in Krisenzeiten kommunizieren?
- Wer gibt in Abstimmung mit wem Informationen heraus?

Zur Vorbereitung auf den Krisenfall gehören als konkrete Maßnahmen dann insbesondere:

- ein Krisenhandbuch, das die wichtigsten Entscheidungsbäume, Zuständigkeiten und Checklisten darstellt,
- ein Krisenstab, der jederzeit schnell erreichbar und einsatzbereit ist,
- ein FAQ-Katalog mit vorgefertigten Sprachregelungen,
- Bildmaterial (wenn die Presse kein brauchbares Bildmaterial bekommt, wird sie in erster Linie Material von »Betroffenen« und »Akutsituationen« wie z. B. Polizeieinsätzen bringen).

Die Arbeitsfähigkeit dieses Systems muss immer wieder durch Simulationen auf Machbarkeit geprüft und ggf. modifiziert werden.

Dritter Schritt – Präventionsmaßnahmen

Sind die potenziellen Risiken erst einmal identifiziert und durchdekliniert, sollten im dritten Schritt Maßnahmen konzipiert werden, die in diesen speziellen Unternehmensbereichen das regelkonforme Verhalten sicherstellen sollen. Dazu können gehören

- Schulungen (insbesondere des Managements)
- Aufstellung realistischer Zielvorgaben
- Bemühen um ein offenes Betriebsklima
- Etablierung eines Frühwarnsystems (= »Whistleblower«-Funktion) u. a. mit Einführung eines Ethik-Helpdesks als Anlaufstelle für Mitarbeiter (z. B. zum aktiven Melden von Verstößen gegen ethische, normative oder wirtschaftliche Regeln)

Wichtig ist es, ein Klima des Vertrauens zu schaffen, in dem Mitarbeiter ihren Unmut oder ihre Frustration nicht nach außen tragen müssen, sondern über geregelte Kanäle im Unternehmen (ggf. auch unter dem Siegel der Verschwiegenheit) adressieren können. Dazu gehören auch die Vorbildfunktion von Führungskräften sowie die Möglichkeit, Vorgesetzte anonym bzw. angstfrei anzeigen zu können. Es gilt, »Flurfunk« und »Gerüchteküche« durch Offenheit und Transparenz erst gar keine Nahrung anzubieten.

Zu den Präventionsmaßnahmen gehört auch eine gewisse Wachsamkeit gegenüber der öffentlichen Wahrnehmung (»Issue Monitoring«): Wie entwickelt sich die öffentliche Meinung in Bezug auf das Geschäftsfeld des Unternehmens? Ist zu befürchten, dass eine breite Öffentlichkeit sich gegen die Unternehmenstätigkeit oder Teile davon richten könnte? Welche Gesetzgebungsverfahren laufen aktuell, die das Unternehmen und seine Produkte betreffen könnten?

Der erfolgreiche Umgang mit Compliance-Krisen bedingt auch die rechtzeitige Etablierung von guten, vertrauensvollen Kontakten mit den Stakeholdern. Diese Kommunikation in guten Zeiten bildet die Grundlage für die Kommunikation in Krisenzeiten. Regelmäßige Treffen und Erfahrungsaustausche schon in »normalen« Zeiten können wichtige Kontakte z. B. zu Staatsanwaltschaft, Verbänden und Politik entstehen lassen. In Krisenzeiten sind derartige »kurze Drähte«, aber auch die daraus entstehende Vertrauensbasis unersetzliches Kapital. Krisen sind nicht das ideale Umfeld, um Ansprechpartner zum ersten Mal zu treffen und in »lockerer Atmosphäre« kennenzulernen!

Vierter Schritt – Schaffung einer Compliance-Organisation

Der letzte Schritt ist der Aufbau einer Compliance-Organisation im Unternehmen. Hier gilt es u. a. eine gute Verbindung zwischen Personalabteilung und Kommunikationsbereich zu schaffen, denn im Falle einer Compliance-Krise gibt es viele Themen im Bereich Daten- und Persönlichkeitsschutz, die bei der Kommunikation berücksichtigt werden müssen: Und wenn der Aufklärungsdruck noch so groß, der Wunsch nach Präsentation eines »Schuldigen« noch so übermächtig ist, auch für Manager gilt stets die Unschuldsvermutung. Dieses rechtsstaatliche Grundprinzip muss gegenüber der Einhaltung rigoroser Aufklärungsbeteuerungen abgewogen werden.

7.2 Die Bewältigung von Compliance-Krisen

Am Anfang der Krisenbewältigung muss die Frage geklärt werden, was eigentlich tatsächlich passiert ist: Oft sind es erste vage Verdächtigungen oder die Berichte investigativer Medien, welche einen Compliance-Vorwurf öffentlich machen und eine Krise auslösen. Was ist dran an dem Behaupteten?

Diese Analyse muss vor jeder öffentlichen Äußerung erfolgen. Selbstverständlich kann sie im allerersten Moment nicht umfassend sein – es gilt (siehe oben) die Priorität der Schnelligkeit vor der Vollständigkeit.

Aber am Anfang muss immer zumindest ein grober erster Überblick über die Vorwürfe stehen: Wer behauptet was mit welchen Argumenten? Worauf stützen sich die Anschuldigungen? Was sagen eigene Recherchen zu den Behauptungen?

Keinesfalls sollte man vorschnell und in der ersten Empörung dementieren, abwiegeln oder die Schuld an Dritte weiterreichen. Formulierungen wie »einzelne Schwarze Schafe«, »bedingungslose Aufklärung« oder aber auch Versprechungen, Ehrenbekundungen o. ä. sollten unbedingt vermieden werden, solange Ausmaß und Einhaltbarkeit der Ankündigungen nicht geklärt sind.

In der Vorbereitung auf eine Compliance-Krise muss auch geklärt worden sein, wer im Falle von Non-Compliance-Anschuldigungen über den tatsächlichen Krisenfall entscheidet: Wer trifft die Abwägung, ob die Lage im Rahmen der normalen Unternehmensstrukturen zu bewältigen ist oder ob es sich um einen Krisenfall handelt und der Krisenstab einzuberufen ist? (vgl. Teil II, Kap. 2.1).

Mehr noch als andere Krisensituationen verlangt die Bearbeitung einer Compliance-Krise eine lückenlose Dokumentation der Vorgänge und der getroffenen Entscheidungen. Diese Informationen können im weiteren Verlauf sehr wertvoll sein, denn gerade Compliance-Krisen sind oft sehr dynamisch: Die Lage kann sehr unübersichtlich werden, wenn nicht jeder Schritt dokumentiert und im Nachhinein rekonstruierbar ist. In anschließenden Verfahren kann es wichtig sein, anhand dieser Dokumente nachzuweisen, dass alle erforderlichen Schritte zeitgerecht erfolgt sind.

Externe Kommunikation

Ein Charakteristikum einer Compliance-Krise ist es, dass es um individuelle, persönliche Verfehlungen von Unternehmensmitarbeitern geht und sich die Medien ggf. auf wenige Repräsentanten konzentrieren. Es ist hilfreich, kommunikativ für eine Trennung zu sorgen. Von »vereinzelten schwarzen Schafen« oder »bedauerlichen Einzelfällen« zu sprechen ist übrigens eher kontraproduktiv. Zum einen bedeutet jeder Einzelfall, dass irgendeine Kontrolle nicht gegriffen hat. Zum anderen ist oft die Dimension zu Beginn nicht absehbar. Im Fall der Siemens-Schmiergeld-Affäre wurde rasch aus dem einzelnen schwarzen Schaf eine ansehnliche Herde.

Doch die Medienvertreter sind nicht nur an aktuellen Statements interessiert, sondern für ihre Berichterstattung auch angewiesen auf Basisinformationen über das Unternehmen, seine Produkte und Betriebsabläufe. Dies sollte in ruhigen Zeiten vorbereitet werden, damit in Krisenzeiten ausreichend »Futter« für die Journalisten da ist: Wer neutrale Sachinformationen erst einmal filtern und verarbeiten muss, wird sich weniger an spekulativer Berichterstattung beteiligen. Das Gleiche gilt für Bildmaterial: Wer verhindern will, dass die Bildmedien ihre Berichte mit Bildern von polizeilichen Durchsuchungen oder geschockten Mitarbeitern garnieren, sollte professionell aufbereitetes Material zur Verfügung stellen. Außerdem ist es wichtig, die richtigen Experten an der Hand zu haben: Juristen, Betriebswirte, Wissenschaftler – all diese Personen sollten dazu beitragen, die sachlich korrekten Fakten zusammenzutragen und für die Medien verständlich aufzubereiten.

Kommunikation in der Compliance-Krise bedeutet besonders den Umgang mit den zuständigen Behörden und ermittelnden Institutionen. Denn im Zweifelsfall haben diese die Deutungshoheit. Wenn der Staatsanwalt kommt, ist es in aller Regel sinnvoll, zu kooperieren. Denn in den Augen der Öffentlichkeit gelten die Ermittler per se als die Guten. Hier ist es wichtig, kompetent und faktenorientiert aufzutreten. In ruhigen Zeiten bereits etablierte Kontakte können sich jetzt auszahlen.

Interne Kommunikation

Wie in jeder Krise ist die Solidarität der Mitarbeiter mindestens ebenso wichtig wie die Sympathie der Öffentlichkeit. Das eine kann es nicht ohne das andere geben. Mitarbeiter sind Multiplikatoren, die in ihren Freundeskreisen – heute auch in sozialen Netzwerken – als »verlässliche Quellen« für Informationen gelten. In Compliance-Fällen hat die interne Kommunikation aber darüber hinaus eine generalpräventive Funktion. Gleich ob es sich um Mobbing, Korruption oder Eigentumsdelikte handelt: Der aktuelle Fall sollte stets aufgegriffen werden, um eine Aufklärungskampagne damit zu verbinden. Und sei es nur, die Mitarbeiter bei dieser Gelegenheit auf die Einhaltung der bestehenden Unternehmensregeln und Policys hinzuweisen.

Wie immer bei interner Kommunikation, sollte das keine Einbahnstraße sein: Rundmails des Vorstands an alle Mitarbeiter können (müssen aber nicht automatisch!) den richtigen Ton treffen und somit das geeignete Mittel sein. Es sollte aber immer eine Feedback-Möglichkeit angeboten werden. Auch wenn solche »Bottom-up«-Prozesse in der Praxis oft wenig genutzt werden, ist ihre simple Existenz ein wichtiges Signal der Offenheit und Transparenz.

Häufige Fehler – Sprachlosigkeit und Dementi

Im ersten Schock angesichts zumeist schwerer Vorwürfe neigen Unternehmen in der Compliance-Krise oft dazu, »einfach« erst einmal zu dementieren. Da Compliance-Verfehlungen naturgemäß im Verborgenen stattfinden, ist das Verhalten verständlich: Die mit den Vorwürfen konfrontierten Stellen (Unternehmenskommunikation und -leitung) können oft in der ersten Gemengelage gar nicht wissen, ob und wenn ja was an den Anschuldigungen dran ist. Oft erscheinen die Vorwürfe so absurd, dass man empört ein Blanko-Dementi aussprechen möchte.

Doch gerade diese in der ersten Phase der Krise gemachten Äußerungen, werden im weiteren Verlauf, sollte die Situation eskalieren, immer wieder zitiert werden. Sie können später als bösartiger Täuschungsversuch ausgelegt werden. Besonders ungünstig sind pauschale Schuldzuweisungen an andere: Zum einen kann es sein, dass man damit eine weitere kommunikative »Front« eröffnet (der Beschuldigte wird nun ebenfalls dementieren, ggf. entsteht eine »Schlammschlacht«), zum anderen kann der weitere Verlauf der Krise zeigen, dass man hier vorschnell mit dem Finger auf andere gezeigt hat.

Daher gilt es, gerade auch in der allerersten Phase der Krise, Ruhe zu bewahren und vorschnellen Äußerungen zu vermeiden. Das darf aber – und das ist ein weiterer Fehler, den Unternehmen im Umgang mit Non-Compliance-Vorwürfen machen – nicht zur allgemeinen Sprachlosigkeit führen.

Ein weiterer, immer wieder gemachter Fehler, hängt mit dem Wunsch nach Authentizität zusammen: Um möglichst »echt« zu wirken und die »Fachleute« sprechen zu lassen, werden häufig Sprecher aus den betroffenen Fachabteilungen benannt. Diese sind zwar sachlich am nächsten an der entsprechenden Thematik dran, sind aber oft völlig ungeübt im Umgang mit den Medien und oft schlichtweg schlechte Sprecher. Wer unsicher ist und sich häufig verhaspelt, wer Komplexität nicht zu reduzieren vermag oder keine einfachen Sätze spricht, kann die inhaltlich richtigen Botschaften kommunizieren – und doch nicht gehört werden.

Schwierig ist auch der Umgang mit »Spontan-Statements vor den Werkstoren«: Medien lieben es, in Krisenzeiten die herauskommenden Mitarbeiter überfallartig nach ihrer Meinung zu befragen. Das verleitet immer wieder Einzelne, sich als »Wissensträger« zu präsentieren. Mitunter entwickeln solche Spontan-Statements eine Eigendynamik und geben der Krise ein Gesicht.

Praxisbeispiel: die Korruptionsaffäre bei Siemens

Der 15. November 2006 ist ein schwarzer Tag in der Unternehmensgeschichte des deutschen Vorzeigeunternehmens Siemens: In einer großangelegten Razzia durchsuchen Polizei, Staatsanwaltschaft und Steuerfahnder Bürogebäude von Siemens und Privatwohnungen. Im Raum steht der Verdacht, Siemens-Mitarbeiter sollen jahrelang im Auftrag ihres Arbeitgebers Gelder in »Schwarze Kassen« abgezweigt und damit potenzielle Auftraggeber bestochen haben.

Die nun einsetzenden Ermittlungen erhärten den Verdacht und fördern noch mehr ans Tageslicht: Die Schmiergeldzahlungen bei Siemens hatten System, besonders die Telefonsparte hat nach den Erkenntnissen der Ermittler ausländische Mandats- und Funktionsträger bestochen. Und: Offensichtlich soll dieses Vorgehen ein offenes Geheimnis und in weiten Teilen des Unternehmens bekannt gewesen sein. Sogar die Anti-Korruptionsabteilung selbst soll involviert gewesen sein.

Monatelang dringen immer neue Vorwürfe an die Öffentlichkeit, meist Indiskretionen aus Ermittlungsakten. Der Konzern ist erschüttert über das Ausmaß der eigenen Verfehlungen. Vertreter des Top- aber auch des mittleren Managements werden angeklagt, inhaftiert und vor Gericht gestellt. Vorstand Klaus Kleinfeld sowie Ex-Vorstand und Aufsichtsratschef Heinrich von Pierer stürzen über die Krise, insbesondere von Pierer wird vorgeworfen, die Schmiergeldzahlungen mindestens gedeckt, wenn nicht gefördert zu haben.

Bis heute ist das Unternehmen – trotz personellen und kommunikativen Neuanfangs – nicht aus den Schlagzeilen: Dadurch, dass immer noch führende Ex-Manager vor Gericht stehen, reißt auch die Berichterstattung über Prozesse und Urteile im In- und Ausland nicht ab. Immer wieder wird über Vergleiche, Strafmaße und Aussagen berichtet – für das Unternehmen eine kommunikative Katastrophe, weil es so ständig aufs Neue mit den alten Vorwürfen konfrontiert wird.

Das Krisenmanagement von Siemens gilt heute, in der Rückschau, als Beispiel dafür, wie man in einer Compliance-Krise Fehler anhäuft: Mehr als eine Woche brauchte der damalige Konzernchef Klaus Kleinfeld, um ein erstes schriftliches Statement zu den Korruptionsvorwürfen abzugeben: Am 23. November 2006 erklärte er, man müsse »Unregelmäßigkeiten schonungslos aufklären und ahnden«, darauf folgte die Ankündigung, die internen Verhaltenskodizes zu verschärfen und eine Task Force einzurichten. Fünf Tage später wurden die ersten personellen Konsequenzen gezogen, und als die Krise immer weiter eskalierte, beauftragte man Mitte Dezember eine internationale Anwaltskanzlei mit weiteren Untersuchungen. Michael Hershman, Mitbegründer von Transparency International, wurde als unbestechlicher, externer Berater engagiert. All diese, im Grunde sinnvollen Maßnahmen, wurden vom Verhalten der Konzernrepräsentanten konterkariert: von Pierer dementierte wochenlang jede Verwicklung in und jede Kenntnis von

Schmiergeldzahlungen. Ende Dezember gab es die ersten Vorwürfe gegen die Compliance-Abteilung von Siemens, die aber von Siemens ebenfalls einfach dementiert wurden.

Und so entstand in der Öffentlichkeit der Eindruck, Siemens fahre eine Doppelstrategie: Aufklärungswillen nach außen demonstrieren, aber die eigentlich Schuldigen decken.

In der öffentlichen Wahrnehmung wurde die Siemens-Krise jedenfalls eine Daueraffäre ohne erkennbares Ende. Schon im März 2007 (27.3.) titelte die Süddeutsche Zeitung »Siemens und kein Ende«, und noch im April 2008 (29.4.) beschrieb die Zeit die Affäre als »Endlosen Sumpf«. Die Begrifflichkeit der Berichterstattung schwankte zwischen Kriminalisierung (Focus, 12.4.2010: »Siemens-Manager dealen mit der Staatsanwaltschaft«) und Sündenfall (Zeit, 2.7.2009: »Siemens zahlt Ablass«). Durch die andauernden Verfahren erscheint das Thema immer wieder in der Presse. Eine der jüngeren Schlagzeilen lautete z. B. »Ex-Vorstand Ganswindt muss vor Gericht« (Spiegel, 28.12.2010).

Die »verschleppte« Krise bei Siemens wird heute als eine Art Zeitenwende in der Compliance-Wahrnehmung gesehen: Die ständigen Beteuerungen, man werde für volle Aufklärung sorgen bei gleichzeitig immer tiefer gehenden Enthüllungen verspielte viel Glaubwürdigkeit der offiziellen Konzernverlautbarungen und belasteten das Image des Unternehmens nachhaltig.

Laut einer Markenevaluierung von Semion hat die Marke »Siemens« in der Zeit von 2005 bis 2010 um etwa 22 Prozent an Wert verloren, hat aber in jüngster Zeit begonnen, sich wieder zu erholen. Immerhin, die Lektion wurde gelernt: Compliance ist für Siemens heute ein wichtiges Element der Unternehmenskommunikation (www.siemens.com/sustainability/de/compliance).

Compliance-Krisen können lange weiter schwelen: Siemens, Telekom, Deutsche Bahn – sie alle werden noch lange immer wieder mit Korruptions- oder Bespitzelungsaffäre in Verbindung gebracht werden. Ein Merkmal von derartigen Situationen ist ja gerade, dass die Vergehen unbemerkt von der Öffentlichkeit und im Verborgenen begangen wurden. Das macht es schwierig, öffentlich zu demonstrieren, dass nun die Verhältnisse anders geworden sind.

8 Informationskrise

Informationskrisen sind oft »schleichende Krisen«, von denen Organisationen in immer größerem Umfang bedroht sind. Ging vor zehn Jahren die Internetkriminalität noch auf das Konto von Computerfreaks, die mit Viren Festplatten zerstörten, fürchten inzwischen Firmen und Regierungen nicht nur elektronische Sabotage, sondern, dank Organisationen wie Wikileaks, vor allem Datendiebstahl. Geistiges Eigentum und sensible persönliche Daten gehören zu den wertvollsten Gütern im Unternehmen – und eine neue Generation von Tätern hat sich darauf spezialisiert, sie zu stehlen. Eine neue Art der Cyberkriminalität ist entstanden, mit den entsprechenden Auswirkungen auf die Organisation eines Unternehmens.

Internetkriminalität

Das Risikonetzwerk des Weltwirtschaftsforums hält die Anfälligkeit für Internetkriminalität für eines der weltweit größten Risiken. Informations- und Kommunikationstechnologien »sind nicht nur die Basis für jede Art von Kommunikation, sondern für alles – von der Energieversorgung über die Flugsicherung bis zu den Finanzmärkten und Versorgungseinrichtungen«, erläuterte Sheana Tambourgi vom Weltwirtschaftsforum im Februar 2010. Das Internet war nie zuvor von einer technisch so weit entwickelten und global vernetzten Kriminalität betroffen. Täglich werden private Nutzer, Unternehmen und Organisationen zehntausendfach mittels Phishing, Pharming, Viren und Trojanern attackiert.

Die Technologie des »Cloud Computing« spitzt diese Situation noch zu. Das Prinzip: Daten werden auf unzähligen Rechnern weltweit online gespeichert und bearbeitet. Kosten können so eingespart werden und Daten sind von jedem Ort der Welt aus zugänglich. Komplexe Serverstrukturen entfallen. Der Datenaustausch und die Zusammenarbeit vereinfachen sich. Der große Nachteil liegt darin, dass auch der Datendiebstahl leichter wird. Denn: Immer mehr persönliche Daten sind im Internet unterwegs und können dort abgefangen werden.

Nach Angaben des Bundeskriminalamtes und des Bundesamtes für Sicherheit in der Informationstechnik (BSI) zur Internet- und Kommunikations-Kriminalität wurden 2011 in Deutschland beinahe 60 000 Verbrechen registriert, die im engeren Sinne mit dem Internet zu tun haben. Das macht einen Anstieg im Vergleich zum Vorjahr um rund 19 Prozent aus.

Oft unterschätzt wird das Gefährdungspotenzial durch eigene Mitarbeiter. Ein USB-Stick oder eine offene Internetverbindung genügen, um alle vermeintlich sicheren Daten der weltweiten Öffentlichkeit oder dem Wettbewerber zuzuspielen. Tatsächlich stammen bei Spionage-Fällen die Täter meist aus dem ausspionierten Unternehmen selbst. In Baden-Württemberg liegt die Quote der Fälle, in denen Mitarbeiter vertrauliche Informationen weitergeben, bei 70 Prozent, wie das Sicherheitsforum des Landes Anfang 2010 herausfand. Geschäfts- und Betriebsgeheimnisse gelangen so in falsche Hände, ebenso wie Informationen über Vorgänge der Produktion, der Entwicklung und der Forschung.

Wikileaks und die Whistleblower

Wikileaks – eine Internetplattform, auf der Dokumente anonym veröffentlicht werden können – führt zurzeit vielen Unternehmen, Regierungsorganisationen und anderen Organisationen vor Augen, wie verletzlich sie inzwischen geworden sind. Das »Whistleblowing«, wie das Enthüllen interner, geheimer Dokumente nun genannt wird, hat es selbstverständlich schon immer gegeben. Neu daran sind aber dessen Dimensionen.

Im Oktober 2010 hatte Wikileaks fast 400 000 Dokumente zum Irak-Krieg veröffentlicht. Dabei soll es sich um bislang geheimes Material der US-Streitkräfte und des Geheimdienstes aus dem Zeitraum vom 1. Januar 2004 bis zum 31. Dezember 2009 handeln. Vorab waren die Dokumente verschiedenen Medien zugespielt worden, darunter der New York Times, der britischen Tageszeitung Guardian, dem Spiegel sowie dem arabischen Fernsehsender Al Dschasira. Die New York Times sprach von einem »drastischen Porträt« des Krieges. Der Spiegel schrieb, die Unterlagen aus den Jahren 2004 bis 2009 zeigten, wie die irakische Gesellschaft durch den Krieg brutalisiert worden sei.

Einen Monat später sind mehr als 250 000 Depeschen aus dem internen Netz des von Hillary Clinton geführten US-Außenministeriums über Wikileaks an die Öffentlichkeit gelangt und sorgten für internationales Medieninteresse. Ein im Irak eingesetzter Obergefreiter soll die diplomatischen Berichte an Wikileaks weitergegeben haben – auf selbst gebrannten CDs. Das »Cablegate« zeigt die Auffassungen der Weltmacht über Freund und Feind. Bundeskanzlerin Angela Merkel wird unter anderem als »wenig kreativ« bezeichnet, Außenminister Guido Westerwelle als »aggressiv« und mit einer »überschäumenden Persönlichkeit« eingeschätzt.

Wikileaks wird auch künftig für Enthüllungen sorgen, schließlich konnte der Plattform bislang nie nachgewiesen werden, dass sie Unwahres behauptet. Und somit begründet sich langsam aber sicher ein Mythos: Was auf Wikileaks veröffentlicht wird, ist wahr. Durch diesen Glaubenssatz gehen auch Journalisten zunehmend unkritischer mit Wikileaks-Dokumenten um. Außerdem sucht die Plattform bewusst den Schulterschluss mit den Medien durch arbeitsteiliges Vorgehen: Wikileaks veröffentlicht nur und ist klug genug, die Dokumente nicht zu interpretieren. Die »Deutung« der Dokumente und Informationen wird bewusst den meinungsbildenden Medien überlassen. Das Verbünden mit meinungsbildenden Medien sichert eine hohe Publizität. Damit bleibt Wikileaks unantastbar. Für die Medien sind somit rasante Auflagensteigerungen sicher – und auf diese Weise ist auch die Diskussion entschieden, in welchem Maße Medien sich an künftigem »Anprangern« beteiligen. Wikileaks bringt – so die öffentliche Meinung – doch nur das, was andere verschleiern wollen. Die Rolle als aufklärender Robin Hood gegen die bösen Machenschaften ist somit der solide Imageunterbau für künftige Handlungen.

Checkliste: Wikileaks vorbeugen

- Unternehmen können von den aktuellen Fehlern der US-Regierung lernen und den Zugriff auf vertrauliche Dokumente – auch durch die IT-Abteilung – drastisch reduzieren. Zusätzlich sollte das Auslagern von Daten und IT-Anwendungen, das Cloud Computing, vermindert werden. Durch Cloud Computing vergrößert sich erheblich die Gefahr, dass Unbefugte vertrauliche Daten abgreifen.
- »Anständiges Verhalten« gegenüber Mitarbeitern, Kunden, Lieferanten, Anwohnern, Partnern usw. sollte mit Guidelines dokumentiert und im Unternehmen integriert werden. Dies reduziert das zukünftige Risiko, bei Fehlverhalten Einzelner öffentlich gebrandmarkt zu werden.
- Kündigungsgespräche mit Mitarbeitern sollten darauf ausgerichtet sein, keine Denunzianten aus Enttäuschung, Wut und Unverständnis zu produzieren.
- Kommunikationsabteilungen und Pressestellen sollten sich präventiv damit auseinandersetzen, durch Enthüllungsplattformen wie Wikileaks mit kompromittierendem Material konfrontiert zu werden. Strategien, um einen möglichen Reputationsschaden für das eigene Haus zu reduzieren, sollten hierfür erarbeitet werden.

Unternehmen im Fokus

Inzwischen geht es allerdings längst nicht mehr um die Diplomatendepeschen. Ins Fadenkreuz rückt zunehmend die Wirtschaft selbst. So veröffentlichte Wikileaks Ende 2010 eine Liste mit möglichen Terrorzielen, darunter finden sich Konzerne wie BASF und Siemens. Ein Jahr zuvor waren interne Dokumente über die Kreditvergabe der isländischen Kaupthing Bank aufgetaucht: Extrem hohe Kredite in Milliardenhöhe wurden an die Eigner der Bank vergeben, sehr große Schuldensummen abgeschrieben. Ein öffentliches Aufbegehren in Island sowie ein internationale Medieninteresse waren die Folge. Und Anfang 2011 wurde als einer der ersten Top-Manager in Deutschland Berry Smutny, Chef der Orbitale Hochtechnologie Bremen (OHB) System AG, nach Enthüllungen von Wikileaks entlassen. Er soll beim Lunch mit zwei US-Diplomaten in der amerikanischen Botschaft in Berlin über das europäische Navigationssystem Galileo gelästert haben. Eine »Verschwendung von europäischen Steuergeldern« sei das geplante satellitengestützte System. Brisant nur, dass das Unternehmen letztes Jahr mit dem Bau von 14 Galileo-Satelliten für 556 Millionen Euro den größten Auftrag seiner Firmengeschichte an Land gezogen hatte. Der Manager dementierte umgehend alles, legte sogar eine eidesstattliche Erklärung vor seinem Arbeitgeber ab. Aber das reichte nicht aus, um den Schaden bei Geschäftspartnern und Politik einzudämmen. Letztendlich blieb nur die Kündigung. Das Unternehmen habe sich dazu gezwungen gesehen, »um einen immensen Reputationsschaden abzuwenden«, sagte OHB-Sprecher Steffen Leuthold.

Eigenen Angaben zufolge stammt die Hälfte aller Dokumente, die Wikileaks zugespielt werden, aus Unternehmen. Die »Whistleblower« sehen sich inzwischen immer mehr in der Rolle eines modernen Robin Hood. Eine Rolle, die nicht nur von der Internetgemeinde gezielt unterstützt wird, wie das jüngste Treffen der G20-Staaten in Seoul Anfang November 2010 zeigte: Im Rahmen der Korruptionsbekämpfung vereinbarten die Regierungschefs, bis Ende 2012 den Schutz von »Whistleblowern« gesetzlich besser zu regeln.

Gefahr aus Sozialen Netzwerken

Manchmal gibt der Nutzer seine Daten jedoch auch bewusst in unsichere Hände. Um ein Teil einer Gruppe zu werden und an einem Teil des sozialen Lebens zu partizipieren, gibt er im Tausch seine Daten an Soziale Netzwerke ab. Der Missbrauch von Social Networking Tools stellt inzwischen eine massive Gefahr für Unternehmensnetzwerke dar. Hacker und Angreifer haben hier ein leichtes Spiel. Hacker konzentrieren sich im Moment verstärkt auf Social Media Sites wie Twitter, Facebook oder Google-Gruppen und verursachen den Download von Schadsoftware, sogenannte Malware. Benutzeridentitäten, Kontoinformationen und Passwörter werden auf diese Weise gestohlen.

Die meisten Hacker-Angriffe auf digitale Daten richten sich nach einer Studie aus den USA gegen die Finanzbranche. Jede dritte Attacke hat eine Bank oder ein anderes Finanzinstitut zum Ziel, wie aus dem »Dateneinbruchsreport 2010« des amerikanischen Telekommunikationsunternehmens Verizon hervorgeht. »Die häufigste Angriffsmethode war der Missbrauch von Zugangsdaten für ein Unternehmensnetz. Bei den Angriffszielen folgen nach den Finanzdienstleistungen (33 Prozent) die Gastronomie (23 Prozent) und der Einzelhandel (15 Prozent).

Von ILOVEYOU zu Stuxnet
Ein als Liebesbrief getarnter E-Mail-Wurm namens »ILOVEYOU« hat nach Schätzungen von Experten weltweit wirtschaftliche Schäden in zweistelliger Milliardenhöhe verursacht. Der Liebesbrief überschwemmte die Mailserver zahlreicher Großunternehmen wie Verlage und Banken sowie Behörden und Regierungen und soll zeitweise 45 Millionen Computer in der ungezielten Massenattacke infiziert haben. Das war im Jahr 2000. Zehn Jahre danach bekamen die Angriffe eine andere Qualität. Waren sie zuerst *nur* ärgerlich und teuer wurden sie 2010 richtig gefährlich. Ein Cyber-Angriff mit dem Schadprogramm Stuxnet konnte sich sogar in gesicherte Steuerungsrechner von Industrieanlagen einnisten und gezielt in Prozesse eingreifen. Die Betreiber der Anlagen waren ratlos. Im Verdacht, diesen »digitalen Erstschlag« (FAZ) geführt zu haben standen westliche Geheimdienste, die damit angeblich das iranische Atomprogramm sabotieren wollten. 2012 übertraf der Trojaner »Flame«, ein Abkömmling von Stuxnet, seinen Vorgänger sogar noch an Gefährlichkeit. Er kann die Einstellungen von Computern verändern, sensible Daten sammeln und Räume überwachen.

Dass sich Hacker-Angriffe letztendlich gegen jeden richten können, mussten Lady Gaga, Kesha, Justin Timberlake und etwa 50 weitere internationale Popstars erfahren. 2010 knackten ein 17-jähriger Duisburger und ein 23-jähriger Mann aus Wesel die privaten E-Mail-Konten der Stars. Über 15 000 Kontaktadressen hatten die beiden gespeichert, darunter auch die persönlichen E-Mail-Kontakte der ersten Liga der amerikanischen Popmusikszene. Über diese Adressen sollen die beiden Hacker mittels Trojaner rund eine Million Dateien in ihren Besitz gebracht haben. Auf den beschlagnahmten Rechnern fanden die Ermittler 90 000 Lieder, davon 10 000, die zum Zeitpunkt der Speicherung noch unveröffentlicht waren. Der Datenklau hatte die vorgezogene Veröffentlichung von einigen Alben zur Folge. Der wirtschaftliche Schaden war enorm.

Interventionsmerkmal: Sicherheit herstellen

Tritt im Unternehmen eine Informationskrise auf, so steht an oberster Stelle die Herstellung von Sicherheit. Es gilt, so schnell wie möglich, die Ursachen der Krise zu identifizieren, um Folgeschäden zu vermeiden und den Betrieb des Unternehmens weiterhin aufrechterhalten zu können (Business Continuity). Auf Seite der

Kommunikation muss Kunden, Verbrauchern, Mitarbeitern, kurz den Stakeholdern des Unternehmens, genau diese Sicherheit auch vermittelt und glaubwürdig belegt werden. Die Sicherheit dient dazu, bestehendes Vertrauen in die eigene Handlungsfähigkeit und die operative Lösungsfindung zu erhalten bzw. schon verlorenes Vertrauen wieder aufbauen zu können.

Praxisbeispiel: McDonald's

Wie eine geglückte Krisenkommunikation aussehen kann, zeigte McDonald's. Im Dezember 2010 hatte die Fast-Food-Kette einen Hacker-Angriff auf einen seiner Dienstleister bekannt gegeben. Unbekannte stahlen bei dem Einbruch in eine Datenbank »eine begrenzte Anzahl von Kundeninformationen«, erklärte McDonald's. Möglicherweise betroffene Kunden seien bereits per E-Mail benachrichtigt worden. Die Daten wurden von Kunden freiwillig bei Werbeaktionen und auf Internetseiten von McDonald's abgegeben. Der betroffene Dienstleister Arc Worldwide betreibt seit Jahren E-Mail-Marketing für McDonald's und verschickt unter anderem Newsletter. Die nun geknackte Datenbank liegt allerdings bei einem weiteren Dienstleister, der von Arc Worldwide dazu beauftragt worden ist.

McDonald's gab den Einbruch umgehend auf der eigenen Webseite bekannt, informierte die Medien und warnte seine Kunden vor dubiosen Kontaktaufnahmen in der nächsten Zeit. »Falls Sie von einer Person kontaktiert werden, die sich im Namen von McDonald's nach persönlichen oder finanziellen Daten erkundigt, antworten Sie nicht und informieren Sie uns«, hieß es in der Pressemitteilung. McDonald's arbeite bereits mit amerikanischen Polizeibehörden zusammen, um die Datendiebe ausfindig zu machen.

McDonald's betonte, dass bei diesen Aktionen keine finanzrelevanten Daten wie die Nummern von Kreditkarten oder Sozialversicherungen gesammelt wurden, über welche direkter Missbrauch getrieben werden könnte. Die Datensätze enthielten vielmehr Kontaktdaten in Form von Adressen, Telefonnummern und E-Mail-Adressen sowie eine Altersangabe. Diese Daten könnten Betrügern dazu dienen, mit ihren potenziellen Opfern Kontakt aufzunehmen und sie über einen falschen Vorwand zu motivieren, weitere Informationen preiszugeben. Zusätzlich zu einem ausführlichen FAQ-Part auf der Website, richtete McDonald's für seine Kunden eine Service-Hotline ein. Kurz: McDonald's vermittelte den Eindruck, das Problem im Griff zu haben und ganz wichtig: sich um seine Kunden zu kümmern.

Häufige Fehler

Um den Missbrauch von Kundendaten ging es auch bei dem Datenskandal der Deutschen Bahn in den Jahren 2008 und 2009. Immer weitere Enthüllungen entfachten dabei das Medieninteresse. Der Konzern hatte Angestellte weit stärker ausgeforscht als zunächst zugegeben. Bei einer dieser »Schnüffel-Aktionen« wurden sogar die »Daten aller Mitarbeiter« mit Adressen und Bankverbindungen von Geschäftspartnern abgeglichen. Rund 173 000 Mitarbeiter waren ohne ihr Wissen und Einverständnis vom Konzern überprüft worden.

Der Hintergrund: Die Bahn wollte zunächst mögliche Scheinfirmen aufspüren, über die sich Beschäftigte selbst Aufträge zuschanzten oder Schmiergelder kassierten. 2005 erfolgte eine weitere Spähaktion in großem Stil, bei der »alle Mitarbeiter« durchleuchtet worden seien. Der Skandal flog auf und es reihten sich jede Menge Fehler im Krisenmanagement aneinander.

Nur scheibchenweise rückte der Vorstand mit der Wahrheit über die Datenaffäre heraus. Wenige Tage, bevor die Bahn erst im Bundestag und dann im Prüfungsausschuss des Aufsichtsrats nach und nach die beiden Spähaktionen eingestanden hat, hatte der damalige Konzernchef Mehdorn in einem Schreiben an Verkehrsminister Wolfgang Tiefensee (SPD) noch abgewiegelt. »Wir haben unserer bisherigen Darstellung des Sachverhalts nichts hinzufügen. Es gibt diesbezüglich keine neuen Erkenntnisse.«

Datenschutzprobleme besetzen ein sensibles Feld: Es geht um die persönlichen Daten eines jeden Einzelnen bzw. wie im Fall der Bahn, um die persönlichen Daten ihrer Mitarbeiter. Die Öffentlichkeit empfindet bei diesen Krisen schnell, dass hier irgendetwas »Unethisches«, »Unerhörtes« oder »Unmoralisches« passiert. Sie erwartet, dass der Schuldige ermittelt, namentlich benannt wird und Stellung nimmt.

Aus diesem Grund ist in den meisten Fällen nur ein einziger Weg möglich: Eine umgehende und zeitnahe Verantwortungsübernahme, um im Anschluss öffentlich darzulegen, wie die operative Verbesserung umgesetzt wird. Oft ist es in diesem Zusammenhang sinnvoll, einen »neutralen« Dritten, der als Testimonial fungiert, mit ins Boot zu nehmen. Das kann, selbst bei nur sehr vagen Verdachtsfällen, eine frühzeitige Einbindung von Polizei und Staatsanwaltschaft bedeuten um den kriminellen Kern dieser Verfehlung in den Vordergrund zu stellen und um von der Täter- in die Opferrolle zu gelangen.

Ebenso wichtig ist es natürlich, zeitnah und mit entsprechender Transparenz über die Probleme in der eigenen Organisation zu informieren. Werden erst alle Fakten im Unternehmen hieb- und stichfest recherchiert, vergeht meist zu viel Zeit. Ein Informationsvakuum entsteht. Und genau in dieser Zeitspanne breiten sich Gerüchte, Vermutungen und Fehldeutungen aus – das Unternehmen wird schnell der Vogel-Strauß-Taktik bezichtigt. Es gilt die Regel, dass ein erstes Pressestatement mit dem Tenor »Problem erkannt, wir arbeiten an einer Lösung« innerhalb der ersten ein bis zwei Stunden nach Bekanntwerden der Vorwürfe verschickt werden sollte.

Praxisbeispiel: Google Street View

Dass die Deutschen auf das Thema Datenschutz sensibler reagieren als Menschen in England, den USA oder Asien, musste das US-amerikanische Unternehmen Google bei der geplanten Einführung seines neuen Services »Street View« leidvoll erfahren. PR und Kommunikation nach amerikanischem Muster funktionieren hierzulande schlichtweg nur schlecht bzw. gar nicht. Während in den anderen Ländern die neue Applikation ohne große öffentliche Diskussion akzeptiert wurde, konnte der Suchmaschinenanbieter mit seiner zurückhaltenden Kommunikation hierzulande nicht überzeugen.

Ganz offensichtlich schätzte Google das Thema als Profilierungsfeld für Datenschützer falsch ein. Immer wieder griffen Politiker, Verbände und Datenschützer das Projekt scharf an. Laut einer Umfrage sahen sich 79 Prozent der Deutschen durch die 360-Grad-Ansicht ihres Hauses im Internet in ihrer Privatsphäre gefährdet. 58 Prozent hatten Sicherheitsbedenken und fürchteten beispielsweise, dass Einbrecher mit Hilfe dieser Fotos ihr Haus ausspähen könnten. Google ergriff viel zu spät erst die Kommunikations-Initiative. Erklärungsversuche wurden erst nach den öffentlichen Protesten aus Politik und Bevölkerung gestartet. Die von der Öffentlichkeit geforderte Aufklärungskampagne setzte viel zu spät ein. Auch die Ängste und Vorbehalte der Kritiker beachtete Google erst, als die öffentliche Meinung über das neue Angebot bereits im Keller war. Was das Internetunternehmen von Anfang an versäumte, war eine offene und transparente Kommunikation, die auf Aufklärung über den neuen Dienst basierte. Denn das Unbehagen über Google Street View ging bei Deutschen vor allem auf die Unkenntnis zurück, was dieser Dienst wirklich anbietet und welche Details überhaupt im Internet erkennbar sind.

Welche Kommunikationsstrategie verfolgte daraufhin Google? Es reagierte auf die Vorwürfe Mitte August 2010 mit einer großen Anzeigenkampagne. Die doppelseitige Anzeige, die in allen meinungsbildenden Printtiteln erschien, von der Süddeutschen Zeitung über Zeit, FAZ, Welt bis zu Bild und Spiegel, beantwortete «5 Fragen zu Google und Street View«, z. B. »Was genau ist Street View?«, »Inwieweit berührt Street View meine Privatsphäre? « Neben der Anzeigenkampagne setzte das Unternehmen ein Bündel an PR-Maßnahmen ein: Pre-Briefings in Telefonkonferenzen und Background-Informationen für die Presse, Footage-Material für TV-Sender, etwa zu Sondereinsätzen mit Street-View-Fahrrädern, die beispielsweise im Heidepark Soltau unterwegs sind.

Die Kommunikation war jedoch eindeutig zu defensiv. Der Konzern wurde von der Öffentlichkeit als gesichtslose »Datenkrake« wahrgenommen. Für den Verbraucher hatte der Internet-Gigant kein Gesicht, kein Ohr für ihn. Es gab keine Telefon-Hotline zum Thema, keinen Ansprechpartner für Anfragen. Das Ergebnis waren Titel wie »Unbelehrbare Bildersammler« (Frankfurter Rundschau), »Google versteckt den Datenschutz« (Financial Times Deutschland), »Street View: Auch nackt erkennbar« (Süddeutsche Zeitung).

Fazit

Von einem Ausfall des weltweiten Unternehmensnetzwerkes und der damit verbundenen Stilllegung der geschäftlichen Aktivitäten über enorme Datenverluste bis hin zu heimtückischen Cyberangriffen: Die Dimensionen des Schadens bei einer Informationskrise sind unterschiedlich. Und so unterschiedlich sind auch die Kriterien für die Krisenkommunikation. Doch eines steht fest: Die Öffentlichkeit setzt voraus, dass Unternehmen ihre IT-Sicherheit im Griff haben und mit den Kunden-Daten vertrauensvoll umgehen. Zunehmend müssen sich Unternehmen inzwischen auch auf »geleakte« Informationen, die via Internet auf Plattformen wie Wikileaks verbreitet werden, einstellen. Den Schaden an Image und Reputation des Unternehmens schnell zu beheben, wird allerdings laufend schwieriger werden. Denn: Bekanntlich vergisst das Internet nichts – einmal veröffentlichte Daten lassen sich nicht einfach so entfernen.

9 Gefahr durch Gesetzgebung

Politische Entscheidungen werden aufgrund der zunehmenden Regelungsdichte und einer wachsenden Zahl beteiligter Institutionen, Ebenen und handelnder Akteure immer komplexer. Beispielsweise haben mehr als die Hälfte aller deutschen Gesetze ihren Ursprung inzwischen auf europäischer Ebene – zwei Beispiele hierfür sind die EU-Altauto-Richtlinie und die EU-Biopatentrichtlinie. Gleichzeitig steigt die Zahl der für Unternehmen relevanten Gesetze, Richtlinien, Verordnungen und Entwürfe und ist selbst für die Beteiligten kaum noch überschaubar. Unternehmen können bedingt durch diese Komplexität die wirtschaftlichen Konsequenzen und möglichen Folgen einer politischen Entscheidung kaum noch einschätzen. Dies jedoch ist von grundlegender Bedeutung: Gesetzliche Neuregelungen, geänderte Verordnungen oder angepasste Richtlinien können den wirtschaftlichen Zielen eines Unternehmens erheblichen Schaden zufügen, sie zu Umstrukturierungsmaßnahmen zwingen oder zu Absatz- und Umsatzeinbußen führen. Im schlimmsten Fall entziehen sie dem Unternehmen sogar die Geschäftsgrundlage. Politische oder administrative Entscheidungen, wie beispielsweise Zulassungsbeschränkungen von Inhalts- oder Verarbeitungsstoffen verschiedener Produkte, können somit schnell zu »ökonomischen« Krisensituationen in Unternehmen führen.

Es empfiehlt sich deshalb, bereits im Vorfeld, beispielsweise während des Gesetzgebungsprozesses, für das eigene Unternehmen relevante politische Entwicklungen zu beobachten, um rechtzeitig auf unerwünschte Vorhaben einwirken zu können. So lassen sich Gefahren durch Gesetzgebungsprozesse frühzeitig erkennen und abwehren und damit Wettbewerbsvorteile für das Unternehmen sichern. Die Wirtschaft muss in immer stärkerem Maß im öffentlichen Bereich agieren, will sie sich den Umfeldrisiken des politisch-gesellschaftlichen und des rechtlichen Bereichs nicht wehrlos aussetzen.

Das politisch-rechtliche Risiko

Das politisch-rechtliche Risiko für Unternehmen ist vielfältig. Selbst unser politisches System ist von Faktoren geprägt, die Krisen oder krisenhafte Situationen für Unternehmen geradezu befördern. So sind die demokratischen Institutionen weitgehend zu Orten ideologischer bzw. lagergeleiteter Auseinandersetzung geworden. Die Ministerialbürokratie bestimmt und legitimiert die regierungsamtliche Position und die Opposition bedient sich ihr nahestehender Verbände und Institutionen, um das Gegenteil zu beweisen. Abweichende Auffassungen oder differenzierende Sichtweisen haben dabei wenig Raum und wenig Chancen, sich durchzusetzen. Eine Kultur des Zuhörens, Abwägens und anschließenden rationalen, faktengeleiteten Entscheidens fehlt weitgehend im politischen Alltagsgeschäft mit seiner Medienorientierung, den diktierten Zwängen und der von starken Interessen dominierten Entscheidungsfindung. Medien definieren zunehmend, was politisch opportun ist und was nicht. Sie setzen die Themen, indem sie Vorgänge skandalisieren und sich selbst zur moralischen Instanz erheben. Die Medien erzeugen ein öffentliches Meinungsbild, das auch in politisches Handeln hineinwirkt. An der oftmals vermeintlichen Opportunität scheitern auch Sachargumente.

Als beispielsweise im Zuge der Gestaltung des GKV-Modernisierungsgesetzes (GMG) die Patentschutzklausel gestrichen und es somit möglich wurde, Festbeträge auf patentgeschützte Analogpräparate zu erheben, liefen die forschenden Pharmaunternehmen dagegen Sturm. Sie argumentierten gegenüber den politisch Verantwortlichen, Arzneimittel, die mit hohem zeitlichen und finanziellen Aufwand erforscht und entwickelt worden seien, würden mit reinen Nachahmerpräparaten gleichgesetzt. Dies sei ein fatales Signal für den Forschungsstandort Deutschland. Und obwohl viele Politiker sich diesen Argumenten nicht verschlossen, ja, diesen sogar explizit zustimmten, wurde an der Entscheidung nichts geändert. Aus Sicht der Politik war es schlichtweg nicht opportun, hier Zugeständnisse zu machen.

Das Krisenpotenzial politischer Entscheidungen

Gerade in stark regulierten Branchen werden Geschäftsmodelle direkt von den in Brüssel und Berlin erlassenen Gesetzen beeinflusst. Zu nennen sind hier besonders Steuererhöhungen, Zulassungsbeschränkungen, Werbe- und Produktverbote oder Konzessionierungsmaßnahmen. Beispiele lassen sich hierfür leicht finden: Eine Branche, die in den vergangenen Jahren auf mannigfaltige Weise massiv von politischen Entscheidungen beeinflusst wurde, ist die Zigarettenindustrie. Die Erhöhung der Tabaksteuer, die Einführung eines generellen Werbeverbots und eines Rauchverbots in öffentlichen Räumen hatten enorme Auswirkungen auf die gesamte Branche, in der nach einer Studie des britischen Forschungsinstituts PIEDA Ende der 1990er-Jahre EU-weit rund eine Million Menschen beschäftigt waren. Derzeit liegt die Zahl der Beschäftigten in dieser Branche in Deutschland bei ungefähr 80 000 – noch. In der Diskussion um die Förderung regenerativer Energien, ein weiteres Beispiel für den Einfluss der Politik auf die ökonomischen Wettbewerbsbedingungen einer Branche, sind es die Produzenten konventioneller Energiearten, die die Kosten der Entscheidung zu tragen haben. Die mit der Umsetzung vorgegebener Richtlinien einhergehenden Risiken können sich für Unternehmen zu weitreichenden ökonomischen Krisen entwickeln. Politische Entscheidungen können zu Umsatzeinbußen für das Unternehmen führen, Umstrukturierungsmaßnahmen unumgänglich machen und somit einen Abbau von Arbeitsplätzen nach sich ziehen. Maßgebliche Auswirkungen hatte die politische Entscheidung, ab Juli 2004 eine Sondersteuer auf Alkopops zu erheben. Diese Mixgetränke aus hochprozentigen Spirituosen und Fruchtsaft dürfen in Deutschland zwar nur an Erwachsene verkauft werden, erfreuen sich jedoch gerade bei Jugendlichen großer Beliebtheit. Die Sondersteuer soll dazu dienen, dem Konsum durch Jugendliche entgegenzuwirken. Im Zuge der Debatte um Alkopops sahen sich die Hersteller derartiger Getränke dem Verdacht ausgesetzt, bewusst Minderjährige als Zielgruppe für ihre »hochprozentigen Limonaden« anzusprechen – ein erheblicher Imageverlust war die Folge. Zudem wirkten sich die durch die Sondersteuer bedingten Preiserhöhungen auf den Umsatz aus. Die meisten Hersteller waren gezwungen zu reagieren: Sie mussten die Rezepturen ändern: Statt Branntwein wird nun Bier oder Wein beigemischt, die nicht der Sondersteuer unterliegen.

Wie schnell aus einer öffentlichen Diskussion politische Forderungen werden können, zeigt auch die Debatte um die so genannten »Killerspiele«. Die Politik greift durch die Macht der Massenmedien stimulierte Ängste der Gesellschaft auf und fordert umgehend gesetzliche Konsequenzen. Nach einem Amoklauf wird der Ruf nach Verboten immer lauter. Kaum ein Politiker kann es sich erlauben, sich in dieser Debatte uneingeschränkt auf die Seite der Industrie zu schlagen. Das ist nicht opportun, das kostet Wählerstimmen. Für die Spieleindustrie und deren Beschäftigte hätte ein Verbot erhebliche wirtschaftliche Auswirkungen. Das Ansehen der Branche hat bereits durch die Diskussion enormen Schaden genommen.

Handlungsbedarf seitens der Unternehmen

Unternehmer und Manager sind in ihrem wirtschaftlichen Handeln diesen Risiken ausgesetzt, sie müssen sie identifizieren und bewältigen. Obwohl legislative Veränderungen bei genauer Betrachtung sowohl Risiken als auch Chancen bergen, existiert in Unternehmen eine generelle Tendenz, sich mit den Umfeldrisiken des politisch-gesellschaftlichen und des rechtlichen Bereichs nicht zu beschäftigen. Die Gründe für ein solches Verhalten können mannigfaltig sein: Meist werden die Rahmenbedingungen und Risiken aufgrund der Komplexität des politischen und gesellschaftlichen Umfelds a priori für nicht handhabbar gehalten. Ein großer Teil der betrieblichen Entscheidungen ist zudem unter Zeitdruck bei gleichzeitiger Unvollständigkeit der notwendigen Informationen zu treffen.

Dabei wird unterschätzt, dass die Qualität des unternehmerischen Handelns zu einem großen Teil davon bestimmt wird, inwieweit den Führungskräften die Risiken und Unwägbarkeiten ihrer Entscheidungen bewusst sind. Die getroffenen Annahmen in Bezug auf Risiken sind meist ungenau und subjektiv. Zudem werden Auswirkungen von Umfeldrisiken tendenziell unterschätzt. Doch vor allem im Hinblick auf diese bestätigt sich eine politische Binsenweisheit: Alles hängt mit allem zusammen. So traf die ökologisch motivierte Entscheidung, 2003 ein Dosenpfand einzuführen, nicht allein Handel und Hersteller, die seither gezwungen sind, mit Pfand belegte Einwegverpackungen zurückzunehmen. Hauptverlierer dieser Regelung ist die Verpackungsindustrie. Nachdem das Pfand eingeführt war, nahmen die Händler zahlreiche Getränkedosen aus dem Sortiment. Dies führte vielfach zu Stornierungen von Aufträgen durch die Abfüllfirmen. Produktionskapazitäten mussten angepasst bzw. abgebaut werden, Umsatzeinbußen und Umstrukturierungsmaßnahmen waren die Folge.

Das Dosenpfand strahlte aber auch auf die Entsorgungsindustrie aus. Hier kam es zur Verschiebung der Zuständigkeiten. Große Entsorger profitierten von ihrem deutschlandweiten Entsorgungsnetz. Ein erhöhter Konzentrationsprozess im Bereich der Entsorger war die Konsequenz. Insbesondere das Duale System Deutschland (DSD), besser bekannt als der Grüne Punkt, war durch die Regelung hart getroffen, da ihm nun erhebliche Mengen an Wertstoffen vorenthalten werden, die problemlos wiederverwertet werden könnten. Dem DSD wurden damit Lizenzentgelte entzogen.

In Krisensituationen wird der Handlungsspielraum nur willkürlich, meist auf Grundlage eines mehr oder weniger vorhandenen Erfahrungsschatzes, abgemessen. Um die Auswirkungen von Umfeldrisiken aus dem politisch-gesellschaftlichen und rechtlichen Bereich richtig abschätzen zu können, ist für Unternehmen daher verstärkt der Dialog mit politischen Entscheidungsträgern von Bedeutung. Je stärker sich die politischen Entscheidungen auf die Geschäftstätigkeit ganzer Branchen auswirken, desto besser müssen Unternehmen darauf vorbereitet sein, mit den Entscheidern umzugehen. Aus diesem Grund bündelt eine zunehmende Zahl von Unternehmen alle verfügbaren Kräfte, um die Strukturen des politischen Meinungsbildungsgeschäfts zu durchdringen. Dabei verlassen sich viele nicht mehr nur auf die traditionelle Verbandsarbeit, sondern unterhalten eigene Repräsentanzen in Berlin und/oder Brüssel oder setzen auf die Unterstützung externer Public-Affairs-Spezialisten.

Krisenmanagement durch Public Affairs

Public-Affairs bezeichnet die politische Beratung von Unternehmen und hilft diesen, ihre Interessen und Ziele gegenüber Politik und Gesellschaft zu wahren und durchzusetzen. Mögliche Krisen, ausgelöst durch politische Entscheidungen, können rechtzeitig erkannt und durch spezielle Maßnahmen verhindert werden. Im Rahmen der Public-Affairs-Aktivitäten gilt es zu beurteilen, inwieweit das Unternehmen von einem aufkommenden Thema betroffen ist, welche Risiken es in sich birgt und welche Partner für Allianzen oder welche Gegner sich identifizieren lassen. Public-Affairs bedient sich dabei sowohl spezifischer Instrumente wie dem politischen Monitoring, dem Issue Management, der Risikoanalyse und dem Lobbying und auch der Methoden klassischer Public Relations (Presse- und Medienarbeit).

Monitoring als Frühwarnsystem

Optimalerweise beginnt Public-Affairs bereits im Vorfeld des Gesetzgebungsprozesses: Geschäftsrelevante politische und gesellschaftliche Entwicklungen sind genau zu beobachten, um rechtzeitig auf unerwünschte Auswirkungen Einfluss nehmen zu können. Die Beurteilung der Relevanz, die Bewertung der eigenen Interessenlage und die anderer Stakeholder (Bezugs- und Ansprechgruppen) sowie die Analyse verschiedener Handlungsoptionen ergänzen das Monitoring. Auf diesem Wege ist es möglich, Gefahren durch den Gesetzgebungsprozess möglichst frühzeitig zu erkennen, abzuwehren und somit Wettbewerbsvorteile für das Unternehmen zu sichern.

Es gilt, den politischen, rechtlichen, administrativen und medialen Rahmen in den für das Unternehmen relevanten Feldern zu identifizieren. Dabei sind auch die Stakeholder herauszuarbeiten, die für das Unternehmen und die Prozesse relevant sind. Diese werden entsprechend ihrer inhaltlichen Position, ihres Machtpotenzials und ihrer potenziellen Einflussmöglichkeit auf die wichtigen Themen analysiert und unterschieden. Unverzichtbar ist es, dass die relevanten Informationen über politische Prozesse zum richtigen Zeitpunkt zur Verfügung stehen, um in wichtigen Fällen im Sinne eines »Frühwarnsystems« kurzfristig reagieren zu können. Ziel des Monitorings ist es, den Handlungsspielraum des Unternehmens im politischen Feld zu beschreiben, mögliche Verbündete und Gegner zu erkennen und künftige Entwicklungen zu antizipieren.

Issue Management

Divergieren die Interessen einer Organisation und ihrer Stakeholder, greift ein weiteres wichtiges Instrument von Public Affairs: das Issue Management.

Im Rahmen des Issue Managements werden wirtschaftliche, gesellschaftliche oder politische Themen (Issues) unter besonderer Berücksichtigung der Unternehmensinteressen beobachtet, analysiert und gesteuert. Sind die Issues identifiziert, müssen Positionspapiere geschrieben werden. Wie ein Köcher voller Argumente, enthalten sie Kernaussagen und Standpunkte eines Unternehmens und werden in einen Gesamtzusammenhang eingeordnet. Positionspapiere dienen ebenfalls einem ganz gewichtigen Punkt bei der Durchsetzung der eigenen Interessen – der Darstellung gemeinsamer Interessen. Es kommt nicht von ungefähr, dass immer wieder betont wird, wie wichtig gemeinsame Interessen sind. Die Analyse vieler Verhandlungen zeigt, dass es gerade das bewusste Suchen und Transparentmachen gemeinsamer Interessen ist, was den Durchbruch bringen kann. Auch wenn es trivial oder gar banal erscheint, immer wieder auf diese gemeinsamen Interessen hinweisen zu müssen, beweist die Praxis, dass es sich lohnt. Auf den Positionspapieren aufbauend werden Argumentationslinien entwickelt, die mögliche Fragen und Statements der unterschiedlichen Stakeholder antizipieren und so als Grundlage für spätere Fachgespräche dienen. Die Argumentationslinien beziehen sich im Idealfall auf die zuvor identifizierte Interessenlage des Gesprächspartners.

Risikoanalyse

Ziel des Risikomanagements ist es, aus Sicht des Unternehmens zu sondieren, welche politischen und öffentlichen Faktoren sich auf dessen Geschäft auswirken könnten, und daraus eine Strategie zu entwickeln, mit der sich mögliche Risiken ausklammern lassen. Dabei kann man einerseits eine Top-Down-Strategie einsetzen, indem die Risiken beginnend vom Gesamtvorhaben stufenweise abbauend bis auf die Projektebene identifiziert werden. Eine andere Möglichkeit der Risikoerkennung stellt dagegen die Bottom-up-Strategie dar, die mögliche Planabweichungen bei der Untersuchung einzelner Prozesse aufnimmt. In der Praxis wird meist eine kombinierte Methode angewendet, um mögliche Blind-Spots zu verhindern.

Um Gefahren handhaben zu können, besteht der erste Schritt jedoch in der Kategorisierung der möglichen Risiken, mit denen sich ein Unternehmen konfrontiert sehen kann. Diese können z. B. sein:

- Unternehmensrisiken (z. B. Gefahr für Marktanteile oder Absatzmarkt, Verbot von Produktstoffen),

- Projektrisiken (z. B. Bauplanungen, Entwicklungsprojekte, Forschungsvorhaben, Produktlaunch),
- politische und gesellschaftliche Risiken: politische, administrative, regulatorische und legistische Entscheidungen, wie Änderung der rechtlichen Rahmenbedingungen, Interventionen, Interessenkoalitionen, Kritik, Rechtsstreitigkeiten, Konflikte, Kampagnen gegen das Unternehmen usw.

Weitere Risiken bestehen in Unternehmensaktivitäten, die Reaktionen aus dessen Umfeld nach sich ziehen können: Unter anderem sind vor allem Anlage-, Investitions-, Beschäftigungs- und Standortrisiko zu nennen. Auch die finanzielle Situation des Unternehmens, strategische Unternehmensentwicklung, Naturereignisse, Marktrisiken, wirtschaftliche und volkswirtschaftliche Entwicklungen sind als Risikofaktoren zu berücksichtigen.

Das Screening der Risiken – also der Chancen und Bedrohungen – folgt dabei den Gesichtspunkten des Public-Affairs-Managements, nämlich der Beeinflussung des Unternehmensumfelds zum Vorteil des Unternehmens: Welche Chancen können genutzt werden? Welche Bedrohungen müssen abgewendet werden? Welche Veränderungen können eintreten? Welche Veränderungen sollen angestrebt werden?

Die Stellräder eines Unternehmens bewegen sich dabei entlang der bereits vorgenommenen Kategorisierung der Risiken:

- Welche politischen, administrativen, regulatorischen und legistischen Entscheidungen stellen eine Bedrohung dar oder sind zu verändern, weil sie Barrieren errichten, Auflagen und Belastungen mit sich bringen? Wie können Begünstigungen oder Förderungen herbeigeführt werden?
- Was bedeutet eine Änderung der rechtlichen Rahmenbedingungen für den Unternehmensgegenstand? Soll die Initiative vom Unternehmen ausgehen?
- Welche Wirkungen können Interventionen in innerbetriebliche Entscheidungen nach sich ziehen, etwa Interessenkoalitionen, Kritik, Rechtstreitigkeiten oder Konflikte?
- Welche Bedrohungen oder Chancen bestehen hinsichtlich der Veränderungen der Wettbewerbsfähigkeit auf den vier Märkten (Kapital, Arbeitskräfte, Produkte, Politik)?
- Welche Wettbewerbsvorteile könnten aus der Nutzung spezieller Veränderungen resultieren?

Im nächsten Schritt gilt es, die anhand dieses Schemas kategorisierten potenziellen Aspekte realistisch zu bewerten. Folgende drei Faktoren zeigen sich dabei in der Praxis als relevant:

- Auswirkungen des Risikos auf Kosten und Abläufe (Ausmaß der Verzögerungen, Zeitgewinn),

- Eintrittswahrscheinlichkeit des Risikos,
- Fristigkeit des Eintritts (kurz-, mittel-, langfristig).

Die Bewertung der Risiken kann entweder qualitativ – beschreibend – oder in einer quantitativen Auswertung vorgenommen werden. Die beschreibende Bewertung konzentriert sich auf die Auswirkungen der Risiken auf Kosten und Abläufe, die Eintrittswahrscheinlichkeit und die Fristigkeit des Eintritts. Die quantitative Bewertung erfasst die potenziellen Kosten- und Zeitüberschreitungen, definiert den Einfluss einzelner Parameter auf eine Zielgröße und analysiert die Auswirkung der Veränderung der Parameter auf das Ereignis.

Lobbying

Erst nach umfassender Analyse der äußeren Einflüsse, der Unternehmenssituation und der potenziellen Risiken lässt sich eine lang- oder mittelfristige Public-Affairs-Strategie entwickeln. Hier gilt es vor allem, Spielräume realistisch einzuschätzen und Alternativen mit in Betracht zu ziehen. Aus diesem übergreifenden strategischen Kurs lassen sich anschließend konkrete Maßnahmen ableiten.

Die wohl bekannteste Maßnahme und »heiße Phase« der Public Affairs ist das Lobbying: Die zuvor erarbeiteten Positionen des Unternehmens werden in den politischen Raum eingebracht. Das heißt, es besteht unmittelbarer persönlicher Kontakt zur politischen Ebene. Denkbare Instrumente sind beispielsweise der Aufbau von politischen Netzwerken, die Eingabe von Stellungnahmen sowie Hintergrundgespräche mit Politikern. Darunter fallen auch der direkte Dialog mit Entscheidungsträgern und Meinungsführern oder der Aufbau strategischer Allianzen. Vielfach werden auch Veranstaltungen zur zielgerichteten Präsentation der Unternehmenspositionen wie beispielsweise Parlamentarische Abende, Kongresse oder Workshops für die Unternehmen eingesetzt. Round-Table-Gespräche mit Beteiligten, Fachleuten und/oder Medienvertreten dienen zum beiderseitigen Austausch von Interessen. Zielführend kann auch die Vermittlung von Rednern und Referenten für passende Veranstaltungen zur inhaltlichen Positionierung eines Unternehmens sein.

Weil allzu forsches Lobbying langfristig jedoch das Gegenteil des gewünschten Effekts bewirken kann, haben die Lobbyisten der Pharmaindustrie zwischenzeitlich ihre Lektion gelernt. In der Auseinandersetzung um Nachbesserungen zu den scharfen Einschnitten, mit denen das Arzneimittelneuordnungsgesetz (AMNOG) die Pharmaindustrie belastet, schlägt die Branche verhältnismäßig moderate Töne an. Noch zehn Jahre zuvor hat das ganz anders geklungen. 2001 sah nämlich ein Entwurf zum Arzneimittel-Sparpaket der damaligen Bundesgesundheitsministerin

Ulla Schmidt einen Solidarbeitrag der Pharmaindustrie in Form einer Preissenkung um 4 Prozent bei patentgeschützten Arzneimitteln vor. Dadurch sollten die gesetzlichen Krankenkassen in den folgenden zwei Jahren um 960 Millionen DM entlastet werden. Die Industrie intervenierte direkt beim Bundeskanzler. Man einigte sich auf eine Einmalzahlung von 400 Millionen DM in zwei Jahren. Der für die Industrie ökonomisch äußerst erfolgreiche Deal empörte jedoch nicht nur die »üblichen Verdächtigen« wie Transparency (»Moderner Ablasshandel der Pharma-Industrie – Die Bundesregierung im Verdacht der Korrumpierbarkeit«), sondern auch Politiker, die der Industrie traditionell eher gewogen sind. So bezeichnete CSU-Mann Seehofer die Einigung in einer Bundestagsdebatte einen »der unappetitlichsten Vorgänge in der deutschen Politik der jüngeren deutschen Geschichte«.

In der Öffentlichkeit hatte die Legende von der mächtigen Industrie erneut Nahrung erhalten und das Wort Ablasshandel haftet seither wie ein Makel an ihr. Das Ansehen der Politik hatte ebenfalls gelitten. In der Folge führte der vermeintliche Coup der Industrie dazu, dass auf der politischen Bühne bei gesundheitspolitischen Entscheidungen lange Zeit Zurückhaltung gegenüber den berechtigten Belangen einer Nutzen stiftenden Industrie herrschte.

Natürlich kommen die aktuellen Zwangsmaßnahmen »Big Pharma« wieder nicht gelegen. Aber insgesamt wird heute deutlich behutsamer »nachgesteuert«.

Pressearbeit

Ohne die Einbindung der Presse als medialen Resonanzboden würden die geplanten Maßnahmen vielfach jedoch ohne Echo bleiben. Eine mit der Strategie abgestimmte und zeitlich mit den Einzelmaßnahmen koordinierte Pressearbeit kann die Themen der Public-Affairs-Arbeit daher in vielen Fällen zielführend begleiten, da eine zielgruppengerechte politische PR-Kampagne mit identischen Kernbotschaften die Wirkung der Botschaft verstärkt. Dies ist jedoch immer mit der Gesamtstrategie abzustimmen, um kein gegenteiliges Ergebnis zu erreichen.

Fazit

Unverändert gilt, was in einer 2005 in Deutschland durchgeführten Public-Affairs-Umfrage (Publicis PR, 2005) 48 Prozent der befragten Unternehmer die politischen Rahmenbedingungen für die strategische Ausrichtung ihres Unternehmens als sehr wichtig, 45 Prozent als wichtig einschätzten. Die restlichen 7 Prozent machten keine Angabe zu der Frage. Dies verdeutlicht, wie hoch die Unternehmen selbst die Auswirkungen und Konsequenzen politischer Entscheidungen auf ihr

Geschäft einschätzen und dass sie die Umfeldrisiken des politisch-gesellschaftlichen und des rechtlichen Bereichs erkannt haben.

Unternehmen lassen sich heute politik-strategisch beraten, um frühzeitig auf Krisen reagieren zu können, die ihnen gegebenenfalls durch politische Entscheidungen drohen. Public-Affairs-Beratung kann in diesem Kontext zweierlei positive Funktionen haben: zum einen Raum und Zeit für ideologiearme Dialoge zu schaffen, zum anderen für den Transport von Informationen zu sorgen, die nicht an die Entscheider innerhalb und außerhalb des Unternehmens herangekommen wären. Hilfreich ist dabei, dass in den letzten Jahren durch die gestiegene Komplexität der Entscheidungsstrukturen auch die Bereitschaft der Politik zugenommen hat, mit der Wirtschaft in Dialog zu treten. Der Informationsbedarf der Politiker ist hoch und daher nicht mehr allein durch internen Sachverstand zu decken. Public-Affairs analysiert die äußeren Einflüsse, die Funktions- und Arbeitsweise der Teilnehmer des politischen Prozesses, die Kommunikationswege und Kompetenzverteilung innerhalb der für das Unternehmen relevanten politischen Institution und die Unternehmenssituation an sich. Mit diesem Wissen können Spielräume realistisch eingeschätzt, alternative Lösungsansätze in Betracht gezogen und argumentativ vorbereitet werden. Eine effektive, auf die Bedürfnisse des Kunden ausgerichtete Public-Affairs-Strategie kann Krisen vorbeugen, die durch politische Entscheidungen bedingt das Unternehmen und seinen Erfolg bedrohen.

10 Produktkrise

Produktkrisen sind an der Tagesordnung. Täglich werden wir mit diesem verdorbenen Lebensmittel oder jenem Schadstoff belasteten Spielzeug konfrontiert. Vollmundig angepriesene technische Neuheiten erweisen sich als Flop, die sündhaft teuren Markenturnschuhe sind billige, aber dreiste Fälschungen und unser ganzer Stolz, das neue Auto, wird wegen eines defekten Bauteils gleich wieder in die Werkstatt zurückgerufen. Im Neubau sind die Wände feucht und der als Geheimtipp gehandelte Immobilienfond geht kontinuierlich in den Keller. Produktkrisen. Für betroffene Verbraucher sind sie oft nur lästig, häufig ärgerlich, manchmal beängstigend, fast immer teuer und zum Glück nur selten wirklich gefährlich. Doch die Verbraucher wehren sich. Sie treten zunehmend aggressiver auf, holen sich Anwälte und Medien zu Hilfe. Moralinsauer stellen Verbrauchermagazine wie »Plus-Minus« und »WiSo« tatsächlich oder vermeintlich sündige Firmen an den Pranger. Genüsslich sezieren Testzeitschriften Produkte oder Produktgruppen und machen damit Auflage. Berufsmäßige Verbraucherschützer in staatlichen und nicht staatlichen Organisationen greifen berechtigt oder aus Partikularinteressen heraus Firmen und ihre Produkte an.

Bei den beteiligten Unternehmen und Organisationen auf der anderen Seite treffen Produktkrisen direkt den Lebensnerv. Denn das Planen, Herstellen oder Vertreiben von Produkten ist nun mal das Kerngeschäft einer jeden Firma. Krisen schlagen sich direkt im Geldbeutel nieder. Wenn ein oder womöglich »das« Produkt des Hauses angegriffen wird, kann in der Folge die gesamte Organisation in einen negativen Sog und womöglich in eine existenzbedrohende Situation geraten.

Entsprechend muss die Reaktion schnell und zielgerichtet operativ *und* kommunikativ stattfinden. Das Wohl der Organisation hängt davon ab.

Gutes Produkt – schlechtes Produkt

Produktkrisen können in jeder Branche auftreten. Produkte in diesem Kontext sind »Gegenstände« aller Art, also Waren, Geräte, Maschinen, Immobilien, Konsumgüter, Nahrungsmittel usw. Aber auch Dienstleistungen (Beratung, Geldanlagen) oder Know-how (Software, Ideen, Konzepte) fallen darunter. Mitunter können sogar Personen gleichsam Produkte sein, wenn sie entsprechend aufgebaut und vermarktet werden: Künstler, Schauspieler, Spitzensportler (vgl. Teil III, Kap. 4) sind heutzutage »Marken« oder eben Produkt ihrer selbst.

Im Gegensatz zu einem Schadensereignis, bei dem *jeder* sofort sieht, dass ein Zwischenfall eingetreten ist, sind Produktkrisen wesentlich häufiger erst mal »im Tarnanzug« unterwegs.

Es gibt sie:

- akut oder schleichend,
- selbst oder fremd verschuldet,
- aus objektiv zutreffenden und nachvollziehbaren Gründen oder
- aufgrund falscher und erfundener Vorwürfe,
- mit bereits eingetretenen Sach- und/oder Personenschäden oder
- lediglich drohenden oder sogar nur abstrakten Folgen,
- mit bereits eingetretenen oder nur drohenden Vermögensschäden.

Erfahrene Manager wissen: Überhaupt zu erkennen, dass eine Krise vorliegt, ist bereits die halbe Miete.

Produktkrisen treten auf als:

- primäre Krise (d. h. nur das unmittelbare Produkt ist krisenbehaftet),
- als sekundäre Krise (z. B. weil sich eine vorangegangene kritische Situation in der Folge schädigend auf das Produkt auswirkt),
- als Krisenverstärker (z. B. ein angeschlagenes Unternehmen leitet Sparmaßnahmen ein, die zu Qualitätseinbußen führen und erhält in einer Abwärtsspirale durch die nun schlechteren Produkte den Todesstoß),
- als Auslöser für sekundäre Krisen (d. h. wegen des angegriffenen Produkts kommt es zu einem Domino-Effekt mit einer oder mehreren Folgekrisen in den unterschiedlichsten Feldern).

Wann kommt es zur Krise? Was ist ein gutes, was ein schlechtes Produkt?

Der Kunde erwartet vom Hersteller und vom Händler, dass er für sein gutes Geld ein Produkt erhält, das …

1. seinen – (oft auf Marketingversprechen basierenden) – Erwartungen entspricht,
2. funktioniert,
3. keine unerwarteten Gefahren birgt.

Im Prinzip also recht bescheidene und von jedermann nachvollziehbare Ansprüche. Alle drei Punkte implizieren unausgesprochen *Vertrauen*. Welcher Verbraucher ist schon Lebensmittelchemiker, Luftfahrtingenieur oder Bausachverständiger? Wenn sich ein Verbraucher auf ein bestimmtes Produkt einlässt, *muss* er darauf vertrauen können, dass Funktion und Sicherheit garantiert sind.

Als Orientierungshilfe dienen der Reihenfolge ihrer Bedeutung nach:

- eigene gute oder schlechte Erfahrungen,
- Name und Bekanntheitsgrad des Produkts selbst (starke Marke),

- Name und Bekanntheitsgrad des Herstellers oder Vertriebspartners,
- Prüf- und Gütesiegel (dabei wiederum nach Bekanntheitsgrad und Stärke der Organisation, die das Siegel vergibt, z. B. TÜV),
- Vorschriften, Normen und Gesetze *und* deren Überwachung durch Behörden,
- »Testimonials« (Prominente, die mit ihrem guten Namen für das Produkt eintreten),
- Testberichte von professionellen Testern und Verbraucherschützern,
- allgemeine Medienberichte (Rezensionen, Besprechungen, Produktnennungen, aber auch Berichte über Produktkrisen),
- Erfahrungsberichte anderer Verbraucher, beispielsweise in entsprechenden Internetportalen, Foren und Blogs.

Rückgewinnung von Vertrauen ins Produkt

Jede Produktkrise bedeutet folgerichtig einen erheblichen Vertrauensverlust. Die Faustregel lautet: Je stärker die Marke, desto größer ist der Vertrauensverlust. Betroffene Verbraucher reagieren emotional, überkritisch und mitunter auch unfair. Mit solchen Attacken müssen die betroffenen Unternehmen und Organisationen rechnen. Und sie müssen lernen, damit zu leben und damit professionell umzugehen. Sich in den Schmollwinkel zurückziehen oder offensiv (womöglich vor Gericht) Fairness einfordern, funktioniert nicht.

Ebenso wenig zielführend ist es, dem betroffenen Verbraucher eine Mitschuld einreden zu wollen: »Für das bisschen Geld können Sie nicht mehr erwarten«, ist psychologisch eine grauenhafte Botschaft, selbst wenn sie im Falle eines mangelhaften Billigprodukts objektiv womöglich zutreffend wäre.

Kernaufgabe ist stets:
Vertrauen bewahren, wiederherstellen oder schaffen.

Die fünf Kernbotschaften können bei Produktkrisen also nur lauten:
1. Wir schätzen unseren Kunden (d. h. nehmen seine Belange ernst).
2. Wir schützen unsere Kunden (auch schon bei bloßem Verdacht).
3. Wir klären den Vorgang rückhaltlos auf.
4. Wir kooperieren mit allen beteiligten Behörden (ggf. auch Organisationen).
5. Wir lernen aus dem Vorgang für die Zukunft.

Die Kunst ist dabei, diese Botschaften so an den konkreten Fall anzupassen, dass daraus keine Anerkennung der Schuld im juristischen Sinne abgeleitet werden kann (siehe auch den übernächsten Abschnitt »Häufige Fehler«).

Vorgehensweise

Der wirksamste Rat, den ein Krisenberater einem verantwortlichen Manager geben kann, ist gleichzeitig der schlichteste:

Verhalten Sie sich Ihren Kunden gegenüber stets so, wie Sie selbst gerne behandelt werden wollen.

Wenn durch oder mit einem Produkt Menschen zu Schaden gekommen sind, gelten im Umgang mit den Betroffenen alle Vorgehensweisen, Empfehlungen und mögliche Fehler, die in dem Kapitel »Schadensereignis« (vgl. Teil III, Kap. 1) bereits ausführlich beschrieben sind. An dieser Stelle steht vielmehr die Frage im Vordergrund, wie ein in Verruf geratenes Produkt gerettet, stabilisiert oder sogar rehabilitiert werden kann, um nachhaltigen wirtschaftlichen Schaden von dem Unternehmen fernzuhalten.

Vorbeugen ist besser als heilen. Zum Schutz der Produkte gibt es wirkungsvolle Prävention. Das Krisenmanagement wird manchmal auch als »die große Schwester« des Qualitäts- und Beschwerdemanagements bezeichnet. Unternehmen, die ihre Wertschöpfungskette durch ein funktionsfähiges operatives Qualitätsmanagement absichern, werden wesentlich seltener Opfer hausgemachter Produktkrisen. Probleme werden frühzeitig erkannt und gelöst, noch bevor der Verbraucher überhaupt davon erfährt. Und wenn tatsächlich etwas schief laufen sollte, ist – wiederum operativ – meist eine schnellere und effizientere Reaktion möglich. Beispielsweise durch »Tracking und Tracing« können Fehlerquellen vom Rohstofflieferanten bis zum Einzelhändler lückenlos verfolgt werden. Produktionschargen können stark eingegrenzt werden, sodass im Falle eines Rückrufs gezielt agiert werden kann. Nicht zu unterschätzen ist auch die sensibilisierende Wirkung, die auf Partner in der Lieferkette ausgeht. Und: Ein vorzeigbares Qualitätsmanagement ist im Ernstfall obendrein ein plakativ kommunizierbarer Beleg der praktizierten Verantwortung gegen eventuelle Vorwürfe von Pfusch oder Schlamperei.

Hand in Hand mit dem Qualitätsmanagement geht das Beschwerdemanagement. Es hat eine wichtige Doppelfunktion: Kundenhotlines und Beschwerdestellen (Neudeutsch: »Service-Desks«) sind ein Sammelbecken der enttäuschten, verärgerten und frustrierten Kunden – mithin der ideale Seismograf für sich andeutenden Ärger oder für Fehlentwicklungen. Schon kleine Erschütterungen in der Kundenzufriedenheit können erkannt und abgestellt werden, lange bevor ein Issue zur Krise eskaliert. Es ist erstaunlich, dass dieses einfache Instrument noch immer nicht in ausreichendem Maße in den Unternehmen als Frühwarnsystem eingesetzt wird.

Die zweite Funktion dient der Deeskalation von Einzelfällen. Eine Branche, die das erkannt hat und auf breiter Front entsprechend verfährt, ist die Touristik. Früher wurden massenhaft Prozesse gegen Kundenansprüche geführt. Vom dreckigen Strand über Baulärm vor dem Hotel bis zu schlechtem Essen oder Kakerlaken im Zimmer. Mit hohem Personalaufwand wurden Forderungen abgewimmelt und egal, wer letztendlich den Prozess gewonnen oder verloren hat: Der Kunde war immer vergrätzt. Das können und wollen sich die Veranstalter im harten Wettbewerb nicht mehr leisten. Heute sind die Reiseveranstalter Weltmeister der Kulanz. Wenn eine Beschwerde halbwegs plausibel ist, bekommt der Kunde eine Entschuldigung, eine (meist kleine) Erstattung seines Reisepreises und oft sogar noch eine (meist ebenso kleine) Entschädigung dazu. In Form eines Reisegutscheins, anzurechnen bei der nächsten Buchung, versteht sich. Die Krise bleibt aus und alle sind glücklich. Der Kunde, der sich ernst genommen fühlt und vermeintlich ein Schnäppchen gemacht hat, der Veranstalter, der einen Kunden nicht nur nicht verloren, sondern im Gegenteil gleich für die nächste Reise geködert hat. Die konsequente Auswertung der Beschwerden trägt außerdem zur Produktverbesserung bei. Natürlich wissen die Reisemanager, dass immer mal wieder Abzocker unter den Beschwerdeführern sind. Dennoch wird nur noch in gravierenden Fällen oder bei Vorkommnissen von grundsätzlicher Bedeutung rechtlich agiert.

Häufige Fehler

Fehler Nummer 1: unnötiger Streit. Der häufigste Fehler. Das Beispiel der Touristiker könnte Schule machen, wenn frühzeitig – also lange vor Eintritt einer Krise – eine »weiche Linie« als Strategie beschlossen, vorbereitet und mit allen als Kostenträger in Frage kommenden internen und externen Partnern vereinbart wird. Bei plötzlich auftretenden Krisen ist dafür keine Zeit mehr. In der Praxis haben dann noch immer überwiegend Juristen den Hut auf. Es sind nicht unbedingt die hauseigenen Rechtsberater, die dann das kundenfreundliche Motto »schnelle, unbürokratische Hilfe« konterkarieren. Auf eine harte Linie drängen nicht selten Versicherungsjuristen. Kulanz ist nämlich von Haftpflichtversicherungen nicht gedeckt und wird erst einmal richtig teuer. Policen, die für Kosten aufkommen, die den Wert von Image und Reputation decken, sind die Ausnahme. Deshalb wird noch immer öfter als es strategisch und taktisch ratsam wäre zur Paragrafenkeule gegriffen.

Fehler Nummer 2: Frühwarnungen ignorieren. Was soll man einem Unternehmer raten, der sehenden Auges auf einen Abhang zusteuert? Gerade Produktkrisen zeichnen sich oftmals frühzeitig ab. Mit dem Standpunkt »Es wird schon nicht so schlimm werden« oder »Wir haben schon ganz andere Probleme gemeistert« kann es zugegebenermaßen gelegentlich gut gehen, das Risiko, dass der Vorgang zur

Unzeit ruchbar und unkontrollierbar wird, ist indes groß. Wenn ein Feuer nicht zu vermeiden ist, dann lieber kontrolliert abfackeln, als einen Flächenbrand riskieren.

Fehler Nummer 3: falsche Botschaften. »Wir haben alles richtig gemacht ... Wir werden unseren Standpunkt rigoros mit allen uns zur Verfügung stehenden Mitteln verteidigen.« Mit diesen markigen Worten trat ein Sprecher des Pharma-Riesen Bayer vor die Kameras, als der Cholesterinsenker »Lipobay« in Verdacht geraten war, gefährliche Nebenwirkungen auszulösen. Nur wenige Tage nach diesem markigen Auftritt musste Bayer das Produkt kleinlaut vom Markt nehmen.

Das Gegenteil ist nicht minder schädlich: »Wir bedauern sehr, dass durch unser Produkt Menschen zu Schaden gekommen sind«, ein sehr ehrlich gesprochener Satz unter dem Eindruck eines aktuellen Geschehens kann – wie übrigens jeder Autofahrer weiß – von der Versicherung als Obliegenheitsverletzung betrachtet werden und zum Verlust des Versicherungsschutzes führen. Aus menschlicher Anteilnahme wird einem nie ein Strick gedreht werden, wohl aber aus einer »Entschuldigung«. Denn darin steckt das Wort Schuld. Es kommt auf die exakte Formulierung an.

Fehler Nummer 4: persönlich beleidigt reagieren. Wenn sich auf der Schädigerseite handelnde Personen persönlich ge- und betroffen fühlen, reagieren sie ebenso emotional wie die Geschädigten. Menschlich verständlich, aber kontraproduktiv. Oft können und wollen Manager nicht wahrhaben, dass ihr Produkt, in das sie Zeit, Kraft und Herzblut investiert haben und von dem die berufliche Existenz abhängt, schlecht oder fehlerhaft sein soll. Die nötige kritische Distanz kann in solchen Fällen nur von externen Beratern hergestellt werden.

Umfassende Fallstudien mit allen Verästelungen würden den hier zur Verfügung stehenden Rahmen sprengen. Auch auf die in zahlreichen Veröffentlichungen bereits ausführlich abgehandelten »Krisen-Klassiker« vom Elch-Test über die PVC-Krise bis zum Tylanol-Anschlag kann hier verzichtet werden. Die nachfolgend dargestellten Produktkrisen aus jüngerer Zeit sollen vielmehr schlaglichtartig die beschriebene Interventionsstrategie, Vorgehensweise und Fehler illustrieren.

Praxisbeispiel: Mattel

Rund um den Globus wurden Mütter von der Nachricht aufgeschreckt, ihre Kinder seien durch Spielzeug in Gefahr. Innerhalb von 14 Tagen rief der weltgrößte Spielwarenhersteller Mattel zweimal in China produzierte Artikel zurück, die im Verdacht standen, mit bleihaltiger Farbe belastet zu sein. Blei kann zu Hirnschäden

führen, wenn es von Kindern aufgenommen wird. Innerhalb von nur fünf Wochen kam es noch zu einer dritten Welle von Rückrufen, weil immer wieder weiteres bleihaltiges Barbie-Zubehör, Tier- und Möbelsets sowie Lokomotiven auftauchten und auch andere beliebte Spielsachen auf die schwarze Liste kamen. Zu den gesundheitsschädlichen Farben kamen noch lockere Magnete, von denen die Gefahr ausging, dass Kinder sie versehentlich verschlucken könnten. Insgesamt waren nach eigenen Angaben des Unternehmens weit mehr als 20 Millionen Artikel betroffen. Für den Marktführer in diesem hochsensiblen Feld ein Desaster. Denn wenn es um das Wohl des Nachwuchses geht, verstehen Mütter keinen Spaß. Verdächtige Produkte werden gemieden.
Routiniert und professionell unternahm Mattel daher alle nötigen Schritte zur Schadensbegrenzung:

- Mattel machte den Vorgang zur Chefsache und ließ CEO Bob Eckert persönlich auftreten,
- Entschuldigung bei den betroffenen Verbrauchern (»Weil Ihre Kinder auch unsere Kinder sind«),
- Pressemitteilung und Pressekonferenz mit allen nötigen Informationen,
- Informationen für die Partner im Handel,
- Q+As (Fragen und Antworten-Katalog),
- kostenlose Service-Hotline (0800-Nummern),
- Informationen im Internet mit genauen Abbildungen und Beschreibungen der betroffenen Spielzeuge,
- unbürokratische Abwicklung (es wurde auf die für Umtausch sonst übliche Originalverpackung und Kassenzettel verzichtet),
- vorgefertigte Paketaufkleber, die aus dem Internet per Knopfdruck abgerufen werden konnten,
- mehrere als unzuverlässig identifizierte Lieferanten wurden ausgeschlossen,
- für die Zukunft wurden schärfere Kontrollen angekündigt.

Obwohl das Unternehmen immer wieder darauf verwies, die Rückrufe nur zum Wohl der Kinder »vorsorglich und freiwillig« veranlasst zu haben, nahmen die Behörden Ermittlungen gegen den Konzern auf. Da dies in solchen Fällen nicht ungewöhnlich ist, führte das jedoch zu keiner zusätzlichen Ausweitung der Krise. Auch die Drohung von Mattel, die chinesischen Lieferanten verklagen zu wollen, ist unter begleitendem Theaterdonner zu verbuchen.

Zur Beruhigung der eigenen Kundschaft wurde also operativ und kommunikativ das volle Programm gefahren und es hatte den Anschein, als sei in dieser Produktkrise alles Machbare richtig gemacht worden.

Sekundäre Krise: Das Imperium schlägt zurück

Umso erstaunlicher schien es, als das US-Unternehmen in der Kommunikation plötzlich zurückzurudern begann. Ursprünglich war die Marschrichtung glasklar: Die chinesischen Zulieferbetriebe hatten die strengen Regeln nicht eingehalten, die Prüfer von Mattel haben sie dabei erwischt, Produkte vom Markt genommen, Kinder wieder sicher. Gut gemacht. Fertig. Punkt.

Urplötzlich räumten die amerikanischen Manager – wenn auch in geschraubten Formulierungen – selbstkritisch eigene Fehler und ein Mitverschulden bei der Qualitätskontrolle ein. Der handfeste Hintergrund: Bei ihren kernigen Schuldzuweisungen hatten die Amerikaner völlig unterschätzt, wie sehr sie damit *den* Chinesen – und zwar nicht nur unmittelbar betroffenen Firmen – das Gesicht nahmen. Gleichzeitig haben sie bei ihrem Befreiungsschlag nicht einkalkuliert, dass sie damit eine Lawine losgetreten haben, die die chinesische Regierung nicht dulden konnte. 80 Prozent des weltweit verkauften Spielzeugs wird in China hergestellt. Was für Mattel trotz der Dimension ein überschaubares Problem darstellt, bedeutet für China den Ruf als Werkbank der Welt. In den USA und in Europa betrachten Medien und Verbraucher »Made in China« zunehmend als Bedrohung. Als kurz nach Mattel die Kette »ToysRUs« ebenfalls Tausende von Spielwaren wegen Bleifarben aus den Regalen nehmen musste, war das Maß voll: Wie nicht anders zu erwarten forderten Verbraucherschützer flugs ein generelles Importverbot für chinesische Produkte.

»Hersteller und Händler fürchten nun, dass die Rückrufaktionen das bevorstehende Weihnachtsgeschäft belasten können«, orakelte spiegel.de. Diese Spekulation verdeutlicht die Gefahr einer sich ausweitenden Sekundärkrise mit dem Potenzial zu einem Flächenbrand. Selbstverteidigung zu diesem Preis kann auch Mattel nicht gewollt haben.

Praxisbeispiel: Brustimplantate

Mit einem Produkt-Skandal, der Tausende von Frauen in ganz Europa in Angst und Schrecken versetzte, begann das Jahr 2012: Der französische Hersteller von Brustimplantaten Poly Implant Prothese (PIP) hatte Ärzte und Kundinnen getäuscht: Anstelle von hochwertigem (und damit teurem) medizinischem Silikon verwendete die Firma billiges Bausilikon. Die implantierten Silikonkissen lösten sich nach einiger Zeit im Körper auf und das austretende Silikon steht im Verdacht, Krebs auszulösen. Den Silikonpanschern gelang es über lange Zeit, die Fachkunden (Ärzte und Kliniken) und alle amtlichen und beauftragten Prüfer, darunter sogar

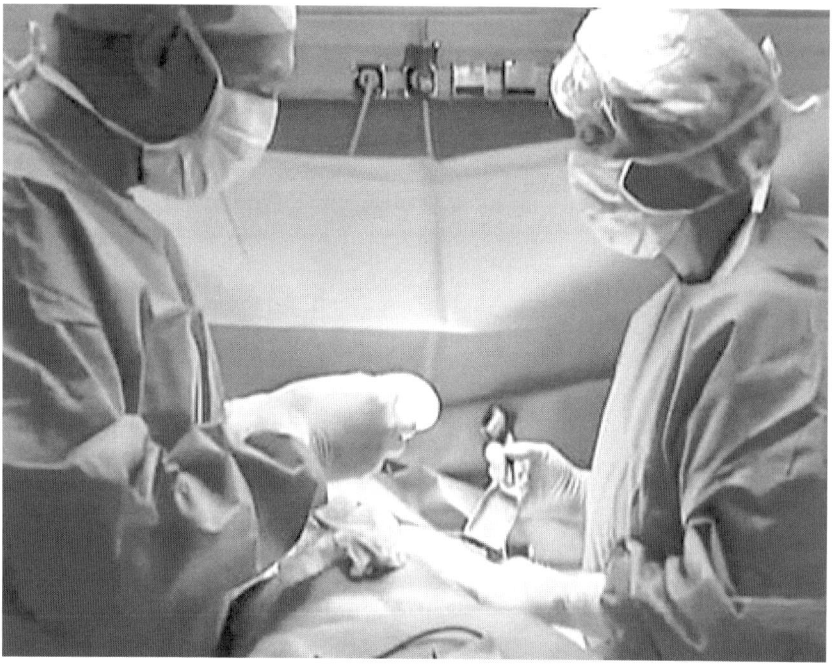

Billiges Bau-Silikon in Brustimplantaten versetzte Tausende Frauen in Angst und Schrecken. (crisadvice)

den TÜV Rheinland, hinters Licht zu führen. Gut zehn Jahre verliefen Kontrollen in der Produktion unbeanstandet.

Erst nachdem sich Komplikationen häuften, kam man dem Schwindel um die minderwertigen PIP-Silikonkissen auf die Schliche. Der 72-jährige Firmeninhaber wurde verhaftet – aber nur vorübergehend. Da er blitzschnell Insolvenz anmeldete, laufen Forderungen gegen die Firma ins Leere. Der Vorgang stellte nicht nur das deutsche Medizin-Krisenmanagement vor eine komplizierte Aufgabe, sondern löste auch eine erbitterte Debatte um die Sicherheit von Medizinprodukten aus. Angst und Unsicherheit kennzeichneten die öffentliche Diskussion.

Erst mal wusste und weiß keiner genau, wie viele Frauen tatsächlich in Gefahr schweben. Weltweit sollen bis zu einer halben Million Frauen die Kissen eingesetzt bekommen haben. Da Brustveränderungen überwiegend nicht medizinisch begründet sind, sondern als kosmetische Eingriffe gelten, gibt es kaum Daten bei den Krankenkassen. Die Zahl der nur in Deutschland betroffenen Frauen wurde sehr vage auf »vielleicht 10 000« geschätzt. Es können aber auch deutlich mehr sein. In einer bisher nicht dagewesenen Aktion wurden in allen 16 Bundesländern alte OP-Berichte durchforstet.

Den verunsicherten Frauen riet das zuständige Bundesamt für Arzneimittel und Medizinprodukte (BfArM) in einer ersten Empfehlung, die Implantate im Körper zu belassen. Wenige Tage später änderte das Amt seine Auffassung ins Gegenteil und empfahl nun dringend den Eingriff. Eine Empfehlung, die neuerliche Unsicherheiten auslöste: Wer sollte für die Kosten aufkommen? Die Kassen winkten gleich ab. Viele der Frauen, die teilweise jahrelang für ihre Traumbusen sparen mussten, hatten schlicht kein Geld für eine neuerliche Operation. Die Ärzte und Krankenhäuser fühlten sich für den Pfusch nicht zuständig, denn schließlich war ja allein die kriminelle Energie eines einzelnen Franzosen schuld an dem Desaster.

Implantate sind Produkte, bei denen der Endkunde typischerweise meist noch nicht einmal den Produkt- und Hersteller-Namen kennt. Die Auswahl treffen die Einkäufer der Kliniken oder die Chirurgen – wie zu hören ist durchaus auch unter Kostengesichtspunkten. Der Patient muss ihnen vertrauen. So war es naheliegend, dass auch massenhaft Frauen in Alarmstimmung waren, die Silikonprodukte seriöser Hersteller implantiert bekommen hatten – dies aber eben so wenig wussten wie die PIP-Opfer.

Ein Automatismus bei großer Verunsicherung ist der Ruf nach schärferen Kontrollen und dem Gesetzgeber. Der übliche Empörungsjournalismus richtete sich dabei bemerkenswerterweise nur wenig gegen den betrügerischen Hersteller. Vielmehr bekommen die Behörden den medialen Druck zu spüren. Und die ganze Branche wurde unter Generalverdacht gestellt. Weil es in den Monaten und Jahren zuvor auch bei »echten« medizinischen Implantaten immer wieder zu Auffälligkeiten kam, beispielsweise gebrochene Hüft- und Kniegelenke, wurde das Zulassungsverfahren für Medizinprodukte generell für unzureichend erklärt. Dabei gibt es komplizierte Zulassungsregeln, die zwar anders als die von Arzneimitteln sind, aber im Ergebnis nicht weniger streng. Zu kompliziert für kurze Sendezeiten.

Grund genug, für den Bundesverband Medizintechnik (BVMed) in die Kommunikation einzugreifen. Anstelle von Rechtfertigungen und komplizierten Erklärungsversuchen setzte der Verband auf die richtige Mischung aus Verständnis und Empathie für die Betroffenen und verständlich formulierten Lösungsvorschlägen. Grundsätzlich nimmt die Verlagerung einer kritischen Diskussion auf Verbandsebene einzelne Betriebe aus der Schusslinie.

Aber auch die nötige Portion Selbstkritik fehlt in diesem Fall nicht. Bei einem Kommunikationskongress redete der Verband seinen Mitgliedern zu dem Thema ins Gewissen, die eigenen Marketingaussagen zu überdenken: »Solange die Menschen die Erwartungshaltung haben, ein Implantat sei ein Ersatzteil wie etwa ein Kotflügel für ein Auto, fehlt es am nötigen Risikobewusstsein«.

Nicht jeder muss jeden Fehler selbst begehen

Produktkrisen sind vom Weltkonzern bis zum Mittelständler oder einer ganzen Branche möglich. Und täglich gibt es neue Fälle. Spektakuläre und weniger aufsehenerregende. Sie alle sind lehrreich, wenn es gilt, Schaden von der eigenen Organisation abzuwenden. Schließlich muss nicht jeder jeden Fehler selbst einmal begangen haben, um zu lernen …

11 Finanzkrise

Vertrauen und Glaubwürdigkeit – das sind Kernelemente unseres Wirtschaftssystems: Wem man nicht vertraut, dem gibt man keine Kredite und mit dem macht man keine Geschäfte. Wer nicht glaubwürdig darstellen kann, dass er Verpflichtungen zuverlässig bedient, Verträge erfüllt und Vorgaben einhält, der wird schnell zum Außenseiter des Wirtschaftslebens. Anders gesagt: Wenn der Investor nicht darauf vertrauen kann, sein Geld in angemessener Zeit und mit lohnender Verzinsung wiederzubekommen, wird er sein Kapital nicht anlegen, sondern im privaten Sparstrumpf horten.

Vertrauen – das Grundelement der Wirtschaft

Kauf- und Verkaufsentscheidungen an der Börse sind Ausdruck von Erwartungen und Prognosen – der Verkäufer erwartet, dass die anderen Börsenteilnehmer ihre Papiere in absehbarer Zeit ebenfalls verkaufen werden und hofft, das als einer der Ersten gemerkt zu haben. Der Käufer wiederum meint, dass das entsprechende Papier in der Zukunft mehr gefragt sein wird als derzeit – und hofft ebenfalls, als einer der Ersten darauf aufmerksam geworden zu sein. Der Wert eines gehandelten Papiers bestimmt sich also maßgeblich aus der Summe der Prognosen aller Börsenteilnehmer. Aber er richtet sich auch nach dem Vertrauen, das Verkäufer und Käufer in ihre Informationen und somit in die Treffsicherheit ihrer Prognosen haben (können).

Ein solches System ist extrem sensibel für minimale seismische Störungen: Beim kleinsten Anzeichen von negativer wirtschaftlicher Entwicklung verkaufen die ersten Anleger ihre Papiere, signalisieren damit einen Mangel an Vertrauen und lösen ggf. eine Kettenreaktion aus, die dann zum Zusammenbruch von Aktienkursen führt. Der Verlust von Vertrauen ist insbesondere für die Banken der Dolchstoß: Müssen die Anleger fürchten, ihre Gelder nicht zurückzubekommen, werden sie ihr Kapital unverzüglich von diesem Finanzinstitut zurückfordern. Unter besonders ungünstigen Umständen kommt es zum »Bank Run«, bei dem die Privatkunden den Geldinstituten die Türen einrennen, um ihr Erspartes noch rechtzeitig vor der vermeintlich drohenden Insolvenz der Bank zurückzubekommen. Allein der Glaube an den bevorstehenden Bankrott löst diesen dann tatsächlich aus.

Umgekehrt kann auch übermäßiges Vertrauen Krisen auslösen: Als in den späten Neunzigern der Glaube an die Möglichkeiten des Internets ins Unermessliche wuchs, stiegen die Börsenkurse am sogenannten Neuen Markt ins Astronomische. Eine Blase entstand, die im März 2000 schließlich platzte, viele Anleger verloren ihr Geld. Blindes Vertrauen hatte die völlige Überbewertung von Unternehmenswerten ausgelöst. Die Folgen sind teilweise noch heute spürbar, Technologiewerten und -innovationen wird nach wie vor mit Zurückhaltung und Skepsis begegnet.

Die Finanzkrise ist eine Vertrauenskrise

Vor diesem Hintergrund ist die Finanzkrise 2008 (auch »Subprime-Krise« oder »Credit Crunch«) ein Musterbeispiel für eine Vertrauenskrise, die zum Börsencrash führt: Das Übermaß an Vertrauen (man könnte auch von Gier gepaart mit Größenwahn sprechen) in die eigenen Finanzprodukte und die eigene Unfehlbarkeit führt zu einem Außerkraftsetzen von wirtschaftlichen Grundregeln – in großem Stil werden Kredite an eigentlich kreditunfähige Debitoren vergeben, das Risiko in dubioser Weise verbrieft und auf undurchsichtigen Wegen weitergegeben.

Als das Unvermeidliche eintritt und eine Lawine von Privatinsolvenzen über die beteiligten Banken hereinbricht, gerät das gesamte Bankensystem aus den Fugen. Durch den diversifizierten weltweiten Weiterverkauf von irrtümlich als »sicher« (»AAA«) eingestuften Risikopapieren bricht das Vertrauen in die Kreditwürdigkeit des jeweiligen Geschäftspartners zusammen: Niemand weiß, inwieweit sein Gegenüber »faule Papiere« im Portfolio hat – Informationen sind bestenfalls unvollständig bzw. gar nicht erhältlich.

In dieser allgemeinen Vertrauenskrise kommt das Kreditgeschäft zum Erliegen und die Zahlungsflüsse weltweit zum Stillstand. Nachdem die nationalen Regierungen milliardenschwere Rettungsfonds für das Bankenwesen auflegen, stehen die Banker auch noch als »Schmarotzer« und »Zocker« da, die nun mit Steuergeldern des »kleinen Mannes« vor dem selbst verschuldeten Ruin bewahrt werden müssen. Nach dem »Finanz-Klima Index 2012« des Finanzportals United Signals haben 64 Prozent der Bundesbürger kein Vertrauen mehr in ihren Bankberater.

Interventionsmerkmal: glaubhafter Neuanfang

Börsenkurse, Zahlenkolonnen und Jahresabschlüsse haben für die meisten Menschen ungefähr den Sexappeal von Seewettermeldungen und interessierten lange nur einen kleinen Kreis. Das änderte sich mit der Dotcom-Blase der Neunziger und dem Einstieg vieler Kleinanleger ins Börsengeschäft. Plötzlich wurden Aktienkurse und Jahresabschlüsse für eine größere Zielgruppe relevant. Folgerichtig hat die Wirtschaftsberichterstattung deutlich an Gewicht und Raum gewonnen und einen festen Platz in den täglichen Nachrichtensendungen. Dabei unterlag sie den gleichen Trends wie alle anderen Meldungen: Es wurde personalisiert und negativiert.

In den Boom-Jahren der Neunziger wurden die Vorstände einiger DAX-Unternehmen gefeiert wie Popstars. Mit dem Einbruch der Kurse verwandelte sich die Bewunderung in Häme. Ron Sommer, Jürgen Schrempp oder Josef Ackermann wurden öffentlich diskreditiert und zu Buhmännern gemacht. Eine solche Berichterstattung verstellte den kritischen Blick auf die tatsächliche Wirtschaftssituation. Und auch für die Wirtschaftsnachrichten gilt: Nur Sensationen und Horrormeldungen verkaufen sich gut. Wenn also die Möglichkeit besteht, dass die Börse zusammenbricht und viele Anleger ihr Erspartes verlieren, dann ist das eine Nachricht wert. Negativierung und Personalisierung führen dazu, dass dramatisiert und zugespitzt wird. In einem so sensiblen Umfeld kann dies aber die Krise erst heraufbeschwören.

Anfangs verstanden auch die meisten Journalisten die Mechanismen hinter der Finanzkrise nicht, sparten aber nicht mit drastischen Metaphern: Da wurde das »weltwirtschaftliche Armageddon« (Weltwoche) verkündet oder das »Fegefeuer des Kapitalismus« (Süddeutsche Zeitung) beschworen. Das Ganze wurde mit einem menschlichen Touch versehen: »Tränen und Kistenpacken – Finanzplatz London im Schock« titelte die Wirtschaftswoche im September 2008, die Süddeutsche unkte ein Jahr später »Zu grelles Licht am Ende des Tunnels«. Anhand individueller Schicksale vornehmlich deutscher Rentner, die durch Lehman-Zertifikate ihre Ersparnisse verloren hatten, wurden Betroffenheit und Empörung geschürt.

Die Krise wurde vermehrt als Ausdruck eines Systemfehlers gedeutet, Banken waren diskreditiert. In dieser Situation stellten sich vor allem zwei Fragen:

- Wie gewinnt man Glaubwürdigkeit und Vertrauen nach so einer fundamentalen Krise zurück?
- Wie kann man nach so einem Einbruch kommunizieren?

Vorgehensweise: Transparenz und externe Expertise

Nach der operativen Bewältigung der akuten Krise, die in Teilen durch Steuergelder der ohnehin schon geschröpften Verbraucher finanziert wurde, standen und stehen die Geldinstitute vor der schwierigen Aufgabe, ihr völlig ruiniertes Image neu aufzubauen und sich (wieder) als solide Partner in Finanzfragen zu positionieren. Doch wie kann das nach einem von der Öffentlichkeit mit solcher Häme verfolgten Absturz geschehen?

Es sind vor allem fünf Merkmale, die in einer solchen Glaubwürdigkeitskrise über den Erfolg des Neuanfangs bestimmen:

Checkliste: Erfolgreicher Neuanfang
1. Kooperation mit dem Regulierer von außen
2. Nachhaltiger Aufbau der Transparenz nach außen
3. Unabhängige Zertifizierung durch Externe
4. Glaubwürdigkeit durch gesellschaftliches Engagement
5. Kommunikativer Neubeginn

Merkmal: Kooperation mit den Behörden

Auf dem Höhepunkt der Finanzkrise wurde von allen Seiten eine stärkere Regulierung der Finanzmärkte gefordert. Die G20, die EU, die US-Regierung, aber auch Stimmen bei IWF und Weltbank forderten eine größere Überwachung des Finanzsektors sowie schärfere Bestimmungen für den Interbankenhandel sowie die Eigenkapitalquoten der Geldhäuser. Ende Dezember 2010 kündigte Verbraucherministerin Ilse Aigner sogar an, die Beratungsqualität von Banken zukünftig durch verdeckte Ermittler (»mystery shopping«) überprüfen lassen zu wollen. Viele der damaligen Vorschläge waren mit zu heißer Nadel gestrickt, wenig hat diese erste Phase operativer Hektik überlebt.

Dennoch, egal, wie realistisch die Ideen zur Begrenzung der Handlungsspielräume der Banken auch gewesen sein mögen: Wer in einer derartig tiefen Vertrauenskrise steckt wie die Geldinstitute auf dem Höhepunkt der Finanzkrise, hat keine Wahl. Er muss grundsätzlich mit den potenziellen Regulierern kooperieren und sich offen für staatliche Überprüfung zeigen. Diese Kooperation kann zweierlei zeigen: Entweder sie wird interpretiert als »Wir haben nichts zu verbergen« oder aber sie wird als reuiges Zeichen von Sühne nach Verfehlung gedeutet im Sinne von »Wir haben verstanden und aus unseren Fehlern gelernt«. Beides kann – den völligen Ruin des öffentlichen Ansehens vorausgesetzt – in dieser Situation nur hilfreich sein. Wer sich hingegen als Betroffener jetzt weigert zu kooperieren und die Notwendigkeit zur Regulierung bestreitet, wird als unverbesserlich eingestuft und sehr schnell von der »Charme-Offensive« der Wettbewerber überrollt werden.

Merkmal: maximal mögliche Transparenz

In einer Situation völligen Vertrauensverlustes ist es für den überzeugenden Neuanfang wichtig, Transparenz und Offenheit zu demonstrieren. Im Bankensektor gibt es hier folgende Ansatzpunkte:

- Offenlegung der Beteiligungsverhältnisse und Portfolio-Strukturen,
- Veröffentlichung von Gehältern und Bonussystemen,
- transparente Beratung,
- Erreichbarkeit und Ansprechbarkeit auch der Führungsebene.

Ein Hauptgrund für den Zusammenbruch des Interbankenhandels auf dem Höhepunkt der Finanzkrise war, dass niemand mehr sicher sein konnte, nicht auch selbst faule Kredite – geschickt verbrieft und durch falsche AAA-Rankings überbewertet – im Portfolio zu haben. Diese allgemeine Unsicherheit führte zum Generalverdacht gegen alle Banken, die Finanzströme kamen zum Stillstand. Hier könnte eine Offenlegung von Portfolio-Strukturen, Risikobewertungen und Beteiligungen eine wichtige vertrauensbildende Maßnahme sein. Ein weiterer Angriffspunkt in der öffentlichen Empörung waren die Gehälter und Boni, welche die Banker sogar noch während der Finanzkrise bekamen: Die Medien diskutierten »Verdienen sie, was sie verdienen?« – die Gehaltsstruktur und außerplanmäßige Bonuszahlungen wurden zum allgemeinen Medien-Aufreger. Somit ist auch die Darstellung von Anreiz- und Bonussystemen (zumindest ansatzweise) sowie die Klarstellung, dass Produktabschlüsse nicht automatisch provisioniert werden, für enttäuschte Kunden vertrauensbildend. Der politisch zuständige Wirtschaftsminister forderte denn auch mehr Informationspflichten der Banken gegenüber den Kunden und eine bindende Selbstverpflichtung in Bezug auf Provisionen.

Und schließlich waren es der Vertriebsdruck und die hohe Provisionierung, die dazu führten, dass völlig unbedarften, vertrauensseligen Kunden – insbesondere älteren Menschen – extrem risikobehaftete Anlageprodukte verkauft wurden. Vielen Kunden wurde erst durch die Berichterstattung über derartige Fälle klar, dass Sparpläne und Fonds heute ganz normale Produkte sind, die von reinen Verkäufern (die sich eben nur »Berater« nennen) vertrieben werden. Bis dahin waren viele vor allem ältere Kunden davon ausgegangen, dass Bankberater ergebnisoffen das finanzielle Wohl der Kunden im Blick hätten, wenn sie Finanzstrategien für sie erarbeiten. Hier haben die Banken sehr viel Vertrauen verspielt. Für einen glaubwürdigen Neuanfang ist die Qualitätssicherung der Beratung ein ganz entscheidender Punkt.

Herbert Walter, der ehemalige Vorstandsvorsitzender der Dresdner Bank, vertritt die Auffassung, dass Banken kurzfristig auf Gewinne verzichten müssen, um ihre Kunden langfristig an sich binden zu können. In einem Beitrag für die ZEIT forderte er eine neue Beratungskultur im Bankensektor mit drei Kernelementen:

- Transparenz,
- Offenheit,
- Ehrlichkeit.

Sein Vorschlag: unabhängige, ergebnisoffene Beratung gegen Honorar, der der Verkauf eines Finanzproduktes folgen kann, aber nicht zwingend muss.

Merkmal: unabhängige externe Zertifizierung

Wenn die eigene Glaubwürdigkeit gelitten hat, ist es wichtig, externe, in der Öffentlichkeit vertrauenswürdige Stellen für sich zu gewinnen und Aussagen machen zu lassen (»Testimonials«). Die Bestätigung der eigenen Qualität durch eine neutrale Institution kann helfen, Vertrauen zurückzugewinnen.

Im Sommer 2010 wurden so auf Veranlassung der EU 91 große Banken und Sparkassen einem europaweiten Stresstest unterzogen. Erstes Ziel war es herauszufinden, inwieweit die großen Institute für wirtschaftliche Turbulenzen gerüstet sind. Zweites Ziel war aber auch, das Vertrauen in die Krisensicherheit des europäischen Bankenwesens wiederherzustellen, denn zum ersten Mal in der Geschichte derartiger Tests wurden die Ergebnisse veröffentlicht. Insbesondere die spanische Regierung hatte sich für den Test eingesetzt: Spanien stand (und steht nach wie vor) wie kaum ein anderes europäisches Land unter dem Druck der Finanzmärkte – die Anleger bezweifeln die Solidität spanischer Anleihen, nachdem eine gigantische Immobilienblase im Inland geplatzt ist. Im Juni 2012 schließlich muss nach Griechenland auch Spanien unter den Milliarden schweren sogenannten EU-Rettungsschirm flüchten. Der Stresstest bot für die spanische Regierung die Möglichkeit, offen und transparent, unter Einbeziehung externer Garanten wie der EU-Behörden, die Leistungsfähigkeit der spanischen Kreditinstitute zu demonstrieren. Mit übrigens gemischtem Erfolg für die Spanier: Beim Stresstest fielen fünf der getesteten Sparkassen durch – mehr als in Deutschland (hier war es die HRE) oder in Griechenland (wo auch nur eine Bank durchfiel).

Eine derartige Gelegenheit ist natürlich ein Sonderfall – nicht immer bieten staatliche Interventionen die Möglichkeit, sich zertifizieren zu lassen. Aber kleinere Gütesiegel, Prüfzeichen oder auch TÜV-Zertifizierungen dienen mindestens ebenso der Wiedererlangung von Glaubwürdigkeit. Nicht umsonst werben die Banken nach der Finanzkrise mit allerlei Gütesiegeln, Schutzbriefen und Auszeichnungen:

- Volksbank: »Gütesiegel Vertrauen in die Hausbank«, »Gütesiegel Bank mit dem besten Ansehen«,
- Sparkasse: »Gütesiegel für Ertragsdepot der Sparkasse«,

- Commerzbank: »Eigenheimkredit mit Verkaufsschutz«,
- Deutsche Bank: »Bank des Jahres 2010«.

Glaubwürdigkeit durch verantwortliches Handeln

Die Banken erlitten durch die Finanzkrise nicht nur finanzielle und Image-Schäden, sie wurden in der öffentlichen Diskussion auch als egoistische »Schmarotzer« dargestellt, deren riskantes Spiel die Weltwirtschaft an den Rand des Abgrunds gebracht hatte. Ein solches Image-Desaster ist schwer wieder wett zu machen. Hier kann die Demonstration von verantwortlichem Handeln auf anderen Feldern zu neuer Glaubwürdigkeit verhelfen:

- *Umweltschutz:* Die Deutsche Bank z. B. hat die Büro-Tower ihrer Frankfurter Zentrale zu »Green Towers«, d. h. extrem energieeffizienten Gebäuden gemacht. Sogar die Adresse wurde geändert und lautet jetzt auf »Green Towers«.
- *Soziale Projekte:* So hat beispielsweise die Targobank (ehemals Citibank) unter dem Titel »Fit für die Wirtschaft« ein Bildungsprogramm für Schüler der 8. und 9. Klassen zum Thema Wirtschaft aufgelegt.
- *Sponsoring:* Hier bieten sich die Bereiche Kultur und Sport an. Viele Unternehmen sponsern Teams in verschiedenen Sportarten, so z. B. die Sparkassen, die sich im Sport und besonders im Umfeld Olympia engagieren.
- *Entwicklungshilfe:* Die Deutsche Bank z. B. engagiert sich im Bereich Mikrokredite

Ein Unternehmen, das sich glaubwürdig und vor allem auch langfristig konsequent in einem oder mehreren der genannten Bereiche engagiert, schafft positive Kommunikationsanlässe und kann auf diese Weise einmal verspieltes Vertrauen stückweise zurückgewinnen. Allerdings ist der Weg zum Vorwurf des Greenwashing nicht weit. Insofern ist Augenmaß und die Beantwortung einer Reihe von Fragen am Beginn eines Projektes unvermeidbar:

- Welchen Reputationsschaden hat Ihr Unternehmen durch die Krise erlitten?
- In welchen Stakeholdergruppen haben Sie den stärksten Vertrauensverlust erlitten?
- Welche Bedürfnisse müssen erfüllt sein, dass ein Projekt diesen Vertrauensverlust reduziert?
- Welche Ziele sollen zusätzlich mit dem Engagement erreicht werden?
- Welche Kernkompetenzen können Sie einbringen, um nach einer Krise wieder Glaubwürdigkeit zurückzuerhalten?
- Ist das geplante Engagement mit dem Kerngeschäft Ihres Unternehmens kompatibel?

- Können interne und externe Stakeholder an der Entscheidungsfindung teilhaben?
- Möchten Sie eine Partnerschaft mit einer gemeinnützigen Organisation aufsetzen?
- Kann diese Partnerschaft einen positiven Imagetransfer herstellen, der den Vertrauensverlust reduziert?
- Wie umfangreich soll die interne und externe Kommunikation sein (oder ist es besser, das Projekt durch Stakeholder »entdecken« zu lassen)?

Merkmal: neue Werte in der Kommunikation

Entscheidend für den Erfolg des Neuanfangs ist die Ausrichtung der Kommunikation. Die gesamte Kommunikation – intern und extern – muss auf die neuen Werte und Inhalte (Transparenz, Verantwortung, Zertifizierung) abgestimmt werden. Folgende Elemente gilt es zu bedenken:

- Wort- und Bildwahl (»Wording«),
- Corporate Design

Wenn ein Unternehmen einen Neuanfang versucht, sollte sich das selbstverständlich in der gesamten Wort- und Bildwahl (»Wording«) des Auftritts widerspiegeln. Transparenz, Offenheit, Verantwortung – diese Themen sollten im kommunikativen Auftritt immer wieder erscheinen und dann auch gelebt werden. So kommuniziert die Commerzbank z. B. direkt mit »Einfach, transparent, fair«, Comdirect mit »Kompetent, transparent, unabhängig« und die Volksbank etwas verklausulierter mit »Wir führen Sie nicht aufs Glatteis!«. Möchte man sich angesichts der überstandenen Krise von unsoliden Geschäftspraktiken kommunikativ distanzieren bzw. die eigene Verlässlichkeit besonders betonen, muss man die Werte Zuverlässigkeit, Stärke und Tradition bedienen. Hiermit treten z. B. die Deutsche Bank (»Investieren Sie in etwas Greifbares«) oder die Sparkasse humorig mit »Ist Ihre Bank weg? Dann kommen Sie doch zu uns« auf. Generell beschwören die Banken ihre eigene lange Tradition (»seit 200 Jahren Ihre Bank«), um als solide Marktteilnehmer erneut Vertrauen zu erringen.

Ebenfalls eine Rolle spielt eine Veränderung des Corporate Designs: Bei der Übernahme der Dresdner durch die Commerzbank wurde ein neues Corporate Design geschaffen, das die beiden Traditionsmarken erhalten soll. Ganz bewusst hat man darauf verzichtet, einen neuen Auftritt zu kreieren – was man zu anderen Zeiten vielleicht als Aufbruchssignal verstanden und getan hätte. Der neue Auftritt kombiniert das Markenzeichen der Dresdner Bank mit den Farben der Commerzbank. Im Begleittext dazu wird ganz deutlich auf die Erhaltung der Tradition beider Bankhäuser abgehoben.

Entscheidend für die Kommunikation der neuen Werte nach außen sind die Mitarbeiter: Sie müssen den Kunden gegenüber glaubhaft für einen Neuanfang stehen. Dies dürfte nicht immer einfach sein. Ein Bankberater, der seinen Kunden noch vor einem halben Jahr voller Überzeugung Lehman-Papiere verkauft hat, kann jetzt nur schwer vermitteln, warum seine Beratung nun qualitativ besser und vertrauenswürdiger sein soll. Hier muss das Personal unbedingt geschult werden, da es der erste Botschafter der Bank nach außen ist. Wenn hier nicht authentisch kommuniziert wird, sind die anderen Bemühungen zum Scheitern verurteilt.

Häufige Fehler

Alle diese Maßnahmen zusammen führen zu einem Erstarken des Vertrauens. Allerdings nur, wenn bei kritischen Fragen nicht wieder der »Wegduckreflex« einsetzt. Gerade im Zusammenhang mit der Finanzkrise ist viel über die Fehler der Beteiligten diskutiert worden. Es ist natürlich nicht besonders vertrauensbildend, wenn die Mitarbeiter von großen Geldinstituten auch im Krisenjahr hohe Bonuszahlungen bekommen. Da zählt es nicht, was branchenüblich oder berechtigt sein mag – es zählen die negativen Schlagzeilen von den »gierigen Bankern«, die sich »schon wieder bereichern«, während der Steuerzahler auf Jahrzehnte hinaus die »Zeche zahlen« muss.

Ähnlich unglücklich ist die Kommunikation der Deutschen Bank auf dem Höhepunkt der Finanzkrise zu bewerten: Das Beharren darauf, selbst keine Hilfen in Anspruch nehmen zu müssen, diskreditierte diejenigen Marktteilnehmer, die Mittel aus dem Rettungsfonds erhielten als Versager. Im Nachhinein muss man dies als krisenverschärfend bewerten, weil es die Wettbewerber behinderte, die Finanzhilfen der Bundesregierung anzunehmen.

Ebenfalls hinderlich beim Neubeginn ist es, wenn bei augenscheinlichem Ende der Krise noch nicht alle Negativfakten bekannt waren. In einem solchen Fall können noch während des Neuanfangs immer wieder neue Nachrichten über alte Sachverhalte den glaubwürdigen Neubeginn konterkarieren.

Praxisbeispiel: die Lehmann-Pleite

Bereits im Frühjahr 2008 war Insidern klar, dass das Geschäft mit Hauskrediten in den USA wackelte und kurz vor dem Zusammenbruch stand. Lehman Brothers als einer der Hauptplayer des amerikanischen Bankensektors war maßgeblich betroffen vom zunehmenden Platzen von »subprime« Hypothekenverträgen mit eigentlich kreditunwürdigen Schuldnern.

Doch erst im September 2008 gewann die Entwicklung eine nicht mehr zu bremsende Dynamik: Lehman Brothers erwartete bereits 3,9 Milliarden US-Dollar Verlust allein für das dritte Quartal des Jahres. Verkaufsbemühungen führten nicht zum Erfolg.

Zwei Tage später rief Finanzminister Henry Paulson ein allerhöchstes Krisentreffen ein. Doch nachdem die amerikanische Regierung mit Bear Stearns, Fannie Mae und Freddie Mac drei Großbanken gestützt hatte, konnte der republikanische Minister so kurz vor den Wahlen keine weitere interventionistische Entscheidung treffen. Am 14. 9. ist erstmals auch von einer Insolvenz von Lehman Brothers die Rede, auch wenn niemand die Anwesenheit des Insolvenzverwalters für notwendig erachtet. Schließlich entscheidet die US-Regierung, Lehman Brothers nicht zu stützen und pleitegehen zu lassen. Wenn die anderen Marktteilnehmer keine gemeinsame Lösung finden, wird der Staat der Bank nicht zur Hilfe kommen. Diese Entscheidung ist extrem folgenreich und gilt vielen heute als eklatanter Fehler: Lehman ist systemrelevant für das Finanzwesen der USA.

Als die Bank am 15. September Insolvenz beantragt, kommt es zur Kettenreaktion: Zum einen stürzt natürlich der Kurs von Lehman ins Bodenlose, 700 Milliarden US-Dollar werden innerhalb weniger Stunden an der US-Börse vernichtet, fast 25 000 Mitarbeiter verlieren in den kommenden Tagen ihre Jobs. Weltweit bedeutender und für die sich nun entwickelnde Krise maßgeblich aber ist, dass plötzlich keine Bank mehr sicher scheint:

Das Vertrauen in die Banken, ihre Eigenkapitalquoten und ihre Kreditwürdigkeit geht völlig verloren. Niemand weiß, ob und wenn ja welche Bank als nächste faule Kredite zugeben muss. Angesichts dieser dramatischen Vertrauenskrise kommt der gesamte Interbankenhandel weltweit zum Erliegen. Die Krise des amerikanischen Immobiliensektors weitet sich aus zur weltweiten Finanzkrise. Lehman allein hinterließ einen Schuldenberg von rund 200 Milliarden US-Dollar, etwa 40 000 Anleger verloren allein bei Lehman 700 Millionen Euro. Die bewusste Nicht-Rettung von Lehman machte deutlich, dass keine Bank sicher ist, und unterminierte maßgeblich das Vertrauen in die Finanzmärkte.

Praxisbeispiel: Hypo Real Estate

Unmittelbar in den Strudel der Lehman-Pleite hineingezogen wird die deutsche Hypo Real Estate Bank (HRE). Sie ist über eine irische Tochter unmittelbar betroffen. Zwei Wochen nach der Lehmann-Pleite wird bekannt, dass die HRE ebenfalls von der Insolvenz bedroht ist.

Bereits einen Tag nach der Information findet ein Spitzentreffen zwischen Jochen Sanio, dem Präsidenten der Bundesanstalt für Finanzdienstleistungsaufsicht, Finanzminister Peer Steinbrück, den Vorstandsvorsitzenden von Commerzbank und Deutscher Bank, Martin Blessing und Josef Ackermann sowie Klaus-Peter Müller vom Bundesverband deutscher Banken statt.

Man einigt sich darauf, der HRE eine Ausfallbürgschaft zur Verfügung zu stellen, das »Rettungspaket«, in Höhe von insgesamt 35 Milliarden Euro. Die deutsche Regierung erklärt sich bereit, die HRE mit bis zu 26,6 Milliarden zu stützen. Dieses Rettungspaket wird wenige Wochen später um weitere 15 Milliarden Euro aufgestockt. In den folgenden Wochen und Monaten wird dieses Rettungspaket immer weiter aufgestockt und schließlich auch anderen Geldinstituten angeboten.

Durch die Entscheidung der Bundesregierung, die HRE zu retten und nicht in die Insolvenz gehen zu lassen, wurde das Vertrauen in das deutsche bzw. europäische Finanzwesen maximal möglich erhalten.

Zwar geriet Europa in den Strudel der Ereignisse um den amerikanischen Markt, große heimische Bankpleiten aber blieben aus.

Die Anleger behielten ihr Geld, Rentenfonds und Pensionen blieben sicher.

Ein Neubeginn nach Image-Desaster kann nur gelingen, wenn mehrere Elemente zusammenspielen und der ganze Prozess von Authentizität und Transparenz gekennzeichnet ist. Die Finanzkrise allerdings ist längst nicht überwunden. Nicht nur die horrenden Lasten, die auf den öffentlichen Haushalten als Folge der Konjunktur- und Rettungsfonds liegen, auch das grundsätzliche Misstrauen im Interbankenhandel bzw. die Unsicherheit bezüglich anstehender Regulierungen prägen die wirtschaftliche Situation. Das Vertrauen in »berechenbare Rahmenbedingungen« scheint nachhaltig erschüttert.

12 Internationale Krise

Stellt das Eintreten des Ernstfalles für Unternehmen bereits eine Sondersituation dar, so potenziert eine internationale Krise die Anforderungen an das Krisenmanagement einer Organisation. Mitarbeiter an verschiedenen Standorten, Journalisten aus den unterschiedlichen Ländern oder Kunden in aller Welt – die Zielgruppen für den Ernstfall können geografisch breit verstreut sein. Das bedeutet, dass gleichzeitig auch die unterschiedlichsten nationalen und damit kulturellen Kommunikationsanforderungen aufeinander treffen können. Damit nicht genug, bieten internationale Krisen auch per se einen hohen Nachrichtenwert für die Medien.

Verstärkung und Beschleunigung erfährt die internationale Krisenkommunikation durch das Internet. Lokale Krisensituationen können blitzschnell die Ländergrenzen überschreiten und sich zu einem globalen Problem für das Unternehmen entwickeln. Krisen lassen sich heutzutage kaum mehr auf eine nationale Ebene beschränken. Das musste auch die Administration der Sonderwirtschaftszone Hongkong schmerzlich erkennen. Anstatt internationale Risikokommunikation in den Zeiten des SARS-Ausbruchs zu betreiben, wurde im Jahr 2003 eine Werbekampagne in den britischen Medien geschaltet: Der Slogan warb für die von einer ansteckenden Lungenkrankheit gebeutelte Stadt mit »Hong Kong will take your breath away«. Es liegt auf der Hand, dass diese Kampagne dem Imageaufbau der asiatischen Metropole in keiner Weise zuträglich war, sondern das Image noch mehr demontierte.

Markantes Interventionsmerkmal: Steuerung und Business Continuity

Insbesondere im Krisenfall kann sich eine professionelle internationale Kommunikation zum entscheidenden Erfolgsfaktor entwickeln, um die Handlungsfähigkeit einer Organisation, ihre Steuerung und die Business Continuity zu gewährleisten – über die Ländergrenzen hinweg. Das zeigte der Chemiekonzern BASF, als in Hongkong eine BASF-Sekretärin an der Lungenkrankheit SARS erkrankte, und zwar ausgerechnet am Wochenende. Die interne Krisenkommunikation lief dennoch optimal: Bereits am Montag waren alle 250 Mitarbeiter informiert. Um eine Weitergabe der Erreger zu vermeiden, blieben die 20 engsten Kollegen der Infizierten vorsorglich zu Hause. Das professionelle Vorgehen war kein Zufall, denn der Konzern unterhält ein weltweites Krisenkommunikationssystem: Auf jedem Auslandsposten sitzt ein Kommunikationsexperte mit Krisenkompetenz. Wer, wann, wo eingesetzt wird und was nach draußen dringen darf, steht in einem umfassenden Krisenhandbuch. Tritt irgendwo auf der Welt der Ernstfall ein, sind rund um die Uhr drei Leute erreichbar. Das Ziel: In nur 30 Minuten soll der Krisenstab einsatzbereit sein, spätestens eine Stunde nach dem Ereignis wird die erste Pressemitteilung verschickt.

Vorgehensweise

Auch für internationale Krisen gilt: klare, transparente Strukturen, eindeutige Berichtswege, definierte Freigabeprozesse und verbindliche Kommunikationsregeln. Verantwortlichkeiten müssen zweifelsfrei zuzuordnen sein. Das wesentliche Merkmal jedoch ist, dass sich die gesamte Kommunikation im Krisenfall über Ländergrenzen hinweg bewegt. Strategie, Instrumente und Maßnahmen müssen grenzüberschreitend geplant und gesteuert werden. Unterschiedliche Zeitzonen berücksichtigt, Arbeitsabläufe und Organisationsprozesse länderübergreifend abgestimmt werden. Und Mitarbeiter aus verschiedenen Ländern müssen einbezogen werden, und zwar – immer! – unter Berücksichtigung nationaler und kultureller Besonderheiten. Schließlich variieren politische, rechtliche, ökonomische, technologische und soziokulturelle Rahmenbedingungen von Land zu Land. Selbst die Sozialen Netzwerke haben länderspezifische Facetten und bergen kulturelle Unterschiede. Die Kommunikation in der Krise wird fast immer globalisiert und lokalisiert zugleich erfolgen müssen.

Wie die Unternehmen diese Balance – zwischen einer globalen Steuerung und einer lokalen Flexibilität – gewährleisten, das hängt in erste Linie von ihrer Organisationsstruktur ab. Ein internationaler Konzern mit Headquarter in den USA und Niederlassungen weltweit, kann seine lokalen Mitarbeiter vor Ort als »Botschafter« in die Krisenkommunikation einbinden. Ganz anders sieht es bei einem typisch deutschen Mittelständler aus, der im Ausland produzieren lässt. Hier muss im Krisenfall als erster Schritt meist erst einmal eine grenzüberschreitende Kommunikationsstruktur aufgebaut werden. Am besten geschieht dies unter Hilfe von externen weltweit vernetzten und erfahrenen Krisenberatern mit entsprechendem internationalen Background und einem breiten Fundus an Fähigkeiten, die auch die digitale Welt umschließen.

Eine der zentralen Herausforderungen besteht darin, zu klären, wie sich Inhalte über die verschiedenen Grenzen transportieren lassen. Wo muss differenziert, wo kann globalisiert und wo stark lokalisiert werden? Heutzutage richten sich die meisten Unternehmen nach dem Motto: »As global as possible, as local as necessary«. Eine globale Steuerung, bei der eine zentrale Planung in jedem Land gleich umgesetzt wird, wird verbunden mit der lokalen Steuerung der PR, bei der die Umsetzung vor Ort dem jeweiligen Land maßgeschneidert angepasst wird. Natürlich immer mit dem Hintergrund, ein möglichst geschlossenes Bild der Organisation im Krisenfall zu vermitteln – hinsichtlich Medien, Mitarbeitern, Kunden oder Aktionären. Im Sinne von »One voice – one company«. Im Optimalfall wird deshalb schon die Krisenprävention gemeinsam mit den unterschiedlichen Ländern geplant und die operative Krisenkommunikation liegt bei den Kommunikationsfachleuten der Länder selbst. Die Koordination erfolgt durch die internationale Zentrale.

Häufige Fehler

Die meisten Fehler in der internationalen Krisenkommunikation passieren, weil versucht wird, bewährte Methoden 1:1 auf ein anderes Land zu übertragen. Doch da lauern Fallstricke. Deshalb müssen folgende Faktoren beachtet werden:

Kulturelle Faktoren. Die kulturellen Fallstricke in der Kommunikation unterscheiden sich natürlich von Land zu Land. Nach einem tödlichen Aufzugsunfall in Tokyo verzichtete der Schweizer Aufzughersteller Schindler auf eine öffentliche Entschuldigung. Denn die Gewährleistung für die betreffende Anlage war längst abgelaufen. In Europa und den USA wäre ein Kommentar des Unternehmens schon aus rechtlichen Gründen nicht möglich gewesen. Ganz anders jedoch in Japan. Hier erwarten die Medien eine offizielle Entschuldigung. Nach neun Tagen wurde der Druck auf Schindler so hoch, dass sich das Unternehmen gezwungen sah, sich öffentlich für ein mangelhaftes Management des Unfalls zu entschuldigen. Dazu muss man wissen: Nach japanischer Traditionen steht eine offizielle Entschuldigung losgelöst von der Schuldfrage am Anfang – noch vor der sachlichen Diskussion über der Unglücksursache.

In den USA hingegen lauert die Gefahr bei »off-the-record«-Aussagen. Auch der US-Notenbankchef musste einsehen, dass er keine Ausnahme bildet. Er sprach bei einer Einladung im Weißen Haus mit einer CNBC-Journalistin über seine Zinspolitik in der Krisenzeit – unter dem Siegel der Vertraulichkeit. Am Folgetag brachte der Fernsehsender Zitate aus dem Hintergrundgespräch. Erhebliche Kursreaktionen an den Börsen waren die Folge.

Unterschiedliche Medienlandschaften. Internationale Krisen betreffen auch die Kommunikation in stark variierenden Medienlandschaften. Sei es durch die jeweiligen Eigentumsverhältnisse in den Medien, das journalistisches Rollenverständnis oder auch die unterschiedlichen Redaktionsmanagement-Systeme. Während sich Journalisten in Deutschland häufig in der Rolle des »Aufklärers« sehen, steht die Presse in China im Dienst der gesellschaftlichen Harmonie. Im Reich der

Mitte steht es Unternehmen frei, Berichterstattungen über die eigene Organisation zu kaufen oder sogar schlechte Nachrichten über den Wettbewerber zu platzieren. Dabei gelten einfache Regeln: Wer besser zahlt, hat die besseren Chancen. Da diese Regeln weitestgehend bekannt sind, verlagert sich die Meinungsbildung unter den Opinion Leadern immer mehr ins Web. Ebenso zählt die Nachricht genauso viel wie ihre »Verpackung«. Aufwendige Inszenierungen von Pressekonferenzen sind wichtig und werden von Journalisten erwartet.

Sprachbarrieren. Wer einem Journalisten in einem anderen Land etwas mitteilen möchte, muss die Landessprache beherrschen. Ein Pressetext kann jedoch nie eins zu eins übersetzt werden. Gerade im Ernstfall kommt es auf jede sprachliche Nuance an. Beispielsweise sollten amerikanische Texte, die aus der Konzernzentrale in den USA kommen, adaptiert und von einem Muttersprachler in die Landessprache übersetzt werden, und zwar in der entsprechenden journalistischen Form. Amerikanische Texte »funktionieren« z. B. in Deutschland in der Regel nicht und können im schlimmsten Fall zu einer völligen Missinterpretation der Geschehnisse führen. Selbst hier in Deutschland werden die Kenntnisse der englischen Sprache schnell überschätzt, wie eine Umfrage ergab. Den Slogan von Mitsubishi »Drive alive« verstanden einige Befragten als Aufforderung zu überleben. Der Automobilhersteller wandelte den Spruch umgehend in das neutrale »Heute. Morgen. Übermorgen« um. Auch der Slogan »Powered by emotion« von SAT1 währte nicht lange. Viele Probanden übersetzten ihn sogar mit dem nationalsozialistischen »Kraft durch Freude«. SAT1 schwenkte lieber um und wählte zwischenzeitlich eine deutsche Lösung: »SAT1 zeigt's allen«. Die Ergebnisse der Umfragen hielten sich übrigens wochenlang in der Presse, halb Deutschland amüsierte sich darüber.

Unterschiedliche Rechtssysteme. Auch hinsichtlich der Rechtsysteme kann es eklatante Unterschiede geben. Allein schon in Europa. So gibt es im Gegensatz zu Deutschland in Großbritannien beispielsweise kein Recht auf eine Gegendarstellung und keinen direkten gesetzlichen Schutz der Privatsphäre. Zeitungen können zwar freiwillig Richtigstellungen drucken, um Prozesse zu vermeiden oder Strafen abzumildern. Doch Opfern bleibt nur die Klage auf Schadensersatz und das auch nur bei Ehrverletzungen. Diese Klage wird in erster Linie nur von denjenigen gewählt, die nicht vor hohen Prozesskosten zurückschrecken.

Risiken internationaler Unternehmenskommunikation

- mangelhafte Abstimmung und Koordination zwischen Zentrale und lokalen Einheiten,
- unterschiedlicher Umgang mit Ressourcen (Personal, Budgets usw.),
- unterschiedliches Verständnis von PR und PR-Instrumenten,
- fehlende Adaption der globalen Krisenkommunikations-Strategie auf lokale Märkte,

- länderspezifische Besonderheiten werden nicht beachtet (Sprache, Kultur, Zeitzonen, Rechtssysteme, Normen und Werte sowie politische Systeme),
- globale Botschaften werden nicht individuell angepasst,
- unterschiedliche Soziale Netzwerke und Userverhalten.

Praxisbeispiel: Schweinegrippe

Oft wird in der Krise eine Zielgruppe sträflich kommunikativ vernachlässigt: die eigenen Mitarbeiter. Wie die interne Kommunikation eine zentrale Stellung in einer internationalen Krise einnehmen kann, zeigen die Reaktionen der Unternehmen auf die Schweinegrippe. Glaubt man den Experten der Weltgesundheitsorganisation (WHO), ist mit großer Wahrscheinlichkeit damit zu rechnen, dass eine weltumspannende Grippewelle – eine so genannte Pandemie – auftritt. Nach Aussagen internationaler Studien würde ein ähnlich gefährlicher Virus, wie er 1918 gewütet hat, das BIP um bis zu 6 Prozent sinken lassen. Doch selbst weniger massive Wellen haben abgesehen vom Leid der Betroffenen massive Auswirkungen – auf Volks- und Betriebswirtschaft.

Natürlich sind bei Pandemien vor allem die Behörden gefordert – und zwar über Landesgrenzen hinweg. Doch auch Unternehmen müssen für den Fall der Fälle gewappnet sein. Tritt eine Pandemie ein, so schätzt man, dass rund 30 Prozent der Bevölkerung betroffen sind. Mitte 2009 rief die WHO erstmalig seit 41 Jahren die höchste Pandemiestufe aus.

Vor allem Unternehmen, die global tätig sind, waren gezwungen, umgehend auf die aktuelle Situation zu reagieren. Insbesondere galt es, die interne Kommunikation zu intensivieren, um Ängste bei den Mitarbeitern abzubauen. In solch einer Krisensituation sollte das oberste Ziel der internen Kommunikation in der Stärkung des Vertrauens der Mitarbeiter zur Unternehmensführung liegen. Es gilt zu zeigen, dass die Führungsebene gut vorbereitet ist und die Situation unter Kontrolle hat. Eine umfassende Aufklärung der Mitarbeiter über Gefahren und Risiken sowie die aktive Einbindung des Personals in die Sicherheitsmaßnahmen sind selbstverständlich ebenso unabdingbar.

Wie Medienberichte zeigten, waren auch fast alle im Dax vertretenen Konzerne vorbereitet. Krisenstäbe waren eingerichtet und Impfstoff gekauft oder zumindest bestellt. So bildete die Deutsche Telekom im April einen »Pandemiegruppe« genannten Krisenstab aus Betriebsärzten, Logistikern und Mitarbeitern von Konzernsicherheit und Kommunikation. Im Zentrum des mehrstufigen Krisenplans des Unternehmens stand die Aufrechterhaltung des Geschäfts. Er folgte weitgehend den Empfehlungen der Weltgesundheitsorganisation. Im Intranet und mit Plakaten klärte der Konzern seine Mitarbeiter über die Risiken auf. Außerdem hatte der hauseigene Krisenstab Desinfektionsstationen aufbauen lassen. 15 000 potenziell gefährdete Außendienstmitarbeiter bekamen Mundschutz, Handschuhe und Desinfektionsmittel.

Praxisbeispiel: Nokia

Wie die Kommunikationsfolgen einer Unternehmensentscheidung in Deutschland vom Headquarter im fernen Finnland komplett falsch eingeschätzt wurden, zeigte die Schließung des Bochumer Nokia-Werkes. Jahrelang verfügte der finnische Konzern über einen tadellosen Ruf als Job-Motor in Nordrhein-Westfalen und als Hersteller solider Handys. Bis zu dem Tag, als der Konzern ankündigte, die Produktion ins billigere Rumänien zu verlegen. »Massenentlassungen in Bochum: Gewerkschaft wirft Nokia blanke Profitgier vor« titelte der Spiegel am 15. Januar 2008. Schnell sprach auch die Politik vor. Peter Struck, damals SPD-Fraktionsvorsitzender im Bundestag: »Ich habe heute mein Büro gebeten, mir ein anderes Handy zu besorgen«, teilte er am 18. Januar der »Bild« mit. Auch Finanzminister Peer Steinbrück bezog Stellung: Die Schließung des Werks sei Ausdruck eines Karawanenkapitalismus. Natürlich fehlte auch der damalige NRW-Landesvater Jürgen Rüttgers nicht. »So kann man mit den Menschen und dem Standort nicht umgehen«, hieß es in einer Mitteilung der nordrhein-westfälischen Staatskanzlei. Innerhalb weniger Stunden entfachte sich ein Sturm der Empörung. Schließlich drohte rund 2.300 Mitarbeitern der Verlust ihres Arbeitsplatzes. Tausende von Mitarbeitern demonstrierten vor den Werkstoren, begleitet von solidarischen Kollegen anderer Betriebe im Ruhrgebiet. Die Demonstrationen liefen durch die gesamte Medienlandschaft, Nokia war in der Defensive.

Die heftigen Proteste überraschten die Finnen und ihre Kommunikationsabteilung in Deutschland. Dabei hätten viele Fehler mit einer professionell international abgestimmten Krisenkommunikation verhindert werden können. Zum einen war der Zeitpunkt der Bekanntgabe, Mitte Januar 2008, denkbar schlecht gewählt. Ende Januar fanden in Hessen und Niedersachsen Wahlen statt. Für die Politiker war ein emotionales Thema wie Arbeitsplatzverlust eine hoch willkommene Selbstinszenierungsmöglichkeit. Zudem gab Nokia wenige Tage vor den Wahlen einen Rekordgewinn von 7,2 Milliarden Euro bekannt. Schwer darzustellen, dass unter diesen Umständen Einsparungen bei den Lohnkosten nötig seien. Zudem wurden regionale Eigenheiten wie die traditionell sehr starke Solidarität im Kampf um Arbeitsplätze im Ruhrgebiet völlig außer Acht gelassen. Völlig ignoriert wurden auch die Mitarbeiter selbst. Sie müssen informiert werden und zwar bevor sie – wie im Fall von Nokia – von ihrem Stellenverlust aus der Zeitung erfahren.

Bis endlich ein Krisenstab gebildet wurde, griffen die Medien das Thema bereits auf ihren Titelseiten auf. Und die ersten wertvollen Tage waren verstrichen, die Meinungsführerschaft verloren. Nokia-Sprecherin Kristina Bohlmann gestand das ein: »Wir sind in den ersten Tagen sicherlich nicht in der Lage gewesen, unsere Botschaften richtig zu platzieren.«

Hinzu kamen weitere, leicht vermeidbare Fettnäpfchen: Die Pressekonferenz, in der die Entscheidung bekannt gegeben wurde, fand nicht am Werksort in Bochum statt, sondern in Düsseldorf. Und dann noch in einem Fünf-Sterne-Hotel, dem »Intercontinental« an der noblen Königsallee. Eine sichtbarere Schaffung von Distanz zu den Arbeitnehmern war kaum möglich.

Neben der Unkenntnis über die aktuelle Situation in Bochum zeigt sich hier ein typisch strukturelles Problem internationaler Krisenkommunikation: Ein enges, gut funktionierendes Netzwerk zu seinen Landesgesellschaften hatte der finnische Konzern nicht geknüpft. Die Kommunikationsabteilung in Deutschland wurde nicht frühzeitig in die Entscheidungen einbezogen.

Nicht nur lokale Krisen in Ländern fernab der Unternehmenszentrale, sondern auch weltweite Ernstfälle wie gefährliche Pandemien oder nahezu unvorhersehbare Launen der Natur erfordern ein international ausgerichtetes Management der Krisenkommunikation.

Internationale Konzernkultur

Internationale Krisenkommunikation wird für Unternehmen in Hinblick auf die ständig fortschreitende Globalisierung aller Wirtschaftsbereiche immer wichtiger. Krisen, die irgendwo auf der Welt entstehen, werden fast zeitgleich durch das Internet überallhin transportiert und entwickeln sich so zu internationalen Krisen. Ein unprofessioneller Umgang hat gewichtige Konsequenzen: Nicht nur lokal, sondern auch global kann das Image des Unternehmens erheblichen Schaden erleiden.

Gerade in Krisenzeiten macht es sich bemerkbar, welche Kultur ein Konzern pflegt. Sie ist maßgeblich prägend für sein Image – wie nimmt die Öffentlichkeit das Unternehmen wahr? Deckt sich der selbst erhobene Anspruch mit dem, was beispielsweise Kunden erleben? Aber auch die wenig sichtbare Unternehmenskultur nach innen hat Einfluss darauf, wie eine Krise bewältigt wird.

Klaffen Selbstdarstellung eines Unternehmens und Handeln zu weit auseinander, so wird dies gerade in Krisenzeiten als extrem negativ wahrgenommen. Der Blick der Öffentlichkeit wird geradezu auf das Nichterfüllen der Versprechungen gelenkt. Betont ein Unternehmen bei jeder Gelegenheit, wie wichtig ihm eine Kultur des Miteinanders im Konzern ist, dann wirkt es im hohen Maße befremdlich und unglaubwürdig, wenn bekannt wird, dass statt gutbezahlter Festangestellter akademische Dauerpraktikanten zu Dumpingpreisen für qualifizierte Arbeiten eingesetzt werden. Ist ein Konzern nicht um eine gelebte Unternehmenskultur bemüht, die Transparenz, Einbeziehung von Mitarbeitern und soziale Angebote einschließt, dann kann die eigene Belegschaft zur Gefahr in der Krise werden. Angestauter Frust bricht sich Bahn und dringt nach außen; manchmal ist er sogar durch ein gezieltes Durchstechen von Informationen überhaupt der Auslöser.

Konzernkultur ist nicht nur ein Marketingbegriff. Konzernkultur ist im positiven Fall ein Identitätsstifter. Gerade kleinere und mittlere Familienbetriebe pflegen häufig eine Unternehmenskultur, die von traditionellen Werten geprägt ist: Verantwortung für die Belegschaft wird nicht nur beschworen, sondern auch gelebt. Es besteht eine emotionale Bindung an das Unternehmen – sowohl von Seiten der Leitung, als auch von den Mitarbeitern. In Zeiten wirtschaftlicher Krisen fällt es diesen Unternehmen oft leichter, sich mit der Belegschaft kurzfristig auf Kurzarbeitsmodelle zu einigen, als dies Großkonzernen möglich ist. Doch auch diese haben Chancen, eine positiv wahrgenommene interne Unternehmenskultur zu implementieren, die zur Identifikation der Mitarbeiter mit dem Konzern führt. Bei global agierenden Unternehmen ist es wichtig, dass diese Kultur an allen Standorten gepflegt wird, auch wenn in anderen Ländern andere Sitten herrschen.

Für den Elektrotechnikhersteller Weidmüller ist die Aus- und Weiterbildung von Mitarbeitern ein zentrales Thema. Das mehrfach als Top-Arbeitgeber ausgezeichnete Unternehmen beschränkt sich dabei nicht nur auf seinen Stammsitz Deutschland, sondern hat seine erfolgreiche Weidmüller-Akademie 2011 auch am Standort China implementiert. Weidmüller betont, dass sein Engagement in Asien nichts mit dem Ausweichen auf einen Billiglohnsektor zu tun hat und untermauert dies dadurch, dass Ortskräfte in Leitungsfunktionen eingesetzt und auch die gesamte Wertschöpfungskette in China angesiedelt ist. Das interne Engagement wird dem Hidden Champion abgenommen: In einer anonymisierten Online-Befragung eines renommierten chinesischen Wirtschaftsportals wurde Weidmüller zum Arbeitgeber 2011 in China gewählt.

Literatur

Beck, U.: Weltrisikogesellschaft, Frankfurt am Main: Suhrkamp, 2007.

Bentele, G.; Großkurth, L.; Seidenglanz, R.: Profession Pressesprecher 2007, Berlin: Helios Media, 2007.

Bonfadelli, H., Friemel, T. N.: Medienwirkungsforschung. 4., überarb. Aufl., Konstanz: UVK/UTB, 2011.

Brauer, G.: Presse- und Öffentlichkeitsarbeit. Ein Handbuch. Konstanz: UVK, 2005.

Bundesverband deutscher Pressesprecher (Hrsg.): Die Autorisierungsdebatte. Müssen Interviews freigegeben werden? Berlin o. J. (www.bdp-net.de).

Coombes, W. T.: Code Red in the Boardroom. Crisis Management as organizational DNA. Westport (CT): Praeger, 2006.

Deutscher Journalisten-Verband (DJV) (Hrsg.): Leitlinien für Journalisten, Bonn 2010 (www.djv.de).

Eck, K.: Karrierefalle Internet: Managen Sie Ihre Reputation, bevor andere es tun! München: Hanser, 2008.

Erickson, P. A.: Emergency Response Planning for Corporate and Municipal Managers, 2. Aufl., Oxford: Butterworth-Heinemann, 2006.

Fearns-Banks, K.: Crisis Communication. A Casebook Approach, 2. Aufl., Mahwah (NJ): Routledge, 2002.

Haller, M.: Das Interview, 5., völlig überarb. Aufl., Konstanz: UVK, 2013.

Hans-Bredow-Institut (Hrsg.): Medien von A – Z, Wiesbaden: VS Verlag für Sozialwissenschaften, 2006.

Heidenescher, Mathias: Die Beobachtung des Risikos. Zur Konstruktion technisch-ökologischer Risiken in Gesellschaft und Politik, Berlin: Duncker und Humblot, 1999.

Hertel, A. v.: Professionelle Konfliktlösung, Frankfurt am Main: Campus, 2003.

Hofmann T.; Sinemus, K.: Partizipation – Neue Herausforderung für die Kommunikation, Berlin: Helios Media, 2013.

Hofmann, T.: How Biology Can Help You Reach Your Target Groups. In: Hofinger, C.; Manz-Christ, G. (Ed.): How Neuroscience, Linguistics and Social Psychology Change the Poltical Profession. Prestige Books, 2011.

Hunger, A.: Blattkritik – Vom Glanz und Elend der Journaille, Tübingen: Klöpfer und Meyer, 2013.

Kromschröder, G.: Ach, der Journalismus. Glanz und Elend eines Berufsstands, Wien: Picus Verlag, 2006.

Kuhn, M.; Kalt, G.; Kinter, A.: Chefsache Issues Management, Frankfurt am Main: FAZ Buch, 2003.
Laumer, R.; Pütz, J.: Krisen-PR in der Praxis, Münster: Daedalus Verlag, 2006.
Lindstrom, Martin: Buyology. Truth and Lies Why We Buy, 2008.
Molitoris, M.: Produkthaftungsrecht, München: Beck juristischer Verlag, 2007.
Piwinger M.; Zerfass A.: Handbuch Unternehmenskommunikation, Wiesbaden: Gabler, 2007.
Saint, P. M.; Flavell, R. J.; Fox, P. F.: Nimby wars. The Politics of Land Use. Saint University Press: Hingham, Mass., 2009.
Schneiders, M. K.: Die Pressekonferenz, Konstanz: UVK, 2012.
Weischenberg, S.; Malik, M.; Scholl, A.: Die Souffleure der Mediengesellschaft, Konstanz: UVK, 2006.

Index